物理学研究中的陷阱

论现代物理学的错误所在

WULIXUE YANJIUZHONG
DE XIANJING

第二版

欧阳森 ◎ 著

暨南大学出版社
JINAN UNIVERSITY PRESS

中国·广州

图书在版编目（CIP）数据

物理学研究中的陷阱：论现代物理学的错误所在/欧阳森著. —2 版. —广州：暨南大学出版社，2015.12
ISBN 978 – 7 – 5668 – 1680 – 1

Ⅰ. ①物…　Ⅱ. ①欧…　Ⅲ. ①物理学—研究　Ⅳ. ①O4

中国版本图书馆 CIP 数据核字（2015）第 279873 号

出版发行：暨南大学出版社

地　　址：中国广州暨南大学
电　　话：总编室（8620）85221601
　　　　　营销部（8620）85225284　85228291　85228292（邮购）
传　　真：（8620）85221583（办公室）　85223774（营销部）
邮　　编：510630
网　　址：http：//www.jnupress.com　http：//press.jnu.edu.cn

排　　版：广州联图广告有限公司
印　　刷：佛山市浩文彩色印刷有限公司

开　　本：787mm×1092mm　1/16
印　　张：14
彩　　插：8
字　　数：248 千
版　　次：2015 年 3 月第 1 版　2015 年 12 月第 2 版
印　　次：2015 年 12 月第 2 次

定　　价：35.00 元

2012 年 10 月 17 日笔者拜访冯天岳先生，摄于北京周口店，
冯先生提议可将建立宇宙和物理常数的联系作为一个研究方向

笔者与《亚夸克理论》第一作者焦善庆教授

笔者与《亚夸克理论》第二作者蓝其开教授

2012 年 10 月 14 日笔者拜访徐宽教授，摄于北京清华徐老家中

图 1 - 1 用宇宙微波背景辐射检验电荷—宇称—时间反演（CPT）对称性

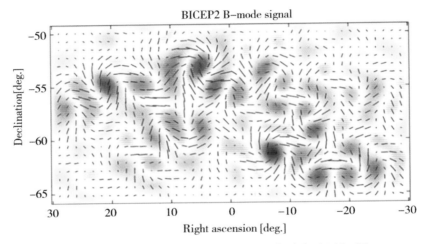

图 1 - 2 BICEP 研究组公布的引力波时空涟漪证据

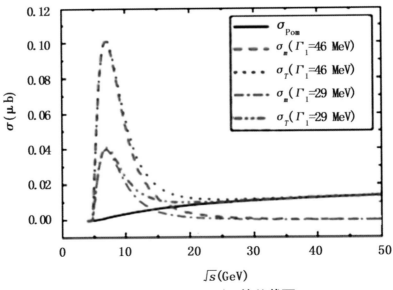

图 2 - 1 $\gamma p \rightarrow J/\psi \pi^+ n$ 的总截面

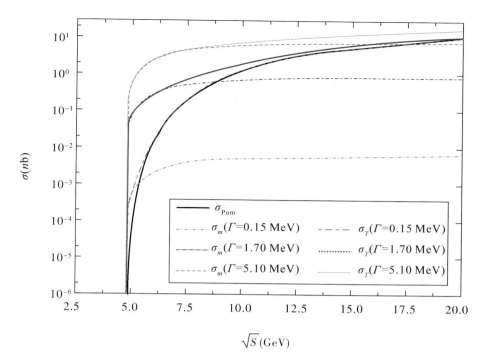

图 2-2 γp→J/ψωp 的总截面

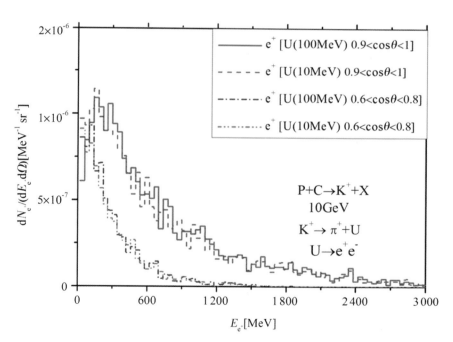

图 2-3 U-boson 粒子衰变产生的正电子能量谱

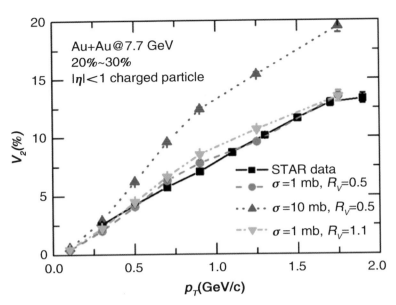

图 2 - 4 Transverse momentum dependence of the elliptic flow of midpseudorapidity charged parti-cles in midcentral Au + Au collisions at $\sqrt{S_{NN}}$ = 7. 7 GeV for different values of the parton scatter-ing cross section σ and the ratio R_V of the vector coupling constant G_V to the scalar coupling con-stant G in the NJL model. The experimental data from the STAR Collaboration are from Ref. 28.

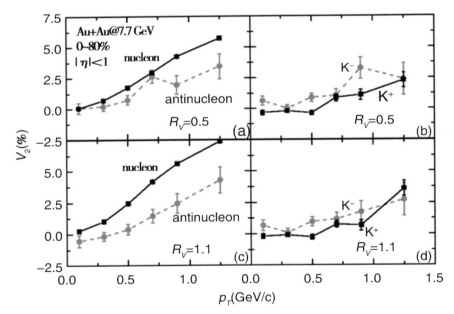

图 2 - 5 Transverse momentum dependence of the initial elliptic flows of midpseudorapidity nu-cleons and kaons (solid lines with squares) as well as their antiparticles (dashed lines with spheres) right after hadronization in minibias Au + Au collisions at $\sqrt{S_{NN}}$ = 7. 7GeV for different values of $R_V = G_V/G$ in the NJL model.

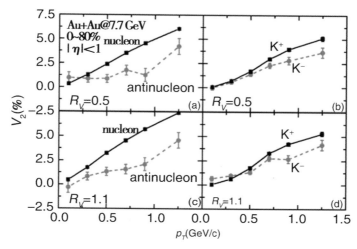

图 2 −6　Same as Fig. 2 but for results after hadronic evolution.

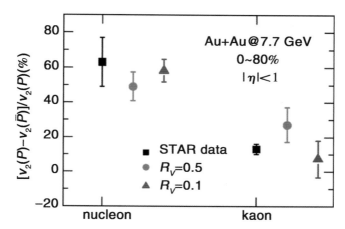

图 2 −7　Relative elliptic flow difference between nucleons and antinucleons as well as kaons and antikaons for different values of $R_V = G_V/G$ in the NJL model compared with the STAR data.

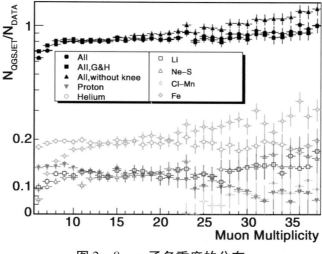

图 2 −8　μ 子多重度的分布

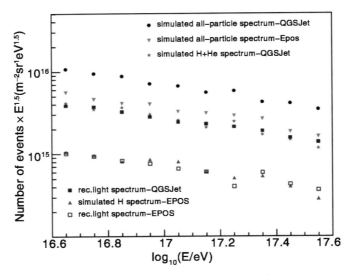

图 2-9　质子、轻组分膝区拐点

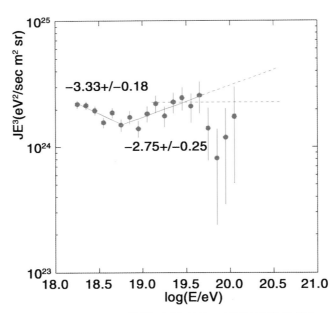

图 2-10　HiRes 能谱（笔者注：踝区能谱曲线）

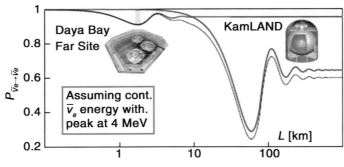

图 2-11　大亚湾电子反中微子震荡概率数据

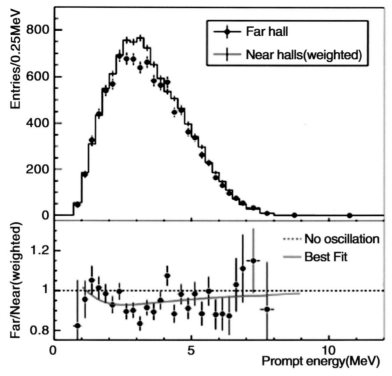

图 2 − 12　大亚湾中微子震荡能谱畸变数据

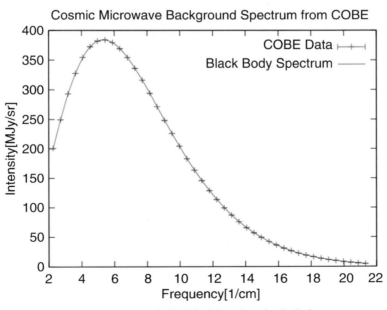

图 2 − 14　微波背景辐射强度—频率分布

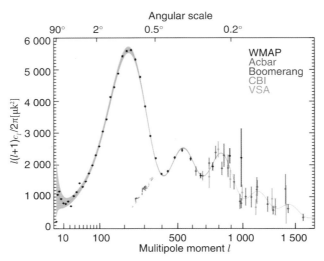

图 2 – 15　以角尺度展现的宇宙微波背景辐射温度各向异性的能谱（多极矩）

图 2 – 16　哈勃第三代广域相机（WFC3）拍摄的 ESO137 – 001

图 2 – 17　哈勃和钱德拉 X 射线图像的组合
（发出 X 射线的炽热等离子体以蓝色表示，拖在星系后方极长的距离）

目录 CONTENTS

1 现代物理学体系的陷阱所在

现代物理学体系由爱因斯坦相对论和量子力学两大理论体系组成，前者包括广义相对论和狭义相对论，后者包括原子物理学、固体物理学、核物理学、粒子物理学及其他分支。

一位业内人士这样说过："一千个人研究量子力学就会有一千种理论。"那么，请问哪一个人的理论是对的呢？

如果用数学方法论证，它们都是对的，到了几近无瑕的地步。但是在面对暗物质、暗能量等十一大物理学难题时，它们又都束手无策。这说明了什么呢？

1.1 判断是非的标准

在笔者看来，上述局面正表明物理学界没有了判断的标准，缺失研究的原则，才会出现这种局面，迷茫无奈了一群人。

其实这个标准极为简明，无论你是否为业内人士，都可以作出正确的判断。这个标准就是密码破译学原则，一部密码被破译前存在三种人：电文截听员、电文分析员、破译者；一部密码被破译后只存在两种人：电文截听员和译电员。

根据这一原则，十一大物理学难题的存在表明宇宙之谜没有被破译。

那么，现代物理学体系中的所有理论，以及专家、学者们的观点还滞留在电文分析员的层面。

仅从这点来看，业内的专家、学者们就没有了可以值得骄傲的理由和自视过高的本钱。如果连站在破译者的角度重新审视现代物理学体系的勇气和胆量都不具备的话，就更不要说引领物理学的发展了。

1.2　物理学研究的原则和目的

1.2.1　物理学研究的原则

（1）坚持正确的世界观。
（2）遵守物理定律。
（3）尊重实验数据和观测数据。
（4）不得将数学工具和逻辑推理方法凌驾于物理定律与研究主体之上。

1.2.2　物理学研究的目的

物理学研究的目的就是发现真实的物理过程和引发该过程的物理机制。下面以一个故事来阐明这些原则。

从前，有一个十分聪明的人，他的逻辑推理、数学水平都很高超，自认为很了不起。他去和人家下象棋，蹩马脚也走，飞象过河也行，渐渐地也就没人和他玩了。

他觉得很无聊，又用同样的方法去研究物理学，这回可热闹了，许多人认同他的观点，大家相互捧着。可宇宙没有搭理他们，留下了一堆难题，让他们慢慢地掰！这就使得物理学界陷入了迷茫与无奈，因为用逻辑推理或者数学方法分析这些理论都是对的，可他们就是不知道自己净干着蹩马脚的活儿。

通过这个故事，大家应该可以了解到现代物理学体系的各理论为什么错了。从破译者的角度看，它们就是数学陷阱。这也正是笔者反复强调的在物理学研究中数学论证不可行、专家论证不靠谱的原因所在。

并不是说这些理论一无是处，它们也有所发现，但也正是这样的原因才使得物理学界的学者们更加迷茫与无奈。因为他们既无法破解宇宙之谜和众多的难题，又自认为其理论完美无瑕，或者是无法发现错误所在。

那么，什么是对的呢？在物理学研究中，正确的只有物理定律、观测数据、实验数据。

坚持正确的世界观是一个哲学问题，而认知决定一切还是物质决定一切是哲学领域内至今还在争论不休的问题。在笔者看来它是一个物理学问题而不是哲学问题，只有宇宙之谜被定性地破解之后，这个问题才能算是有了正确的答案。那么，如何破解宇宙之谜呢？

1.3　密码破译学原理的运用

密码破译学原理告诉我们，要破译一部密码首先要寻找密钥，然后论证密钥归零，这部密码就被破译了，之后就是建立密码字典的事了。

在物理学研究中它适用吗？

首先，密码是人为地设置给对手的数学陷阱和逻辑陷阱，密钥当然是在数学和逻辑推理中去寻找，而论证密钥归零也当然是用数学方法或者逻辑推理方法来论证。

宇宙、物质世界、粒子之间存在着必然的联系，只是我们没有发现而已，故称其为宇宙之谜。在物理学研究中，对的只有物理定律、实验数据、观测数据，如果将宇宙之谜视为一部密码的话，那么，寻找密钥当然要在正确的地方寻找，论证密钥归零当然也要用正确的方法论证。（注：笔者找到的密钥是牛顿引力定律和冯天岳的斥力定律，并根据冯天岳的后星系宇宙模型建立了全景宇宙模型，用热力学的熵增定律论证了密钥归零，并将引力、斥力同时引入到粒子的亚夸克结构式中，从而破解了宇宙之谜，为宇宙密码字典添了许多字……）①

大爆炸宇宙论用的是其导出的数学零点定理来论证引力场方程得出的结论，其前提是如果引力场方程是正确的话，则宇宙是在一次大爆炸中产生的。而爱因斯坦则认为宇宙的所有解均可在引力场方程中找到答案。

在近百年的时间里，这样的思维定式深深地影响着人们的思想，以至

----

① 欧阳森. 宇宙结构及力的根源. 香港：中国作家出版社，2010.

于某些大学的物理系和数学系合并为数物系，并误导物理学界的人们步入了数学陷阱之中，由此引发了物理学界的混乱、迷茫与无奈。至于谁是始作俑者暂且不论，但其必是急先锋无疑。

只是密钥并不在工具中，这正是密钥理论与现代物理学理论体系的本质性区别。

1.4　违反物理定律等同于挖了一个陷阱，如何绕过去呢

大爆炸宇宙论违反了重子数守恒、夸克禁闭、轻子数守恒定律。暴涨理论也没有摆脱桎梏。

爱因斯坦的相对论违反了时间不可逆定律，双生子佯谬表明了这一点；缺失斥力定律；试图取代牛顿引力定律。

量子力学、粒子物理学、标准模型无法引入牛顿引力定律，缺失斥力定律，宇宙仅仅存在三大力——引力、斥力、库仑力，相对论只描述了一个，又能对到哪里去呢？"真空能"的结论违反能量守恒定律；"薛定谔之猫"的悖论违反了牛顿引力定律、冯天岳的斥力定律；标准模型违反了夸克禁闭、亚夸克禁闭定律，将实验发现的光子凝聚态视为"自由夸克"，将实验发现的125 GeV中间玻色子的高能共振态视为"上帝粒子"。

还有 M 理论、248 维理论、彩虹理论等，它们违反了四维时空的无限性和时间的不可逆性。

它们都有一个共同的特点，就是用数学工具、逻辑推理工具凌驾于物理定律之上，凌驾于研究主体之上。现代物理学的两大理论体系都在任意用工具践踏着物理定律，拿着这两个工具就没有不敢干的活了。

违反客观物理定律等同于违反了"棋规"，那叫不会下棋。而宇宙这个棋盘如何？棋子几颗？棋规多少？都一概不知时，那就无棋可下了。所以，说现代物理学理论体系还滞留在电文分析员的层面是一点都不过分的。

上述仅仅指出其错误之一二，如果再说那就更多了。我们没有必要纠缠在别人的错误节点上，为其浪费时间；更没有必要往陷阱里钻，而应将其拉出来。但是笔者有义务向世人指出那是一个数学陷阱，别再往里跳了！

不如实际操作一下，看看你还能品尝几个苹果，发现哪些问题。

2014 年 6 月 25 日发布的实验数据：

他们结合希格斯粒子向底夸克和陶子（轻子的一种）的衰变，分析了 LHC 于 2011 年至 2012 年间汇集的数据。希格斯粒子的寿命极其短暂，因此无法直接检测，而只能通过其衰变物来测定。底夸克和陶子都属于费米子粒子群，它们都拥有足够长的寿命，可借助 CMS 实验的像素探测器直接测量。

研究结果显示，这些衰变集中出现在希格斯粒子的质量接近 125 千兆电子伏（GeV）时，标准偏差为 3.8 西格玛。[①]

研究者们认为发现了底夸克。这样他们就违反了重子数守恒、夸克禁闭这两条物理定律，而且这两条定律都是粒子物理学界之前发现的，他们不可能不知道。而违反物理定律的结论一定是错的，所以不要以为看到了带分数电荷的粒子就是夸克。

底夸克的亚夸克结构式为 b($q_5$bg)，电荷数为 $-\dfrac{1}{3}$；反底夸克的亚夸克结构式为 $\overline{b}$($\overline{q_5}\overline{b}\overline{g}$)，电荷数为 $+\dfrac{1}{3}$。[②]

实验发现的"底夸克"是光子凝聚态，如高能光子的亚夸克结构式为 γ($q_5 g \overline{g}$) $\leftrightarrow \gamma$($\overline{q_5} g \overline{g}$)，由于引力亚夸克为 g、$\overline{b}$，斥力亚夸克为 b、$\overline{g}$，所以凝聚态光子的亚夸克结构与夸克、反夸克的结构无法分辨。而且在高能量/质量密度时，光子的运动速度是接近质子内部光速的。它们之间在正反两个通道存在电荷味变振荡，而正反通道有一组是对称的，另一组是不对称的，这样光子可分为对称光子和不对称光子两种。能量达到阈值后，每一个通道都可以产生质量味变振荡现象[③]。

根据味变振荡波长值公式，125 GeV 能量的光子为：

$$\lambda = \frac{E}{\Delta m^2} = \frac{125\,\mathrm{GeV}}{(1\,780\,\mathrm{MeV})^2 - (105.66\,\mathrm{MeV})^2} = 3.959\,16 \times 10^{-8}\,\mathrm{m}$$

① 陈丹. 欧核中心找到希格斯玻色子直接衰变成费米子证据. 科技日报，2014 - 06 - 25.

② 焦善庆，蓝其开. 亚夸克理论. 重庆：重庆出版社，1996.

③ 欧阳森. 建立宇宙密码字典. 广州：暨南大学出版社，2013.

质子内部光速 $c_p = 3.853 \times 10^{-9}$ m/s[1]，其滞留时间为 10.275 5 秒。对于在高能量/质量密度的凝聚态光子来说，其质量味变振荡阻止了电荷振荡的发生，所以我们看到了分数电荷光子。这些分数电荷光子离开高能量密度状态后，质子内部光速可视为 1，则其味变振荡波长值就是滞留时间，这样的光子在真空中运动距离约为 11.87 米，可以被探测到。这就是研究者们说发现了底夸克的原因。

如果质量味变振荡仅仅存在一个波长振荡的话，随后就是电荷味变振荡为主导，这样我们会看到一个电荷中性的高能伽马光子。高能光子的质量味变振荡与电荷味变振荡是否存在循环振荡现象？与伽马暴 GeV 光子存在时间延迟到达现象有什么关联？这是留给读者思考的问题。

125GeV 粒子是中间玻色子，其亚夸克结构式为 $Z^{02} \left(\dfrac{q_i gg}{q_i gg} \right)$，式中 $i = 1，4，6$；其衰变可以为正反中微子[2]。

实验发现了大量的陶子，如果仅以其味变振荡波长值来看，我们不可能看到陶子，而是 μ 子多重态，就像宇宙线那样。恰好实验看到的是陶子，这表明凝聚态粒子离开高能量密度后存在一个相同的滞留时间和飞行距离 11.87 米，只有这样才能被探测到，而分数电荷光子也表明了这一点。

中微子是引力粒子，反中微子是斥力粒子，它们存在另一组不对称质量，该质量与电荷轻子相近，而且是反向不对称。同时天文观测数据表明存在中微子黑洞。那么，凝聚态的正反中微子是否也存在呢？只有实验数据可以验证这个推断。

如果存在的话，在众多的陶子事件中，应该可以发现一个"电中性的陶子"，它就是凝聚态中微子。质量小的是凝聚态陶子中微子，质量大些的是凝聚态陶子反中微子。它们在飞行一定距离后会消失，而非衰变。

通过上述分析讨论，你觉得自己可以解决哪些问题呢？

1.5　光子的行为

光子是引力—斥力粒子，在斥力膨胀系统中其对外做功而红移，在星

① 欧阳森. 宇宙结构及力的根源. 香港：中国作家出版社，2010.
② 欧阳森. 宇宙结构及力的根源. 香港：中国作家出版社，2010. 欧阳森. 白洞喷发与轻元素循环. 广州：暨南大学出版社，2011. 欧阳森. 建立宇宙密码字典. 广州：暨南大学出版社，2013.

系团尺度受引力作用而产生偏振。

大爆炸宇宙论认为宇宙微波背景辐射[1][2]是支持它的证据。

研究者们认为宇宙微波背景辐射中的 CPT 破缺[3][4]是发现了引力波存在的证据，是支持相对论预言的。

图 1 - 1   用宇宙微波背景辐射检验电荷—宇称—时间反演（CPT）对称性[5]

《宇宙微波背景辐射中发现引力波：暴涨论接近证实》：对于宇宙微波背景辐射，其中最引人注目的一项特征是其各处存在的大约 100 μK 范围内的温度差异，这显示在极早期宇宙中存在密度差异，这种差异正是如今宇宙中能够形成星系和恒星的基础。[6]

报告称他们在宇宙大爆炸的余晖（即宇宙微波背景辐射，CMB）信号中识别出一些类似风车一般的涟漪形态。[7]

---

① B 介子. 维基百科，http：// zh. wikipedia. org/wiki/B 介子.
② 宇宙微波背景辐射. 百度百科，http：// baike. baidu. com. /view/26183. htm？fromid = 473045 &type = syn&fromtitle = 微波背景辐射 &fr = aladdin.
③ 我科学家发现电荷—宇称—时间反演对称性破缺迹象. 中国科学院网站，http：//www. cas. cn.
④ 冯波，李明哲，夏俊青，陈学雷，张新民. 用宇宙微波背景辐射检验电荷—宇称—时间反演（CPT）对称性. 国家天文台，2006.
⑤ 冯波，李明哲，夏俊青，陈学雷，张新民. 用宇宙微波背景辐射检验电荷—宇称—时间反演（CPT）对称性. 国家天文台，2006.
⑥ 晨风. 宇宙微波背景辐射中发现引力波：暴涨论接近证实. 中国天文科普网，http：// www. astron. ac. cn/bencandy－2－9410－1. htm.
⑦ 晨风. 法科学家质疑原初引力波发现：或为分析误差. 中国天文科普网，http：//www. astron. ac. cn/ bencandy－2－10855－1. htm.

而法国科学家质疑原初引力波发现：或为分析误差。[①]

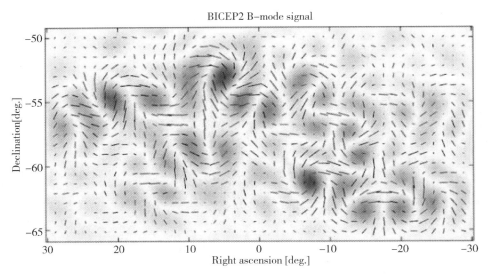

图 1 - 2　BICEP 研究组公布的引力波时空涟漪证据[②]

"最近在 Tevatron 对撞机上所观测到的顶夸克对产生中前后不对称性的实验结果"[③]，研究者们认为是发现了顶夸克对，而量子色动力学属于标准模型范畴的理论，这样该理论也就同时违反了重子数守恒、夸克禁闭定律。事实是实验发现了光子的凝聚态和不对称光子的存在现象。[④]

通过对宇宙近 50 万个变形的星系进行深入的研究，一支由多国科学家组成的研究团队近日发现了宇宙扩张速度正在不断加速的确切证据。这些变形星系都是由"哈勃"太空望远镜所观测到的。宇宙扩张的加速理论还证实了爱因斯坦的广义相对论。[⑤]

发现了宇宙扩张速度正在不断加速的确切证据表明星系受到一个持续

①　晨风. 法科学家质疑原初引力波发现：或为分析误差. 中国天文科普网，http：//www. astron. ac. cn/bencandy - 2 - 10855 - 1. htm.
②　晨风. 法科学家质疑原初引力波发现：或为分析误差. 中国天文科普网，http：//www. astron. ac. cn/bencandy - 2 - 10855 - 1. htm.
③　李重生等. 量子色动力学前沿问题研究取得进展. 物理评论快报，2013 - 03 - 21.
④　欧阳森. 建立宇宙密码字典. 广州：暨南大学出版社，2013.
⑤　科学家称发现宇宙加速膨胀的确切证据（图）. 中国天文科普网，http：//www. astron. ac. cn，2010 - 03 - 31.

性的斥力作用才会如此，这是根据牛顿的惯性定律和加速度公式得出的结论。而霍金的理论认为宇宙是从一个原点的大爆炸产生的，那么其只能受到一次性排斥力的作用，何来加速度呢？要么是物理定律错了，要么是大爆炸宇宙论错了。

霍金的导出过程是，如果引力场方程正确的话，根据其导出的数学零点理论，宇宙只能从一个原点的爆炸中产生。霍金的零点理论通过了数学论证并获得了英国皇家科学院大奖，难道是前提性假设错了？而引力场方程在数十年时间里有许多支持者和反对者反复用数学方法验证过，并没有发现问题。难道又是宇宙不听话了？

通过上述分析表明，是他们的物理学研究方法出了问题，用数学论证、逻辑推理来验证、凌驾于物理定律之上、研究主体之上是错的。这与其哲学观不无关系，从其信仰可见一斑。

质子、中子、原子核、光子是引力—斥力粒子；光子有一个与夸克相似的亚夸克结构式；47 亿光年半径的膨胀小宇宙系统是斥力膨胀；在系统内的带有斥力亚夸克的所有粒子都必须对系统斥力膨胀做功而损失能量/质量，则光子损失能量产生红移，重子物质损失质量产生热辐射——微波背景辐射；……这是密钥归零后得出的结论和发现①。

这也是业界不知道的、没有被发现的物理定律、宇宙结构（全景模型）和密钥。

天文观测从射电、微波、红外线、可见光、紫外线、X 射线到伽马射线都属于光子探测。而光子是引力—斥力粒子，自然就会有引力相互作用和斥力相互作用。

微波背景辐射主要来自我们所在的斥力膨胀系统的重子物质产生的热辐射，由于我们处于膨胀系统的中心区域附近（注：冯天岳的斥力定律），就会看到如图 1-1 所示的观测现象。这是微波光子与系统斥力相互作用产生的偏振现象，而不是研究者们认为的那样——"存在 CPT 对称性破缺的迹象"。

星系、星系团、中微子黑洞对应的巨引源、大引力子，都会对微波光子产生引力相互作用，那么微波光子就会围着引力中心产生偏振，我们就

---

① 欧阳森. 宇宙结构及力的根源. 香港：中国作家出版社，2010. 欧阳森. 白洞喷发与轻元素循环. 广州：暨南大学出版社，2011. 欧阳森. 建立宇宙密码字典. 广州：暨南大学出版社，2013.

会看到如图 1-2 所示的观测现象。这种现象不只在大视角范围存在，在小视角范围也存在。

所以那并不是引力波的涟漪，也没有大爆炸的余晖，更不是 CPT 破缺，而是张冠李戴的数据。

125GeV 粒子的发现，物理学界一致认为是上帝粒子，是标准模型预测的最后一个粒子。其实这是中间玻色子的四个高能共振态之一，其他三个之前已经被发现，所以这也是张冠李戴的数据。

1.6　坚持物理学研究的原则，不要沦落为"卫道士"

尊重实验数据和观测数据，这是物理学研究的原则之一。透过这些数据发现真实的物理过程和引发该过程的物理机制才是我们研究的目的。在物理学研究中对的只有物理定律、实验数据、观测数据。只有在对的节点上建立联系，才能发现问题所在，才是绕过陷阱的方法。

2011 年 9 月 23 日，中微子超光速数据的发布[1][2]，引来了一片质疑声[3]，2012 年 3 月 19 日，Carlo Rubbia 领导的团队测得中微子只比光速快 4 纳秒，而这在误差允许范围之内，否定了中微子超光速[4][5]。这使得 Antonio Ereditato 和 Dario Autiero 在 2012 年 3 月 29 日宣布辞职[6]。

姑且不论中微子超光速 60.7 纳秒的实验数据是否正确，在没有实验数据否定它之前，其他的否定是无效的，这也包括那个所谓的"公理"[7]。

对于物理学家来说，这是一件不可能的事情。因为根据爱因斯坦在

---

[1]　Everett. 超新星中微子实验：科学家称时间旅行有可能. 中国天文科普网，http：//www. astron. ac. cn/bencandy - 2 - 5765 - 1. htm.

[2]　黄永明. 中微子超光速乌龙记. 南方周末，2012 - 04 - 16.

[3]　计算错误还是物理革命？——"超光速中微子"引发广泛争议. 新华网（综合本社驻华盛顿记者任海军、伦敦分社记者黄堃、柏林分社记者郭洋、东京分社记者蓝建中报道），http：//news. xinhuanet. com/world/2011 - 09/28/c_ 122100057_ 2. htm，2011 - 09 - 28.

[4]　任春晓. 诺奖得主实验称中微子不具超光速. 科学网，http：//news. sciencenet. cn/htmlnews/2012/3/261447. shtm，2012 - 03 - 19.

[5]　Neutrinos not faster than light. http：//www. nature. com/news/neutrinos - not - faster - than - light - 1. 10249，2012 - 03 - 19.

[6]　任春晓. 中微子超光速实验两位领导者辞职. 科学网，http：//news. sciencenet. cn/htmlnews/2012/3/262040. shtm，2012 - 03 - 31.

[7]　笔者注：狭义相对论的立论基础是光速不变原理和等效原理，追随者们根据质速关系式用数学方法得出不可能有物体的运动速度超过光速的结论，这只能算数学"公理"，而不能视为物理定律，这一点业界人士十分清楚。

1905年提出的狭义相对论，光速是整个宇宙中的速度上限，不可能有物体的运动速度超过光速[①]。

从狭义相对论中推导出来的洛伦兹共变性则是时空的一个关键性质。科学家也正在研究洛伦兹不变性，也许对中微子的研究而言是一个很好的方向。……在此期间，认为狭义相对论乃至现代物理学将面临崩溃是不恰当的。[②]

从业界的质疑声中可见，绝大部分爱因斯坦的追随者，他们担心该实验数据会使得现代物理学面临崩溃，因而对一切质疑的数据群起而攻之，其实这种担心是多余的。

这项研究由诺贝尔物理学奖得主Carlo Rubbia领导，他们测得中微子从瑞士日内瓦的CERN实验室传播到ICARUS时，只比光速快4纳秒，而这在误差允许范围之内。之前科学家测得中微子从CERN实验室传播到离ICARUS只有几米远的OPERA时，却发现比光速快了60纳秒。……"我们的结果与爱因斯坦的理论一致。"Rubbia说。[③]

Because the pulses from CERN were so short, ICARUS measured only seven neutrinos during the late autumn run, but Rubbia says that the relatively low number does not matter. "How many times do you have to say 'zero' to make sure it's zero?" he asks. [④]

虽然Carlo Rubbia团队的实验数据否定了中微子超光速现象，但是还有许多业界未知的物理因素扰动着，你觉得仅凭一个实验数据就能挽救狭义相对论，乃至现代物理学不崩溃的命运吗？

仅就狭义相对论的两个立论基础（光速不变原理和等效原理）而言，只要一个不成立，其他就会崩溃。那么，剩下的只要物理定律是正确的，

———————————————

① 黄永明. 中微子超光速乌龙记. 南方周末, 2012 – 04 – 16.

② Everett. 超新星中微子实验：科学家称时间旅行有可能. 中国天文科普网, http：//www. astron. ac. cn/bencandy – 2 – 5765 – 1. htm.

③ 任春晓. 诺奖得主实验称中微子不具超光速. 科学网, http：//news. sciencenet. cn/htmlnews/2012/3/261447. shtm, 2012 – 03 – 19.

④ Neutrinos not faster than light. http：//www. nature. com/news/neutrinos – not – faster – than – light – 1. 10249, 2012 – 03 – 19.

你就拿出来大家遵守就是了，没人会说你无能的。

牛顿的动能公式 $E = \frac{1}{2}mv^2$，爱因斯坦相对论发现的动能公式 $E = mv^2$，由于后者能解释星光经过太阳引力场产生的偏转现象，所以爱因斯坦以及其追随者们试图取代牛顿的经典理论。

其实两个动能公式都是物理定律，只是对质量的理解有误，所以谁也别想取代谁。

引力质量 m_g 与惯性质量 m_i 不相等 [$m_g - m_0 = 2 (m_i - m_0)$，速度小于 $0.2c$ 时的近似关系式，详见2.2.2章节]，这是徐宽发现的物理定律。中子衰变时间测定的瓶法与束法数据验证了徐宽因子修正后的准确性，并得出引力质量、惯性质量、静止质量关系式，其在速度零到光速之间吻合。而相对论的质速关系式仅仅在速度小于 $0.2c$ 时吻合，表明了狭义相对论的错误所在。

而引力质量 m_g 与惯性质量 m_i 相等是狭义相对论的立论基础（等效原理），也是牛顿理论认同的。因为厄缶实验在 10^{-12} 精度没有发现异常，但是测算表明到了 10^{-13} 精度以上时就会出现差异（详见2.3章节），也就是说狭义相对论也轰然倒塌了，这才是爱因斯坦的追随者们所不愿意见到的。

光速不变原理指的是真空光速为常数，现代物理学或许认为对光子的了解已经十分透彻。但真空光速为什么是常数呢，其物理机制是什么？

光子是引力—斥力粒子，有一个不为零的质量，其质能比为常数 $\eta_\gamma = 1.1127 \times 10^{-17}$；其亚夸克结构式为 [$(q_i \leftrightarrow \overline{q_i})\, g\, \overline{g}$]，其电磁波是正反亚夸克（$q_i \leftrightarrow \overline{q_i}$）在两个通道之间的电荷味变振荡产生的结果；由于光子的能量变化只与频率相关（$E = \hbar v$），与速度无关；所以真空中光速为常数 c。

而中微子是引力粒子，有两组质量，第一组为 $0.0386eV$、$7.982eV$、$134.23eV$，第二组比三个轻子质量小。反中微子是斥力粒子，也有两组质量，第一组为 $0.02711eV$、$5.6007eV$、$94.277eV$，第二组与三个轻子质量相同。

正反中微子的味变振荡是在一个通道里的质量振荡，对于 $17GeV$ 能量的中微子来说，其能量大于第二组最大质量阈值，则味变振荡在6个质量之间变换，而第二组质量的味变振荡波长值均小于 $6.5cm$。实验数据发现有部分 μ 子中微子提前发生了振荡，与核反应堆的反中微子相似，表明第二组质量是存在的。

从低质量向高质量振荡有 $5+4+3+2+1=15$ 种质量差存在，从大质量向小质量也有 15 种质量差存在。根据能量守恒定律，一个 17GeV 的中微子，从低质量向高质量振荡，其速度会变小，这样其会对应 15 个速度值；而从大质量向小质量振荡，其速度会变大，也一样会对应 15 个速度值。所以测定 17GeV 中微子的速度是一个 30 个速度的平均值，算上反中微子就是 60 个速度的平均值。部分 μ 子中微子提前发生了振荡表明其以第二组质量产生，如果产生时的速度为光速 c，其向低质量振荡就可以是超光速中微子。

而 Carlo Rubbia 团队的实验数据只测定了 7 个中微子，还是一个 4 纳秒的正误差的平均值，就急急忙忙地用其来否定中微子超光速，也太牵强了。既然可以一个一个地测定中微子，为什么不能给出每一个中微子的速度值呢？这与其实验目的有关。

其一，Carlo Rubbia 团队的实验数据无法挽回现代物理学崩溃的命运。对的只有物理定律、实验数据、观测数据，所以遵守物理定律，尊重实验数据和观测数据，就是对以往的研究成果的肯定和尊重，但这并不代表认同他们的理论观点。没有了理论体系的约束，就可以对宇宙布下的众多残局逐一进行破解，从而发现新的物理定律，为宇宙密码字典添一字半词。定律可以判断你的推测正确与否，数据可以验证这个推测存在与否。

其二，OPERA 团队测定的是 1.6 万个中微子数据，如果设备有问题，可以修好了重来，为什么不呢？只测定了 7 个中微子，是 30 个速度值的哪一个呢？其质量是向上振荡还是向下振荡呢？

其三，研究者们和业内人士对光子、中微子、反中微子的许多特性都是未知的，怎么就知道中微子非得遵守相对论的质速关系式呢？为什么不能遵守徐宽的质速关系式呢？即使加速器中的数据验证了相对论的质速关系式，那也只是验证了电荷粒子与库仑力的关系，还有牛顿引力、冯天岳的斥力呢？

其四，中微子是引力粒子，反中微子是斥力粒子，在做新的实验时应该考虑地球、太阳引力场、斥力场和地球自旋对中微子的共同加速作用。也就是说中微子的速度矢量与太阳中心点的夹角、距离（地球公转的位置），以及此时地球自转对其的贡献。而这些都是研究者们没有考虑到的。

密钥理论的逻辑链是闭合的，理论体系是开放的。它可以容纳所有的物理定律、实验数据、观测数据，其研究方法就是遵守和尊重它们，在对的节点上建立联系，以事实为依归，发现问题的所在，发现真实的物理过程和引发该过程的物理机制。容许探索性尝试，哪怕错了，退回之前的节点上重来，探索精神就是如此。宇宙密码字典正是这样一个一个地建立的，需要的正是如 Antonio Ereditato、Dario Autiero 这样的探索者，而不是卫道士。

1.7 标准模型的无奈

2013 年度诺贝尔物理学奖授予了恩格勒和希格斯，他们因成功预测希格斯玻色子而获奖。标准模型认为上帝粒子是其预测的最后一个粒子——125GeV 粒子，但是 $Z_c(3900)^{\pm}$ 以及随后发现的粒子又是什么呢？中微子有质量吗？这是十一大物理学难题之一。为什么其无法计算出中微子的质量呢？这正是现代物理学家们的无奈。

10 月 8 日，2013 年度诺贝尔物理学奖尘埃落定。恩格勒和希格斯因成功预测希格斯玻色子而获奖。这个曾经"扑朔迷离"，让众多物理学家倾注多年心血寻找的"上帝粒子"，终于实至名归。[①]

在标准模型里，希格斯机制（Higgs mechanism）是一种生成质量的机制，能够使基础粒子获得质量。为什么费米子、W 玻色子、Z 玻色子具有质量，而光子、胶子的质量为零？希格斯机制可以解释这问题。希格斯机制应用自发对称性破缺来赋予规范玻色子质量。在所有可以赋予规范玻色子质量，而同时又遵守规范理论的可能机制中，这是最简单的机制。根据希格斯机制，希格斯场遍布于宇宙，有些基础粒子因为与希格斯场之间相互作用而获得质量。[②]

其实，125GeV、$Z_c(3900)^{\pm}$ 以及随后发现的粒子都是中间玻色子的多重共振态，希格斯机制、希格斯场对质量的描述是错的。这是源于现代物理学体系一直沿用的无法摆脱的错误的研究方法，用数学工具、逻辑推

---

① 甘晓，冯丽妃，潘希. 解读 2013 年度诺贝尔物理学奖. 中国科学报，2013 - 10 - 09.
② 希格斯机制. 维基百科，http：//zh. wikipedia. org/wiki/% E5 % B8 % 8C% E6 % A0 % BC% E6 % 96 % AF% E6 % 9C% BA% E5 % 88 % B6.

理凌驾于研究主体之上，凌驾于物理定律之上。

粒子物理学在对比了四大力（强力、电磁力、弱力、引力）之后，认为引力太小而忽略不计。这样等同于放弃了牛顿引力定律；冯天岳发现的斥力定律知道与否、认同与否都成问题，更别说是引入了；焦善庆、蓝其开的《亚夸克理论》就没有见着现代物理学正式认同的，哪怕是标定一个质子的亚夸克结构式；反倒是有人在研究技夸克（techni-quarks）理论①，这是否有剽窃之嫌呢？

粒子的质量为引力约束的能量斥力提供了空间，或者是引力势能、斥力势能、库仑力势能之和。根据前者和粒子亚夸克的三力三体图可以测算出正反中微子的第一组质量。根据后者和夸克渐进自由可以计算出质子有一个半径 0.102 4fm 的引力—斥力反转区域，命名为冯—焦蓝场②，根据吴健雄的极化钴 60 实验和 $\beta^{\pm}$ 衰变数据，该场只能约束由正反轻子组成的中间玻色子，而质子、中子刚好约束了一组四个中间玻色子，反质子、反中子也是约束着相同的四个中间玻色子，仅此一点就可以确定反物质是不存在的，还有粒子对能的确认反物质也是不存在的。

"对于'奥普拉'第一次公布的结果，有 99.99% 以上的物理学家都是怀疑的，第二次结果公布以后可能是 90%。我估计可能到最后是一场笑话，90% 以上的人是这样看的。"几个月前李淼就对南方周末记者做了这样的表述。③

对"奥普拉"结果持怀疑的物理学家们，此时听到的是响鼓还是丧钟呢？

1.8　对热力学两大定律和哈勃红移、哈勃常数的误判

我们已经知道了宇宙的棋盘如何（全景宇宙模型）、棋子几颗（已经发现的粒子种类和个数以及恒星、中子星、黑洞、星系等）、棋规许多条（原有的和新发现的物理定律，但并不是全部），面对宇宙布下的各种残局（实验数据和观测数据），我们应该可以解开这些残局。或许是一个一个地来解，又或许是一连

---

① 刘霞. 最新研究称希格斯玻色子或不是最小粒子. 科技日报, 2014 – 04 – 12.
② 欧阳森. 宇宙结构及力的根源. 香港：中国作家出版社, 2010.
③ 黄永明. 中微子超光速乌龙记. 南方周末, 2012 – 04 – 16.

串地解，这就是建立宇宙密码字典的过程，也是发现物理定律的过程，亦是一个翻译电文的过程。我们只需遵守物理定律，尊重实验数据和观测数据便可。

探索者自然会面临许多选择，不必害怕犯错而止步不前，物理定律会帮你判断其正确与否，数据会帮你验证其存在与否。

全景宇宙模型到密钥归零概述[①]

宇宙的存在是永恒的无始无终的过程，根据牛顿引力定律和冯天岳的斥力定律及后星系宇宙模型，宇宙只能是由无数个膨胀小宇宙系统组成。膨胀小宇宙系统是斥力膨胀，其半径为 47.2 亿光年，对应红移为 2.357。膨胀小宇宙系统是一个独立的球状空间，在膨胀系统之间是压缩小宇宙系统，其是连续的空间。

根据上述可以推测：引力、斥力如此诡异，其必然来自物质内部的两种不同结构之中。根据光子经过太阳引力场产生的偏转现象、正负电子湮灭为双光子数据、粒子的亚夸克结构式等，可以确定引力亚夸克为 g、$\bar{b}$，斥力亚夸克为 b、$\bar{g}$。这样已经发现的粒子可以分为引力粒子（中微子、负电荷轻子）、斥力粒子（反中微子、正电荷轻子）、引力—斥力粒子（光子、质子、中子、原子核等）。

膨胀小宇宙系统是斥力膨胀，根据热力学三大定律（能量守恒定律、熵增定律、绝对零度不可达到），所以系统内的所有带有斥力亚夸克的物质粒子都必须对系统膨胀做功而损失能量或者质量，则小到光子、质子、中子、原子核，大到恒星、中子星、黑洞、星系都是熵增内能减少的过程，所以光子从产生时起或者进入膨胀系统起就开始了红移——哈勃红移，重子物质产生热辐射——微波背景辐射，反中微子损失动能，正电荷轻子损失动能还是辐射光子呢？等等。这就是密钥归零的论证，同时发现了熵增定律、零 K 无法达到的真正原因和物理机制，还发现了熵减定律、零 K 一样无法达到的原因、物理机制和其存在的位置。

根据全景宇宙模型，四维时空是无限性的，时间是不可逆的，时间矢量是由斥力矢量决定的。两个膨胀系统的中心连线存在一个斥力顶点；多个膨胀系统的空隙中心是压缩系统的堆积区，也是多个膨胀系统中心连线的交点；

---

① 欧阳森. 宇宙结构及力的根源. 香港：中国作家出版社，2010. 欧阳森. 白洞喷发与轻元素循环. 广州：暨南大学出版社，2011. 欧阳森. 建立宇宙密码字典. 广州：暨南大学出版社，2013.

当斥力顶点进入膨胀系统的斥力界面时，该膨胀系统转换为压缩系统，宇宙就是在这样的循环中永恒地存在着（因为斥力传递的最大速度为光速的 10 的 7 次方，对于 47.2 亿光年半径的膨胀系统反转时间约为 472 年）；星系不论离开膨胀系统的斥力界面还是在系统内，都会获得系统斥力的作用而加速，而离开斥力界面的加速会特别明显，这就是我们常说的暗能量——冯天岳的斥力定律；我们描述星系运动，是星系从 a 点到 b 点所走的距离和所用的时间，其商是速度，而星系离开膨胀系统是斥力作用的结果，所以时间矢量是由斥力矢量决定的，由于我们无法人为地改变膨胀系统的斥力矢量方向，所以时间是不可逆的。

密钥归零的证据：

这些星系正以每秒 1 000 公里的速度向宇宙边缘某个特定方向移动。……他们在最新的分析结果中发现了大约 1 400 个流动的星系，而且这仅仅是整个暗流的一小部分。目前暗流距离地球大约有 30 亿光年，仍然处于可见宇宙的范围之中，但比之上一次发现时的距离已经增加了一倍，这表明暗流仍在飞速向外流动。[①]

这些向宇宙边缘某个特定方向移动的星系，现代理论对其无解而留下了疑惑。那是星系向压缩系统堆积区运动的结果，即使是在压缩系统中的顶点到堆积区的连线上也会出现这样的星系运动。根据全景宇宙模型和堆垒小球原理，我们所在的膨胀小宇宙系统周围是三维空间连续的压缩小宇宙系统，会有多个堆积区存在。确定了这些堆积区位置，对建立近场宇宙地图是有帮助的。

2.7K 微波背景辐射主要来自我们所在的膨胀系统的重子物质的热辐射，相邻的膨胀系统的热辐射贡献，由于距离大了一倍有余（注：每个膨胀系统的半径为 47.2 亿光年，两个膨胀系统之间的距离不确定），其强度则小到不到原来的 25%（注：光强度与距离的平方成反比）。

同时我们测量出 2.7K 微波背景辐射能谱是南北半球不一致的，这是由于我们地球、银河系处于膨胀系统中心区域附近，中心是牧夫座空洞（冯天岳

---

① 彬彬. 多个星系高速驶向宇宙边缘 另一宇宙当真存在?. 人民网，http：//scitech. people. com. cn/GB/10397633. html，2009 – 11 –18.

的斥力定律和后星系宇宙模型指出的位置），这与上述发现是一致的。[①]

如果我们在斥力界面看 2.7K 微波背景辐射的能谱，其峰值会红移 2.357，并不是现在的峰值频率和能谱，强度则小到不到原来的 25%，峰值能谱平移，所以相邻的膨胀系统热辐射贡献不大。

"冷斑"是微波背景辐射图谱的又一个疑惑，现代物理学对其一样无解。它是压缩小宇宙系统的堆积区，其验证了熵减定律中重子物质受到系统外的斥力势能做功而质量增加，其温度一样无法达到零 K 的过程。笔者一直在寻找并留意观测数据的发布，现在终于有了结果，"冷斑"——压缩系统的堆积区温度是 70μK。如果测定"冷斑"的距离，减去 47.2 亿光年，就是压缩系统距离，后两者的差就是红移距离，用此可以修正"冷斑"的温度，其会比 70μK 大些。如果"冷斑"距离大于 94.4 亿光年，在该方位可以看到蓝移天体。

普朗克探测器发现的神秘冷斑，之所以称为冷斑是因为该时空内温度极低，只有 70μK，而微波背景辐射图中其他时空平均温度为 2.7K。[②]

低温物理实验液氦减压抽气方法制冷可达到的极限温度是 0.8K，而氦-3 最好的结果可达到 0.3K。[③] 这是为什么呢？这是因为我们处于一个斥力膨胀小宇宙系统中，所有的重子物质都会对系统膨胀做功而损失质量并产生热辐射，即使在实验室的一个绝热系统，你也不可能屏蔽斥力，也就是说系统处于熵增条件下。所以减压抽气方法最多达到液氦的 0.8K 和液氦-3 的 0.3K 的温度。这与布莫让星云的温度约为 1K 相近[④]，也是膨胀小宇宙系统中观测到的最低温度。（注：布莫让星云的温度是 1K，速度约 138.889km/s，而微波背景辐射的温度为 2.7K。根据重子物质对膨胀小宇宙系统做功产生热辐射而损失质量/能量，由于动能的存在使得热辐射率小了许多，则温度也就低了。如果每个粒子总的做功不变的话，动能的增加会使得热辐射率降低。那么，其温度也就比背景辐射温度低了。相

① 欧阳森. 宇宙结构及力的根源. 香港：中国作家出版社，2010. 欧阳森. 白洞喷发与轻元素循环. 广州：暨南大学出版社，2011. 欧阳森. 建立宇宙密码字典. 广州：暨南大学出版社，2013.

② Everett 编译. 神秘的冷斑时空暗示宇宙学理论或重新修改. 中国天文科普网，http://www. astron. ac. cn/bencandy-2-9403-1. htm.

③ 司有和. 低温世界漫游. 超星数字图书馆，http://www. ssreader. com.

④ 孝文. 宇宙最冷之地布莫让星云：仅比绝对零度高 1 度. 中国天文科普网，http://www. astron. ac. cn/bencandy-2-7937-1. htm.

关数据也验证了质能的质量损失率与动能存在负相关现象，如果实验可以完成定量的描述，则是一个节点性突破。这应该不难，但得有人做才行。）

低温物理实验用外加磁场、激光照射方法可以将绝热系统温度降到 0.3K 以下，2003 年 9 月 11 日刷新最低温度纪录为 0.5nK[①]，甚至有人认为发现了"负温度"[②]。

事实是研究者们将绝热系统诱骗到了压缩系统状态，令其没有了热辐射，抽取热量后或者热能转换为质能后，绝热系统可以达到十亿分之几 K 的温度。外加磁场力可以诱骗绝热系统进入熵减状态，或者促使平均动能向静止惯性质量转换。〔注：粒子的能量分为静止质能、惯性质能和引力质量能三大部分（详见 2.2.4 章节），而平均动能（热能）与静止质量、惯性质量有着必然的联系。重子物质在熵增过程中产生的热辐射损失的是静止质量，而布莫让星云的 1K 温度，低于 2.7K 的背景辐射温度，是其高速度所致，首先其损失的是惯性质能（动能），使得静止质量的损失率低了，则热辐射的温度也就低了。以此推断平均动能（热能）是一个独立于前三者的能量系统，应该独自表述，并与静止质量直接相关，与惯性质量间接相关联。〕光子是引力—斥力粒子，激光照射会对绝热系统产生一个斥力势能，一样可以使得绝热系统进入熵减状态，轻易达到"冷斑"的温度 70μK。至于温度的高低则是由绝热系统外的势能决定的，包括斥力势能、磁场力势能的影响。

研究者们认为发现了"负温度"，这是他们对实验数据的误解。实验中"他们用激光和磁场将单个原子保持晶格排列"，多束激光对射将钾原子诱骗进了压缩系统状态（熵减状态）的堆积区中心，此时的钾原子没有了热辐射，温度自然会降低，但这需要时间，因为粒子的平均动能（热能）转换为惯性质量、静止质量有一定的比率。外加的磁场力可以加大这个转换率，磁场的变化（无论是 N、S 极的还是由强到零的）就像波浪一样将转换率推高并维持一段时间，使得钾原子温度降低。

当达到约 0.5nK 时，平均动能已经极小，或许可以一次性将动能转换为惯性质量、静止质量，使得钾原子的平均动能为零、温度为零 K。有这种可能吗？

---

① 潘治. 世界最低温度纪录改写. 新浪新闻，http：//news. sina. com. cn，2003 – 09 – 13.
② 常丽君. 科学家造出低于绝对零度的量子气体. 科技日报，2013 – 01 – 05.

　　在压缩系统的光子可以一次性获得 91 ~ 919 个普朗克常数的不等的能量（详见 2.6 章节），但获得能量的时间延长了。以质子质能（938.27MeV）比光子能量（黄色光子 550nm，2.25eV）约为 $4.417\,0 \times 10^9$，如果其获得能量的比率是一样的话，质子获得能量转换为质量的能量值约为 $4.019\,47 \times 10^{11}$ ~ $4.059\,2 \times 10^{12}$ 个 $\hbar$，对比 2.7K 的微波背景辐射峰值频率 $1.638\,2 \times 10^{11}$Hz，大了 2.45 ~ 25 倍，相差不大，还在相近的数量级中。也就是说钾原子的动能可以一次性转换为质量而动能为零，温度则为零 K。然后再从零 K 升至几 nK，也就是研究者们说的负温度——"负十亿分之几开尔文"。

　　而要维持钾原子在零 K 一段时间，首先平均动能为 0，也就是将其一次性转换为质量后，钾原子要处于既不做功也不受功的状态，这样才不会有多余的动能出现，温度还是零 K。钾原子做功、受功是需要时间的，如果我们不给它时间的话，也就是说在熵增状态与熵减状态之间变换得足够快的话，钾原子就可以维持一段足够长的时间在零 K 温度。施奈德的实验只是瞬间达到零 K 然后回升至几 nK，而非负温度。

　　钾原子要达到既不做功又不受功的状态，在自然界是不存在的，但在实验室可以达到。激光和磁场力同步，在有和无之间转换，控制好时间，可以令钾原子在零 K 温度滞留足够长的时间，并能获得相关数据，这需要实验技巧和经验。这是一个节点性实验。

　　理论上，如果这种位置倒转，使多数粒子处于高能态而少数粒子在低能态，温度曲线也会反过来，温度将从正到负，低于绝对零度。……

　　施奈德和同事用钾原子超冷量子气体实现了这种负绝对零度。他们用激光和磁场将单个原子保持晶格排列。在正温度下，原子之间的斥力使晶格结构保持稳定。然后他们迅速改变磁场，使原子变成相互吸引而不是排斥。施奈德说："这种突然的转换，使原子还来不及反应，就从它们最稳定的状态，也就是最低能态突然跳到可能达到的最高能态。就像你正在过山谷，突然发现已在山峰。"

　　在正温度下，这种逆转是不稳定的，原子会向内坍塌。他们也同时调整势阱激光场，增强能量将原子稳定在原位。这样一来，气体就实现了从高于绝对零度到低于绝对零度的转变，约在负十亿分之几开尔文。①

――――――――――

① 常丽君. 科学家造出低于绝对零度的量子气体. 科技日报，2013－01－05.

所以应该重新定义零 K 温度，绝热系统或者原子、离子，其既不对斥力膨胀系统做功，也不接受外界系统的势能对其做功，其平均动能为零，此时的绝热系统为零开尔文温度。这是根据施奈德的实验、70μK "冷斑" 温度数据和热力学四大定律得出的结论，虽然他们的解释有误，但并不妨碍实验结果对物理学产生的深远影响和意义。

我们应该将热力学第二定律称为熵增定律、第三定律称为零开尔文定律、第四定律称为熵减定律，这样会明了许多。（笔者注：零开尔文定律的新解释并不是温度无法达到零 K，而是可以达到，施奈德实验发现的 "负温度" 就表明其达到过零 K 温度。）

通过上述分析发现，现代物理学对哈勃红移、哈勃常数的理解是错误的，事实上我们并没有看到星系在 30 亿光年的距离对应的约 6.4 万 km/s 的退行速度，而看到的仅仅是每秒 1 000 公里的速度。这表明哈勃红移是光子做功的结果，而非星系退行或者空间膨胀，则哈勃常数就是不正确的描述。

据此，天文测量是否应该重新梳理、修正呢？

暗物质、暗能量、中微子有质量吗？几维时空？光子会衰变吗？宇宙是如何诞生的……这十一大物理学难题现在你可以定性地解答几个呢？

笔者一直用红移值与距离的线性关系描述 47.2 亿光年半径里的星系对应红移（$Z = 2.357$）。这是由于天文学并没有给出距离（$0 \sim 47.2$ 亿光年）与红移值（$0 \sim 2.357$）的关系式。所以只能用一个简洁的方法来描述高红移值的天体，以便对全景宇宙模型有一个定性的了解。

或许有读者会用这样的观测数据否定其线性关系。"编号 PGC 55493 的旋涡星系，这个美丽的星系位于巨蛇座，离我们约 4.9 亿光年（红移 $Z = 0.036$）。"[1] 笔者认为尊重观测数据是对的。

既然观测数据否定了红移值与距离的线性关系，那么其就是非线性关系。冯天岳的斥力定律确定了两个点的比值，距离为零时对应红移值为零，距离 47.2 亿光年对应红移值为 2.357。如果观测数据[1]准确的话，三点就可以确定为一条曲线。

令 $\dfrac{47.2^n}{2.357} = \dfrac{L^n}{Z}$，式中 L 为距离，范围在 $0 \sim 47.2$ 亿光年之间，红移值

---

[1]　Gohomeman1 译. 巨蛇座的旋涡星系 PGC 55493. 中国天文科普网，http://www.astron.ac.cn/bencandy-22-11546-1.htm, 2014-10-09.

Z 取值在 0 ~ 2.357 之间。当 $L = 1.85$ 时，三点在一条曲线上。要验证这个关系式，需要许多观测数据在不同的点上进行验证，或许读者可以修正或者修改关系式。但请注意红移值小于 2.357 的天体不一定就是膨胀小宇宙系统内的星系。

随之而来的问题是，在压缩小宇宙系统中，星系蓝移值与距离关系式如何呢？在相邻的膨胀小宇宙系统中，一个天体的光线走过的距离大于 47.2 亿光年，其关系式又该如何呢？这些都是建立近场宇宙地图必须考虑的问题。

2 味变振荡贯穿所有粒子中，定律之间的联系、验证与发现

根据破译学原理，密钥归零则宇宙密码就被破译了，剩下的就是建立宇宙密码字典的事了。这正是笔者的第三本书——《建立宇宙密码字典》书名的由来。该书出版后，又有了新的数据公布，以及对原有数据的重新理解，这为验证新发现的物理过程提供了新的证据，也为宇宙密码字典添了新词。

2.1 中间玻色子的协变和非协变共振态

密钥归零后，根据质能关系式和相关数据得：粒子的质量是引力约束的能量斥力提供了空间，或者是斥力势能、引力势能、库仑力势能之和。

依据前者得出中微子的一组质量 0.038 6eV、7.982eV、134.23eV，根据大亚湾数据修正反中微子的另一组质量为 0.027 11eV、5.600 7 eV、94.277eV。

依据后者和夸克渐进自由实验数据得出质子、中子存在一个半径约 0.1 费米的引力—斥力反转区域，命名为冯—焦蓝场。又根据元素 $\beta^{\pm}$ 衰变数据和吴健雄的极化钴 60 实验数据，则重子的冯—焦蓝场约束的是由

正反轻子对组成的中间玻色子。质子、中子表示为：

$$p^+\{(q_1q_1q_23b3g)^+[\frac{e^-(q_2gg)}{e^+(\overline{q_2gg})}]\}\leftrightarrow p^+\{(q_1q_2q_23b3g)^0[\frac{v_e(q_1gg)}{e^+(\overline{q_2gg})}]\}$$

$$n\{(q_1q_2q_23b3g)^0[\frac{v_e(q_1gg)}{\overline{v_e}(\overline{q_1gg})}]\}\leftrightarrow n\{(q_1q_1q_23b3g)^+[\frac{e^-(q_2gg)}{\overline{v_e}(\overline{q_1gg})}]\}$$

（注：反质子、反中子的亚夸克结构式约束着相同的中间玻色子，所以重子没有反物质。）

中间玻色子的亚夸克结构式简化为：$W^-[\frac{e^-}{\overline{v_e}}]$、$W^+[\frac{v_e}{e^+}]$、$Z^{01}[\frac{e^-}{e^+}]$、$Z^{02}[\frac{v_e}{\overline{v_e}}]$

通式为：

$$W^-[\frac{(q_igg)^-}{(\overline{q_jgg})}]，式中，i=2，3，5；j=1，4，6。$$

$$W^+[\frac{(q_igg)}{(\overline{q_jgg})^+}]，式中，i=1，4，6；j=2，3，5。$$

$$Z^{01}[\frac{(q_igg)^-}{(\overline{q_jgg})^+}]，式中，i=2，3，5；j=2，3，5。$$

$$Z^{02}[\frac{(q_igg)}{(\overline{q_jgg})}]，式中，i=1，4，6；j=1，4，6。[1]$$

由此可见，每一代中间玻色子有四个，i、j 取值 1、2，或者 3、4，或者 5、6，此为协变共振态，则有三组 12 个。

中间玻色子的通式表示为：$[\frac{(q_igg)}{(\overline{q_jgg})}]$，式中，$i=1，2，3，4，5，6$；$j=1，2，3，4，5，6$。则有 36 个中间玻色子，减去其中协变的 12 个，还有 24 个非协变的。

第一代协变的中间玻色子由于能量远远小于两倍的 μ 子质量（$2 \times 105.66\text{MeV}$），所以其没有味变振荡。$\beta^-$ 衰变中电子能谱是一个连续曲

---

① 欧阳森. 宇宙结构及力的根源. 香港：中国作家出版社，2010. 欧阳森. 白洞喷发与轻元素循环. 广州：暨南大学出版社，2011. 欧阳森. 建立宇宙密码字典. 广州：暨南大学出版社，2013.

线，从而粒子物理学推测出一个未知粒子的存在——中微子。而在 β^- 衰变中，中子的冯—焦蓝场踢出的是 e^-、$\bar{v}_e$，还是踢出了一个中间玻色子 $W^-\left[\dfrac{e^-}{\bar{v}_e}\right]$，再衰变为 e^-、$\bar{v}_e$，则不得而知了。直到核反应堆发现了"第四种中微子"存在的迹象，笔者据此推断：那是冯—焦蓝场踢出的一个中间玻色子 $W^-\left[\dfrac{e^-}{\bar{v}_e}\right]$，再衰变为 e^-、$\bar{v}_e$。由于粒子的亚夸克结构式已经被发现的粒子刚好填满，没有第四种中微子存在的可能性，所以唯一合理的解释只能是冯—焦蓝场踢出的中间玻色子 $W^-\left[\dfrac{e^-}{\bar{v}_e}\right]$ 能量大于 $1.02\,\mathrm{MeV}$ 时，e^-、$\bar{v}_e$ 均分了质量/能量，使得 $\bar{v}_e$ 有一个与电子相同的质量 $0.511\,\mathrm{MeV}$。而 $\bar{v}_e$ 有了这个质量，则其味变振荡波长极短，在没有离开堆芯前已经产生了味变振荡。这也正是为什么有 3% 的电子中微子提前发生了味变振荡的原因所在。

正反中微子对应着味变振荡的两个通道 $q_1 \leftrightarrow q_4 \leftrightarrow q_6$ 和 $\bar{q}_1 \leftrightarrow \bar{q}_4 \leftrightarrow \bar{q}_6$，并对应两组质量 $0.038\,6\,\mathrm{eV}$、$7.982\,\mathrm{eV}$、$134.23\,\mathrm{eV}$ 和 $0.027\,11\,\mathrm{eV}$、$5.600\,7\,\mathrm{eV}$、$94.277\,\mathrm{eV}$。实验发现了正反顶夸克的质量不对称数据，表明这个存在。而微波的正电荷波长比负电荷波长短，也存在不对称现象，从而表明长于微波波长的无线电波是不对称光子。[注：重子数守恒夸克禁闭，也就是说我们是无法看到自由夸克的。那么，实验发现的正反顶夸克，实为光子的凝聚态，表示为：$(q_6 g \bar{g})$ $(\bar{q}_6 g \bar{g})$。正反顶夸克的结构式为 $(q_6 bg)$、$(\bar{q}_6 \bar{b}g)$。由于引力亚夸克为 g、$\bar{b}$，斥力亚夸克为 b、$\bar{g}$。加上不知道光子的结构式，对实验数据产生误判也就可以理解了。]

正负电荷轻子对应着味变振荡的两个通道 $q_2 \leftrightarrow q_3 \leftrightarrow q_5$ 和 $\bar{q}_2 \leftrightarrow \bar{q}_3 \leftrightarrow \bar{q}_5$，并对应着一组相同的质量 $0.511\,\mathrm{MeV}$、$105.66\,\mathrm{MeV}$、$1\,780\,\mathrm{MeV}$。

上述是对拙作相关问题的概述。据此我们会提出这样的问题："第四种中微子"的数据预示着通道 $\bar{q}_1 \leftrightarrow \bar{q}_4 \leftrightarrow \bar{q}_6$ 还对应着另一组质量 $0.511\,\mathrm{MeV}$、$105.66\,\mathrm{MeV}$、$1\,780\,\mathrm{MeV}$。那么，通道 $q_1 \leftrightarrow q_4 \leftrightarrow q_6$ 是否也对应着另一组质量呢？对称光子与不对称光子的分界线在哪呢？

北京正负电子对撞机（BEPCII）上的北京谱仪 III（BESIII）实验国际

合作组于 2013 年 3 月宣布发现了一个新的共振结构 Z_C（3900）。因为其中含有一对正反粲夸克且带有和电子相同或相反的电荷，提示其中至少含有四个夸克，极有可能是科学家们长期寻找的介子分子态或四夸克态。……

在近期提交的四篇论文中，BESIII 实验国际合作组宣布发现了一种 Z_C（3900）新的衰变模式，并确定了其自旋—宇称量子数；在两个不同的衰变末态中发现了两个新的共振结构，分别命名为 Z_C（4020）和 Z_C（4025），它们极有可能是 Z_C（3900）的质量较高的伴随态；首次观测到 X（3872）在 Y（4260）辐射跃迁中的产生。……

BESIII 的实验结果表明 Z_C（3900）与此前发现的 X（3872）、Y（4260）等粒子之间可能存在着实质性的关联……[1]

BESIII 实验国际合作组发现的粒子是 Z_C（3900）、Z_C（4020）、Z_C（4025）、X（3872）、Y（4260）[2]。

2014 年 1 月 6 日近代物理所高能核物理组科研人员利用光生过程研究了新发现的共振结构 Z_C（3900）$^{\pm}$ 可以通过 $\gamma p \rightarrow Z_C^{+} n$ 反应产生；以及 $\gamma p \rightarrow J/\psi \pi^{+} n$ 的总截面。那么，根据这两个粒子反应式得出 Z_C（3900）$^{+} \rightarrow J/\psi \pi^{+}$，由于 J/ψ（3097）、π^{+}（139.57）[3]，根据能量守恒定律，粒子反应式为 Z_C（3900）$^{+} \rightarrow J/\psi$（3097）$+ Z_C$（803）$^{+}$。

随后，2014 年 2 月 20 日近代物理所高能核物理组的科研人员又发现了 Z（3930）和 X（3915），X（3915）可以通过 $\gamma p \rightarrow X$（3915）p 反应产生，以及 $\gamma p \rightarrow J/\psi \omega p$ 的总截面。

近代物理所高能核物理组的科研人员利用光生过程研究了新发现的共振结构 Z_C（3900）$^{\pm}$ 的产生，为研究 Z_C（3900）$^{\pm}$ 提供了不同的产生机制，这对于进一步研究 Z_C（3900）$^{\pm}$ 的结构和性质具有非常重要的意义。

　　① 北京谱仪国际合作组发现四夸克物质 Z_C（3900）入选 2013 年物理学重要成果. 实验物理中心高能所，http：//www. ihep. cas. cn/xwdt/gnxw/2013/201312/t20131231_4008945. htm，2013 – 12 – 31.
　　② 北京谱仪国际合作组发现四夸克物质 Z_C（3900）入选 2013 年物理学重要成果. 实验物理中心高能所，http：//www. ihep. cas. cn/xwdt/gnxw/2013/201312/t20131231_4008945. htm，2013 – 12 – 31.
　　③ 焦善庆，蓝其开. 亚夸克理论. 重庆：重庆出版社，1996.

北京谱仪 III（BESIII）实验国际合作组于 2013 年 3 月 26 日宣布，在最近采集的数据中发现了一个新的共振结构，暂时命名为 $Z_C(3900)^\pm$。……

研究表明，$Z_C(3900)^\pm$ 可以通过 $\gamma p \to Z_C^+ n$ 反应产生。[1]

近代物理所高能核物理组的科研人员利用光生过程研究了类粲偶素 X（3915）的产生，为研究 X（3915）及 P 波粲偶素提供了一种不同的产生机制。

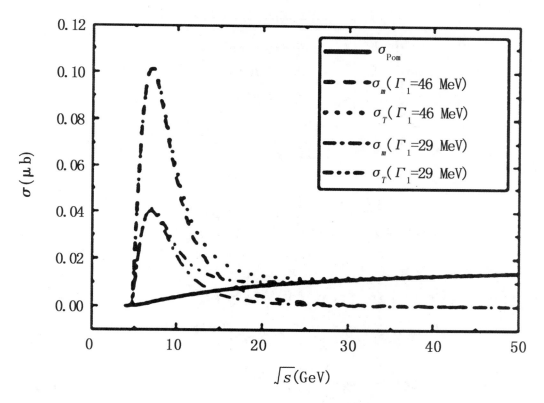

图 2 - 1 $\gamma p \to J/\psi \pi^+ n$ 的总截面[2]

---

① 近代物理所利用光生过程研究 $Z_C(3900)^\pm$ 的产生机制. http：//www. impcas. ac. cn/xwzx/kyjz/201401/t20140106_4010775. html，2014 - 01 - 06.

② 近代物理所科研人员研究了类粲偶素 X（3915）并提出了一种新的产生机制. http：//www. impcas. ac. cn/xwzx/kyjz/201402/t20140220_4034808. html，2014 - 02 - 20.

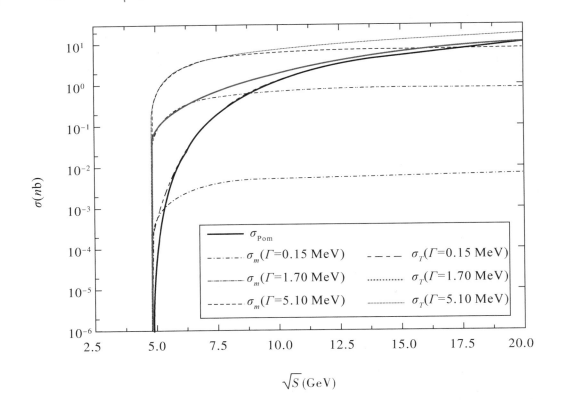

图 2 - 2 γp→J/ψωp 的总截面[1]

研究表明，X（3915）可以通过 γp→X（3915）p 反应产生。……
Z（3930）可能是 X_{c0}（2P）和 X_{c2}（2P）的混合态，这样的假定得出的结果
与实验数据能够很好地吻合，从而支持 X（3915）的 X_{c0}（2P）指定。[2]

根据上述实验数据，研究者们并不十分清楚这些粒子的结构式与归
类。而 Z_C（3900）$^±$、X（3915）、Z（3930）都有一个共同的特点，其衰
变粒子都有一个 J/ψ 介子存在。这正是笔者寻找的 36 个中间玻色子的 9
组共振态之一，表示为：$W^±$（3900）、Z^{01}（3915）、Z^{02}（3930）；其衰变后
的产物则是另一组中间玻色子，表示为（注：前者称为第一组协变的中间
玻色子，后者称为第二组协变的中间玻色子）：

---

① 近代物理所科研人员研究了类粲偶素 X（3915）并提出了一种新的产生机制. http://www. impcas. ac.
cn/xwzx/kyjz/201402/t20140220_4034808. html，2014 - 02 - 20.

② 近代物理所科研人员研究了类粲偶素 X（3915）并提出了一种新的产生机制. http://www. impcas. ac.
cn/xwzx/kyjz/201402/t20140220_4034808. html，2014 - 02 - 20.

$W^{\pm}(3900) \rightarrow J/\psi(3097) + W^{\pm}(803)$

$Z^{01}(3915) \rightarrow J/\psi(3097) + Z^{01}(818)$

$Z^{02}(3930) \rightarrow J/\psi(3097) + Z^{02}(833)$

它们的能量均小于质子、中子的质能，这与密钥理论的预测吻合——质子、中子的冯—焦蓝场约束的是中间玻色子。

之前发现的一组高能共振态为：

$W^{\pm}(81.8 \pm 1.5 GeV)$、$Z^{01}(92.6 \pm 1.7 GeV)$、$Z^{02}(125 GeV)$。

[注：其中 $Z^{02}(125 GeV)$ 被认定为上帝粒子，实为标准模型的误判。]

这样就发现了共 3 组 12 个中间玻色子，而且新发现的两组是协变的。那么，还有一组协变的在哪呢？另外的 24 个中间玻色子又在哪呢？这些都是需要解决的问题。

在此谨向近代物理所高能核物理组的科研人员表示谢意。正是由于他们的实验数据，使得笔者一次共发现了两组 8 个中间玻色子，而且都是协变的。

有人会质疑这个结论和粒子反应式，那么，我们有必要重申一下粒子对能。电子、正电子湮灭为双光子的过程是实验证实并公认的 $e^- + e^+ \leftrightarrow 2\gamma$。那么，等式右边是光能，左边为什么不能称为粒子对能呢？而非要称其为正反粒子呢？然后拿着正电子、反质子认定为反物质，满世界地寻找，并做了数个反氢原子，并滞留了 1 000 秒的时间。结果如何呢？你不如看看正反质子的亚夸克结构式是否约束着同样的中间玻色子，不就清楚了吗？

因为高能粒子碰撞、对撞中，冯—焦蓝场足够强，所以粒子的动能和粒子对能（如正负电子、正反质子）可以转换为另外的粒子对能和光能，如正反轻子对、正反重子对、介子、中间玻色子都属于该能量系统。

而粒子对能的粒子，如中间玻色子，其可以从高能态向低能态衰变，并释放另一个粒子对能粒子，它们只需要遵守重子数守恒定律、轻子数守恒定律、能量守恒定律、电荷守恒定律、亚夸克数守恒定律（注：正反亚夸克数为零），则上述粒子反应是存在的，由于它们释放的是同一种介子，所以后者是前者的低能态。

研究者们认为 $Z_C(3900)^{\pm}$ 是四夸克粒子，这是标准模型的误判。因为其根本不知道中间玻色子有 36 个 9 组的共振态存在，也不清楚 $Z(125GeV)$ 是高能共振态之一。那么，根据衰变产生的两个粒子和电荷守恒定律推断，该粒子只能是四夸克粒子，如（$uu\bar{u}d$）就是带一个正电荷的粒子。但是其首先违反了重子数守恒、夸克禁闭定律，笔者认为四个凝聚态光子也可以组成该粒子，但是这需要时间和反应概率等，所以 $Z_C(3900)^{\pm}$ 粒子一次性对撞、碰撞产生的概率比前者大得多。

根据质子、中子的亚夸克结构式和新发现的第二组中间玻色子：

$W^{\pm}(803)$、$Z^{01}(818)$、$Z^{02}(833)$

$$p^+\{(q_1q_1q_23b3g)^+[\frac{e^-(q_2gg)}{e^+(\overline{q_2gg})}]\} \leftrightarrow p^+\{(q_1q_2q_23b3g)^0[\frac{v_e(q_1gg)}{e^+(\overline{q_2gg})}]\}$$

$$n\{(q_1q_2q_23b3g)^0[\frac{v_e(q_1gg)}{v_e(\overline{q_1gg})}]\} \leftrightarrow n\{(q_1q_1q_23b3g)^+[\frac{e^-(q_2gg)}{\overline{v_e}(\overline{q_1gg})}]\}$$

简化为：

$$p^+\{(uud)^+Z^{01}(818)\} \leftrightarrow p^+\{(udd)^0W^+(803)\}$$
$$n\{(udd)^0Z^{02}(833)\} \leftrightarrow n\{(udd)^+W^-(803)\}$$

通过上述结构式可以发现，为什么质子是稳定的，而中子会衰变。等式右边的中间玻色子能级是一样的，而左边则是中子比质子的大了 15MeV；同时中子的 $Z^{02}(833)$ 没有了两个电荷的库仑吸引力存在，而质子有；库仑力比强力小 118.28 倍，这样中子对 $Z^{02}(833)$ 的约束也就少了 7.04MeV 的能量。但是中子衰变为质子损失的能量仅仅为 $939.57-938.28=1.29MeV$，多了约 5.5 倍，与事实不符。如果中子的质能被三个夸克和两个轻子均分的话，则 Z^{02} 的能量约为 375.83MeV，少了库仑力的约束，约少了 3.18MeV，比中子衰变的能量多了 2 倍有余，对于一个轻子（187.92MeV）来说，则少了约 1.59MeV。或许这正是中子更倾向于损失 e^-、$\bar{v}_e$ 能量，而不是 Z^{02} 的原因所在。实验数据表明，在核反应堆中有 3% 的反中微子提早发生了振荡，研究者们认为是存在"第四种中微子"，实为有 4.5% 的中子以 Z^{02} 损失能量，而 Z^{02} 衰变时，e^-、$\bar{v}_e$ 均分了大于 1.02MeV 的能量，则 $\bar{v}_e$ 会获得一个与电子相同的质量，其味变振荡波长极短，在没有离开燃料棒时就已经发生了味变振荡，如果三种反中微子数量在味变振荡中是均分的话，就会看到有 3% 的电子反中微子提早发生了振荡[①]。大亚湾 θ_{13} 数据的公布中，研究者们并没有就此计算出三种中微子的质量，反而得出三种中微子的质量平方差均小于 10^{-3} 的计算结果，这与前者不无关系。

通过上述分析可以得到以下结论：

（1）第三组协变的中间玻色子的能量在两倍 μ 子质能到 375.83MeV 之间。

根据第二组协变的中间玻色子的能量 $W^{\pm}$（803）、Z^{01}（818）、Z^{02}（833），其衰变粒子可能为 K^0（493.67）或者 η^0（549.8）介子，依据前者推算第三组协变的为 $W^{\pm}$（309）、Z^{01}（324）、Z^{02}（339），后者推算的为 $W^{\pm}$（254）、Z^{01}（269）、Z^{02}（284），均在 212 ~ 375.83MeV 之间。

（2）能量在 1.022MeV 到 212MeV 的中间玻色子是存在的，由于其能量没有达到阈值，所以不属于 36 个共振态之一，而是独立的一类。核反应堆有 3% 的反中微子提前发生了味变振荡，表明 W^- 是存在的。

2014 年 3 月又是中科院近代物理所高能核物理研究组的科研人员发现 U - boson 粒子（质量为 10 ~ 100MeV）。研究数据表明 U - boson 粒子就是 $Z^{01}\left(\dfrac{e^-}{e^+}\right)$，质量为 10 ~ 100MeV，那么，还有 W^+、Z^{02} 在哪呢？

---

① 欧阳森. 宇宙结构及力的根源. 香港：中国作家出版社，2010. 欧阳森. 白洞喷发与轻元素循环. 广州：暨南大学出版社，2011. 欧阳森. 建立宇宙密码字典. 广州：暨南大学出版社，2013.

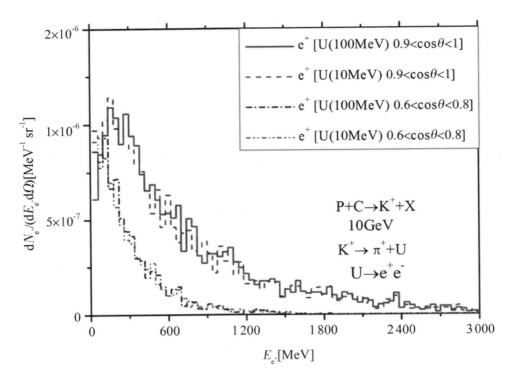

图 2 - 3　U - boson 粒子衰变产生的正电子能量谱①

来自于额外 U（1）对称的 U - boson 粒子（质量为 10 ~ 100MeV）不仅在轻的暗物质（LDM）粒子湮灭过程中扮演重要角色，而且对于我们更好地理解超标准模型粒子有重要意义。②

（3）研究者们认为发现的 Z_C（4020）、Z_C（4025）与 Z_C（3900）相关，并发现 X（3872）与 Y（4260）相关③。而新的数据表明 Z_C（4025）是带电荷的④。由此推断 Z_C（4025）$^±$是一个新的中间玻色子共振态，表示为 $W^±$（4025）。

那么，寻找 $W^±$（4025）与 Z_C（4020）、X（3872）、Y（4260）之间的联系，就应该看看它们是否都衰变出一个相同的大质量介子，如

① 近代物理所研究暗物质中间交换粒子——U - boson 取得新进展. http：// www. impcas. ac. cn/xwzx/kyjz/201403/t20140310_4048631. html，2014 - 03 - 10.

② 近代物理所研究暗物质中间交换粒子——U - boson 取得新进展. http：// www. impcas. ac. cn/xwzx/kyjz/201403/t20140310_4048631. html，2014 - 03 - 10.

③ 北京谱仪国际合作组发现四夸克物质 Z_C（3900）入选 2013 年物理学重要成果. 实验物理中心高能所，http：// www. ihep. cas. cn/xwdt/gnxw/2013/201312/t20131231_4008945. htm，2013 - 12 - 31.

④ 肖洁. 北京正负电子对撞实验发现新粒子. 中国科学报，2014 - 04 - 10.

J/ψ（3097）等。这组非协变的中间玻色子的确认需要实验数据的支持。而依据第一组协变的中间玻色子质量数据 W$^\pm$（3900）、Z^{01}（3915）、Z^{02}（3930）和实验数据，可以推测出 W$^\pm$（4025）的这组共振态的质量为 W$^\pm$（4025）、Z^{01}（4043）、Z^{02}（4060）。

即使这样，最多可以发现 3 组 12 个。那么，还有 8 个在哪里呢？

在两个不同的衰变末态中发现了两个新的共振结构，分别命名为 Z$_C$（4020）和 Z$_C$（4025），它们极有可能是 Z$_C$（3900）的质量较高的伴随态；首次观测到 X（3872）在 Y（4260）辐射跃迁中产生。[1]

这与去年在 BESIII 实验上发现的 Z$_C$（3900）具有非常相似的性质，因此 Z$_C$（4025）极有可能是 Z$_C$（3900）质量较高的激发态。[2]

（4）2014 年 4 月 11 日中科院近代物理所发布消息称，其高能核物理组研究人员研究发现了 J/ψ 介子衰变过程 J/$\psi\to\eta$K^{*0}K^{*0}bar（J/$\psi\to\eta$h$_1\to\eta$K$^{*0}\overline{\text{K}}^{*0}$），预言了一个 h$_1$ 粒子的存在[3]。

根据已知介子的质量 J/ψ（3097）、η^0（548.8）、K^0（493.67）[4]，以及介子没有反粒子，K^0、$\overline{\text{K}}^0$ 实为 K$_S^0$、K$_L^0$。[5] 得：

J/ψ（3097）$\to\eta^0$（548.8）+ h$_1$（2548.2）

J/ψ（3097）$\to\eta^0$（548.8）+ K$_S^0$（493.67）+ K$_L^0$（493.67）+ 1560.86MeV

研究者们认为缺失的能量（1560.8MeV）是被 K^0、$\overline{\text{K}}^0$ 的高能态带走了。而笔者认为 h$_1$ 粒子是由正反中微子组成的中间玻色子 Z^{02}（2548.2），其衰变反应式为：

---

①　北京谱仪国际合作组发现四夸克物质 Z$_C$（3900）入选 2013 年物理学重要成果. 实验物理中心高能所，http：//www. ihep. cas. cn/xwdt/gnxw/2013/201312/t20131231_4008945. htm，2013 - 12 - 31.

②　肖洁. 北京正负电子对撞实验发现新粒子. 中国科学报，2014 - 04 - 10.

③　近代物理所研究 J/$\psi\to\eta$K^{*0}K^{*0}bar 衰变过程预言一个 h$_1$ 粒子的存在性. 近代物理所，http：//www. impcas. ac. cn/xwzx/kyjz/201404/t20140411_4088960. html，2014 - 04 - 11.

④　焦善庆，蓝其开. 亚夸克理论. 重庆：重庆出版社，1996.

⑤　欧阳森. 宇宙结构及力的根源. 香港：中国作家出版社，2010. 欧阳森. 白洞喷发与轻元素循环. 广州：暨南大学出版社，2011. 欧阳森. 建立宇宙密码字典. 广州：暨南大学出版社，2013.

$$Z^{02}（2548.2）\rightarrow K_S^0（493.67）+v_\mu（1560.86/2）+K_L^0（493.67）+$$
$$\overline{v}_\mu（1560.86/2）$$

实验并没有发现 $Z^{02}（2548.2）$ 的低能态中间玻色子，而是衰变为四个粒子，缺失的能量正是被正反中微子带走的，因为其难以被探测到。或许其与 K_S^2、K_L^0 两两组成纠缠态也有可能。

（5）一定会有人提出这样的质疑，36 个中间玻色子只能约束 18 个重子和 18 个反重子，而实验发现的远远多于该数，何解？在回答这个问题前，先看看笔者对介子的解读。

介子的亚夸克结构式为 $[q_i\overline{q_j}b\overline{b}g\overline{g}]$ （i、j = 1，2，3，…，6），根据实验结果表明质能亚夸克味变振荡存在 4 个通道 $q_1\leftrightarrow q_4\leftrightarrow q_6$、$q_2\leftrightarrow q_3\leftrightarrow q_5$、$\overline{q}_1\leftrightarrow\overline{q}_4\leftrightarrow\overline{q}_6$、$\overline{q}_2\leftrightarrow\overline{q}_3\leftrightarrow\overline{q}_5$。……

那么，介子究竟有多少种呢？根据其亚夸克结构式的组合，准确地说只有 $6\times6=36$ 种，由于味变振荡的存在，介子的共振态有 $6\times3\times6\times3=324$ 种，比实验数据的 222 种多，可能的原因如下：其能量没有达到阈值而无味变振荡的共振态产生，或者一些共振态还没有探测到。……

通过对第一代重子的 q 亚夸克的组合发现，中间玻色子与 qqq 亚夸克是协变的，所以三代重子的共振态为 $6\times6\times6\times2=432$ 种，这多于实验数据 269 种正重子……①

而中间玻色子的亚夸克结构式为 $\left[\dfrac{q_igg}{q_jgg}\right]$ （i、j = 1，2，3，…，6），同理得出中间玻色子的共振态为 $6\times3\times6\times3=324$ 种。也就是说我们对中间玻色子的了解才刚刚开始！

如果认为两个中间玻色子协变一个重子的话，那么，324 种中间玻色子只能协变 162 种重子，这与事实不符，所以是错的。而应该理解为三代重子的共振态有 $6\times6\times6\times2=432$ 种，式中的 2 表示为两个中间玻色子协

---

① 欧阳森. 白洞喷发与轻元素循环. 广州：暨南大学出版社，2011.

变一个重子的三个 qqq 亚夸克，而式中的 6 表示为每个 q 亚夸克存在六种味变振荡。这个结果与实验数据吻合。

或许还是有人质疑，这些结论、分析、推断靠谱吗？

那么，让我们先看看工程控制论中的一个系统可靠性原理。其大意是在一个系统中有 n 个子系统或者零件串联着，每个零件的可靠性为 η，那么该系统的整体可靠性 P 为：$P = \eta^n$。如果有 10 个零件串联，每个零件的可靠性为 99%，则该系统可靠性为 $P = \eta^n = 0.99^{10} = 90.44\%$；如果要该系统可靠性为 99%，10 个零件串联，则每个零件的可靠性必须大于 $\eta = \sqrt[n]{P} = \sqrt[10]{0.99} = 99.899\,55\%$。

宇宙和物质世界中的恒星、星系、星系团等各种天体，以及各种粒子，它们存在着必然的联系。我们仅仅发现了某些联系，还有许多未被发现的联系，不然怎么会有十一大物理学难题呢？这也是现代物理学体系的无奈之处。

笔者用冯天岳的斥力定律和牛顿的引力定律建立了全景宇宙模型与物质粒子的联系，并运用热力学的熵增定律论证了其密钥归零，而且发现了熵减定律。

根据密码破译学原理，随着上述的密钥归零的论证，则宇宙之谜就被破解了，剩下的就是建立宇宙密码字典的事了。

现在反向运用这个系统可靠性原理。由于宇宙与天体、粒子的联系是必然存在的，我们只是发现它们之间真实的联系——物理过程和引发该过程的物理机制，而不是发明、创造。

例如，在物理学研究中，密钥归零后存在某一种可能性的推测，而在这个推测的逻辑链上有 10 个不相关的也就是串联的实验数据/天文观测数据，并以 70% 的可靠性和支持度验证着这个推测，那么，每个数据的不支持度为 30%，10 个串联的总不支持度为：$P = \eta^n = 0.30^{10} = 5.9 \times 10^{-6}$，总的不支持度极小，也就是说可以确定这个推测是存在的。而 70% ~ 100% 之间的模糊区间，就是要完成的从定性、半定量到定量的研究过程。其也论证了建立宇宙密码字典的方法，这也正是笔者常用的，亦是密钥归零的魅力所在。

2.2　对称与不对称的味变振荡通道和对应的质量

根据亚夸克理论指出的四条味变振荡通道[①]和正负电荷轻子的质量，得出 $q_2 \leftrightarrow q_3 \leftrightarrow q_5$ 和 $\bar{q}_2 \leftrightarrow \bar{q}_3 \leftrightarrow \bar{q}_5$ 对应的质量为：0.511MeV、105.66MeV、1 780MeV，简称为对称味变振荡通道。而 $q_1 \leftrightarrow q_4 \leftrightarrow q_6$ 和 $\bar{q}_1 \leftrightarrow \bar{q}_4 \leftrightarrow \bar{q}_6$ 通道则对应着 6 种正反中微子，笔者在原著中得出一组中微子质量：0.038 6eV、7.982eV、134.23eV[②]，根据大亚湾能谱畸变数据修正反中微子质量为 0.027 11eV、5.600 7eV、94.277eV[③]。则 $q_1 \leftrightarrow q_4 \leftrightarrow q_6$ 通道对应质量为 0.038 6eV、7.982eV、134.23eV，$\bar{q}_1 \leftrightarrow \bar{q}_4 \leftrightarrow \bar{q}_6$ 通道对应质量为 0.027 11eV、5.600 7eV、94.277eV，简称为不对称味变振荡通道。根据"第四种中微子"存在的实验来看[④]，核反应堆有3%的电子反中微子提前发生了味变振荡，表明其存在一个与电子相同或者相近的质量；又根据 T2K 数据在 μ 子中微子束中探测到电子中微子[⑤]，表明 μ 子中微子或者反 μ 子中微子存在一个与 μ 子相同或者相近的质量。也就是说不对称味变振荡通道中的 $\bar{q}_1 \leftrightarrow \bar{q}_4 \leftrightarrow \bar{q}_6$ 存在着第二组质量，表示为：0.511MeV、105.66MeV、1 780MeV，而通道 $q_1 \leftrightarrow q_4 \leftrightarrow q_6$ 是否也对应第二组质量呢？是否对称呢？由此引发的新问题，只有实验数据才能验证。

徐骏与 Che-Ming Ko 定量解释了多个束流能量扫描实验中观测到的正反粒子椭圆流的劈裂，并从中获取了 QCD 相图及强子—夸克相变临界点的信息[⑥]。如图 2-4 至图 2-7 所示[⑦]。

由于他们并不知道不对称味变振荡通道的存在，所以对引起正反粒子椭圆流的劈裂的原因也就无法理解。从其对动量比值的解释可见一斑，图 2-7[⑧]纵坐标为 $[v_2(P) - v_2(\bar{P})]/v_2(P)$（%）；如果研究者们认为

① 焦善庆，蓝其开. 亚夸克理论. 重庆：重庆出版社，1996.
② 欧阳森. 宇宙结构及力的根源. 香港：中国作家出版社，2010.
③ 欧阳森. 白洞喷发与轻元素循环. 广州：暨南大学出版社，2011.
④ Richard Battye. 第四种惰性中微子触手可及. 科学网，http：//paper. sciencenet. cn//htmlpaper/20145413325995332166. shtm.
⑤ Richard Battye. 第四种惰性中微子触手可及. 科学网，http：//paper. sciencenet. cn//htmlpaper/20145413325995332166. shtm.
⑥ 徐骏. 中美合作核物质 QCD 相图研究获突破. 物理评论快报，2014-04-15.
⑦ 徐骏. ABSTRACT. http：//journals. aps. org/prl/abstract/10. 1103/PhysRevLett. 112. 012301.
⑧ 徐骏. ABSTRACT. http：//journals. aps. org/prl/abstract/10. 1103/PhysRevLett. 112. 012301.

正反粒子的味变振荡质量是相同的，那么，无论是选择动量、动能，还是反应截面 σ，其相约后还是一个比值。而选择第一组不对称味变振荡质量的话，得出的是质量的比值：$\dfrac{m_i - \overline{m_j}}{m_i}$。（式中 i，$j=1$，4，6；由于实验数据给出的能量均分到每一个夸克小于 1.8GeV，所以第二组不对称质量的 i，j 取值只能是 1，4。）

代入得：$\dfrac{m_i - \overline{m_j}}{m_i} = \dfrac{134.23 - 94.277}{134.23} = 0.297\,6$，约为 30% 的差异。

而根据图 2-7 中的明星合作实验数据，核子与反核子的差异也是 30% 弱（80 弱减 50 弱），这与第一组不对称质量极为吻合（见图 2-7 左边部分）。

图 2-4 至图 2-6 中的横坐标是横动量（约为 0.1~1.3GeV/c），那么，其纵坐标就是纵动量，而正反粒子曲线的不吻合表明它们的纵动量之间存在差异，而引起这个差异的正是不对称味变振荡质量。而研究者们将其称为正反粒子椭圆流的劈裂。[①]

从图 2-5、图 2-6 可以看出，随着核子的动量增加，其纵动量也在递增。也就是说核子的能量增加来自其动能的贡献，速度增加对动能、动量的贡献是公认的。如果我说质量的增加也对动能、动量产生贡献，这一定会招来一片反对声，但恰恰束流实验数据验证了这一点。

纵动量、纵动能的递增，如果理解为粒子在与速度垂直的方向振动，还不如理解为粒子的自旋角动量、角动能递增合理。根据质量是引力约束的能量，斥力提供了空间，或者是三大力势能之和[②][③]。所以纵动能的递增也就是粒子惯性质量的递增。

如果有人认为粒子的自旋角动能无法储存这么多能量的话，那么，笔者可以告诉你，质子内部光速仅仅为 $c_p^1 = 3.853 \times 10^{-9}\,\mathrm{m/s}$，u-u 夸克每秒只需转几周就可以产生观测到的粒子磁矩值[④]。那么，核子自旋每秒几周才能有相应的自旋动能呢？

---

① 粒子的动量是与其速度矢量平行的，而与之垂直的为横动量。只是沿用了实验数据对横动量的描述，其与正反粒子的速度是一致的。实为粒子质量与其动能之间的转换关系，动能的一半转换为质量的增加，另一半才是粒子的真实动能。

② 欧阳森. 宇宙结构及力的根源. 香港：中国作家出版社，2010.

③ 之前是定义，现在已经验证为定律了。

④ 欧阳森. 宇宙结构及力的根源. 香港：中国作家出版社，2010.

根据图 2-4 的数据，得出三条线的斜率 $\tan\theta = \frac{6}{8} = 0.75$ ，$\theta \approx 37°$。也就是说横动量在 $0.1\text{GeV}/c$ 到 $1.8\text{GeV}/c$ 递增时，纵动量则在 0 到 $1.28\text{GeV}/c$ 递增。对应的则是自旋角动量的递增，而核子所划过的线则是粒子的总动量。对于粒子的总动能/能量来说亦如此，则有 $E = \frac{1.8\,\text{GeV}}{\cos 37°} = 2.25\text{GeV}$。其中，质量递增产生的贡献约为 1.28GeV，等价动能的话，表示为 $\Delta E = \Delta mv^2$，当速度接近光速则有 $\Delta E = \Delta mc^2$，对于质子、中子的质量（约为 $0.94\text{GeV}/c^2$）来说，核子质量递增了约 1.36 个质子质量。

这样核子应该多转几圈呢？

根据角动量、角动能公式：$P_K = \frac{1}{2}J\omega = \frac{1}{2}mr^2\omega$、$E_K = \frac{1}{2}J\omega^2 = \frac{1}{2}mr^2\omega^2$。

对于引力起力点 0.6fm 半径的质子、中子来说，其光速为质子内部光速 $c_p^1 = 3.853 \times 10^{-9}\text{m/s}$[①]。

那么，从质子内部来说，其质量表示为 $m = \dfrac{938.28\,\text{MeV}}{(c_p^1)^2}$ 也就可以理解了。对于式中的 $\frac{1}{2}$ 项，这是经典物理定律导出的结果。至于是否与相对论相符，笔者认为没有必要去争论，现在是测算不是精算。距离表示为 $r = \dfrac{6 \times 10^{-16}}{c_p^1}$。因为在 0.6fm 半径空间，从其外部测量，尺度为真空光速 c，距离、时间、光速三者的关系式为 $l = tc$；根据测不准原理，在 0.6fm 的半径空间内无法同时测定时间和距离；从内部测量，其尺度为质子内部光速，由于尺子太大无法放进去，或者存在测不准原理，同样还是测不准；所以视其时间、距离是等价的，则有 $r = \dfrac{6 \times 10^{-16}}{c_p^1}$。$\omega$ 是角速度，表示每秒转动的弧长，如果质子以其内部光速自旋的话，$l = 3.853 \times 10^{-9}\text{m}$。由于是角速度，周长 l 不应该除以 c_p^1；同理，一周长的 $2\pi r$ 也不应该除以 c_p^1。

（1）质子以其内部光速自旋的角动能为：

---

① 欧阳森. 宇宙结构及力的根源. 香港：中国作家出版社，2010.

$$E_K = \frac{1}{2}mr^2\omega^2 = \frac{1}{2} \times \frac{938.28\,\text{MeV}}{(c_p^1)^2} \times \left(\frac{6 \times 10^{-16}}{c_p^1}\right)^2 \times \left(\frac{2\pi c_p^1}{2\pi \times 6 \times 10^{-16}}\right)^2 = $$

$$\frac{938.28\,\text{MeV}}{2\,(c_p^1)^2} = 3.16 \times 10^{25}\,\text{eV}$$

质子约束的最大能量为 $3.16 \times 10^{25}\,\text{eV}$，对于外界来说就是质子的最大质量，表示为 $3.16 \times 10^{25}\,\text{eV}/c^2$。也就是说质子的质量是一个有限值，并非无限大。这样看来，相对论的质速关系式就是错的！那么，什么样的质速关系式才是对的呢？徐宽的质速关系式 $m_i = m_0 e^{\frac{v^2}{2c^2}}$ 是正确的[1]。加速器有许多实验数据，你可以绘一条曲线，然后用上述两个关系式的计算值绘另外两条曲线，与实验数据曲线吻合的就是对的。

（2）质子每秒自旋一周两个弧长的角动能为：

$$E_K = \frac{1}{2}mr^2\omega^2 = \frac{1}{2} \times \frac{938.28\,\text{MeV}}{(c_p^1)^2} \times \left(\frac{6 \times 10^{-16}}{c_p^1}\right)^2 \times \left(\frac{2\pi r}{2\pi r} \times 2\pi\right)^2 = 3.02 \times 10^{13}\,\text{eV}$$

质子"踝区"跳水点的能量大于 $10^{19.6}\,\text{eV}$，则质子每秒自旋约 1.314×10^6 周可以达到该值的惯性质能。该质量的增量没有考虑电磁力的蓄能作用，有兴趣的读者可以参考质子的介电常数[2]，计算该能量质子的自旋磁矩和储存的磁场势能是多少，或许还可以发明一个探测宇宙线的粒子自旋磁场探测仪器。

（3）质子每秒自旋一度的角动能为：$E_K = 9.23 \times 10^9\,\text{eV}$，比核子 $1.35\,\text{GeV}$ 的惯性质能（自旋角动能）大了 6.837 倍，对应的加速度为 $22.95'/$秒。也就是说核子不管是在转动还是在振荡我们都无法分辨。

通过上述分析可以得出这样的结果：

①粒子的质量并非像相对论的质速关系式描述的那样是一个无限大值，而是一个有限值。即使以质子内部光速自旋亦如此，更何况不是呢！所以粒子的质速关系是徐宽导出的公式。

②根据粒子的角动能或者质量增加的关系式，它是一个独立的能量系统。粒子的冯—焦蓝场足可以约束这个能量（小于 $3.16 \times 10^{25}\,\text{eV}$），对于

---

[1] 徐宽. 物理学的新发展——对爱因斯坦相对论的改正. 天津：天津科技翻译出版公司，2005.

[2] 欧阳森. 宇宙结构及力的根源. 香港：中国作家出版社，2010.

外界它就是质量（小于 $3.16 \times 10^{25}\,\mathrm{eV/c^2}$）。

③按常规来看粒子的角动能或者质量增加，其能量来自于粒子的动能转换，并遵守徐宽发现的质速关系式①。非常态的粒子就是既不遵守相对论的质速关系式，也不遵守徐宽的质速关系式，只遵守粒子的角动能/质量增加关系式。这样我们就会看到一个慢光速、大质量/能量的粒子存在。羊八井的宇宙线数据中②刚好有一个可以验证这个推测存在的数据，只是没有给出该粒子的能量数据和其他几个奇异事例的数据，千万别丢了！不然怎么知道核子该转几周呢？

但有几个偏离分布的事例被找到。其中有一个难以用本底或噪声来解释：它的速度为 $0.4c$，显著性约为 6σ。它究竟是奇异事例还是本底，或是由探测器本身的故障造成？这一问题仍在研究之中。③

从图 2-5、图 2-6 看核子与反核子的纵动量差异呈发散性趋向，这与第一组不对称质量竟然是惊人地一致。

第二组不对称质量

从图 2-5、图 2-6 看，正电荷 K 介子比负电荷 K 介子的纵动量大，但不规则。从图 2-5、2-6 的标识来看，研究者们认为正电荷 K 介子为正粒子（黑色实线）、负电荷 K 介子为反粒子（红色虚线）。

根据亚夸克理论，④ 其亚夸克结构式为 $\mathrm{K^+}$（$q_1 \bar{q}_3 b\ \bar{b} g\ \bar{g}$）或者 $\mathrm{K^+}\left(\dfrac{q_1 bg}{\overline{q_3 bg}}\right)$、$\mathrm{K^-}$（$q_3 \bar{q}_1 b\ \bar{b} g\ \bar{g}$）或者 $\mathrm{K^-}\left(\dfrac{q_3 bg}{\overline{q_1 bg}}\right)$。⑤

---

① 徐宽. 物理学的新发展——对爱因斯坦相对论的改正. 天津：天津科技翻译出版公司，2005.

② 中国科学院高能物理研究所. 粒子天体物理. http：//www. ihep. cas. cn/zdsys/lzttlab/lztt… /W020130206618491943685. doc.

③ 中国科学院高能物理研究所. 粒子天体物理. http：//www. ihep. cas. cn/zdsys/lzttlab/lztt… /W020130206618491943685. doc.

④ 焦善庆，蓝其开. 亚夸克理论. 重庆：重庆出版社，1996.

⑤ 由于人们无法改变引力矢量和斥力矢量的方向，所以轻子分为引力粒子和斥力粒子两类、介子没有反粒子、重子的反粒子仅仅是反电荷重子，所以在宇宙中反物质是不存在的。而成对出现的正反重子、正反轻子、介子、中间玻色子均为粒子对能，不要拿着其另一半为借口，满世界地找反物质。如果将 K 介子系列视为一组中间玻色子共振态也未尝不可，因为它们的亚夸克数和类型是一致的，只是内部组合不同而已。表示为 $\mathrm{K^\pm} \equiv \mathrm{W^\pm}$（493.668）、$\mathrm{K_L^0} \equiv \mathrm{Z^{01}}$（493.668）、$\mathrm{K_S^0} \equiv \mathrm{Z^{02}}$（493.668）（详见中间玻色子章节）。

从图 2 - 6 来看，正负 K 介子还算遵守 $q_1 \leftrightarrow q_4 \leftrightarrow q_6$ 通道（0.038 6eV、7.982eV、134.23eV）和 $\overline{q}_1 \leftrightarrow \overline{q}_4 \leftrightarrow \overline{q}_6$ 通道（0.027 11eV、5.600 7eV、94.277eV）对应的味变振荡质量，是正通道（黑色实线）大于反通道（红色虚线），但在低动量时红色虚线已经与黑色实线重合并反超了，连核子也是如此。

从图 2 - 5 来看，正负 K 介子完全不遵守第一组不对称质量，而是红色虚线远远超越黑色实线，仅在三个点上与黑色实线重合或者穿越。这表明反通道存在另一组大于正通道的质量：0.511MeV、105.66MeV、1 780MeV，这样正通道的质量是多少呢？根据图 2 - 7 明星数据的正负 K 介子差异约为 6%[①] 和 $\frac{m - \overline{m}}{m}$，得 0.482MeV、99.68MeV、1 679.25MeV，见表 2 - 1。

从图 2 - 5、图 2 - 6 可以看出，当黑色实线大于红色虚线时，核子、K 介子的不对称通道是以第一组质量进行味变振荡的。当红色虚线大于黑色实线时，不对称通道是以第二组质量进行味变振荡的。而两线的交叉点或者重合点，则表明振荡在两组质量之间变换。

表 2 - 1　不对称味变振荡通道和质量

不对称味变振荡通道	$q_1 \leftrightarrow q_4 \leftrightarrow q_6$	$\overline{q}_1 \leftrightarrow \overline{q}_4 \leftrightarrow \overline{q}_6$
第一组质量	0.038 6eV、7.982eV、134.23eV	0.027 11eV、5.600 7eV、94.277eV
第二组质量	0.482MeV、99.68MeV、1 679.25MeV	0.511MeV、105.66MeV、1 780MeV

通道 $\overline{q}_1 \leftrightarrow \overline{q}_4 \leftrightarrow \overline{q}_6$ 第二组质量 0.511MeV、105.66MeV、1 780MeV 的确认有两个实验数据[②]可以验证，一个是核反应堆有 3% 的电子反中微子提前发生了振荡；另一个是 μ 子束产生的 μ 子中微子也探测到了电子中微子的存在[③]。但是没有明确指出是电子中微子，还是电子反中微子，因为正负 μ 子束产生的是正反 μ 子中微子。如果探测到的是正反电子中微子或者只看到了电子中

---

① 徐骏. ABSTRACT. http：//journals. aps. org/prl/abstract/10. 1103/PhysRevLett. 112. 012301.

② 中国科学院高能物理研究所. 粒子天体物理. http：//www. ihep. cas. cn/zdsys/lzttlab/lztt. . . /W020130206618491943685. doc.

③ 中国科学院高能物理研究所. 粒子天体物理. http：//www. ihep. cas. cn/zdsys/lzttlab/lztt. . . /W020130206618491943685. doc.

微子，则不对称通道的两个第二组质量都成立。如果看到的仅仅是电子反中微子，则只能是通道 $\bar{q}_1 \leftrightarrow \bar{q}_4 \leftrightarrow \bar{q}_6$ 的第二组质量 0.511MeV、105.66MeV、1 780MeV。而通道 $q_1 \leftrightarrow q_4 \leftrightarrow q_6$ 的第二组质量 0.482MeV、99.68MeV、1 679.25MeV 只能用明星数据的 6% 差异来验证。

即使这样，第二组质量的值还是无法确定就是电荷轻子的质量。这就需要一个实验数据来验证，这也是随后要讨论的话题。

对称味变振荡通道 $q_2 \leftrightarrow q_3 \leftrightarrow q_5$ 和 $\bar{q}_2 \leftrightarrow \bar{q}_3 \leftrightarrow \bar{q}_5$ 只有一组质量 0.511MeV、105.66MeV、1 780MeV。如果还存疑，可以做电子和正电子的束流能量扫描实验，看看其是否存在"椭圆流的劈裂"现象，就可以解决了。起码到现在为止还没有实验数据可以否定其存在。

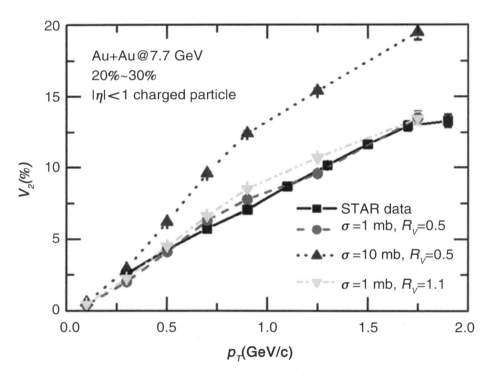

图 2-4　Transverse momentum dependence of the elliptic flow of midpseudorapidity charged particles in midcentral Au + Au collisions at $\sqrt{S_{NN}}$ = 7.7 GeV for different values of the parton scattering cross section σ and the ratio R_V of the vector coupling constant G_V to the scalar coupling constant G in the NJL model. The experimental data from the STAR Collaboration are from Ref. 28.①

---

① 徐骏. ABSTRACT. http：//journals. aps. org/prl/abstract/10. 1103/PhysRevLett. 112. 012301.

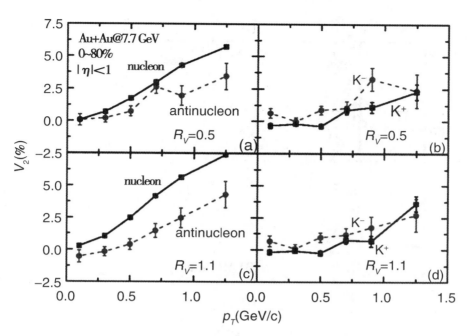

图 2 - 5　Transverse momentum dependence of the initial elliptic flows of midpseudorapidity nucleons and kaons (solid lines with squares) as well as their antiparticles (dashed lines with spheres) right after hadronization in minibias Au + Au collisions at $\sqrt{S_{NN}}$ = 7.7 GeV for different values of $R_V = G_V/G$ in the NJL model. [1]

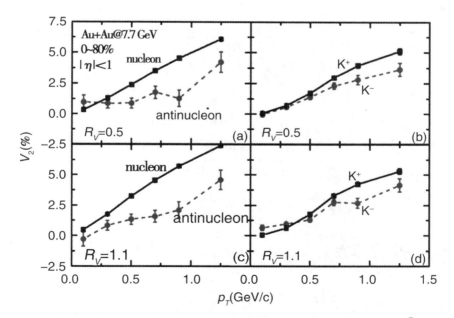

图 2 - 6　Same as Fig. 2 but for results after hadronic evolution. [2]

---

[1]　徐骏. ABSTRACT. http://journals. aps. org/prl/abstract/10. 1103/PhysRevLett. 112. 012301.

[2]　徐骏. ABSTRACT. http://journals. aps. org/prl/abstract/10. 1103/PhysRevLett. 112. 012301.

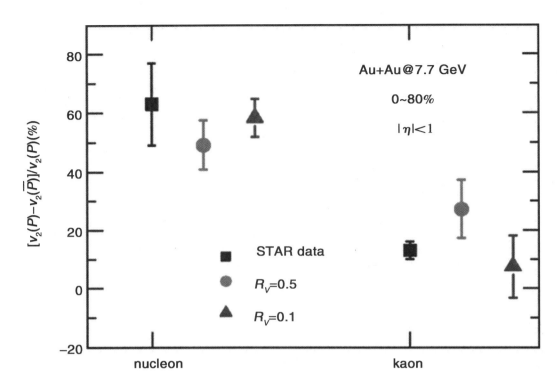

图 2 - 7   Relative elliptic flow difference between nucleons and antinucleons as well as kaons and antikaons for different values of $R_V = G_V/G$ in the NJL model compared with the STAR data. [1]

　　核子与反核子以中子与反中子、质子与反质子的亚夸克结构式为例（详见上一章节）。中子有三个不对称质能亚夸克存在，两正一反表示为（q_1、q_1、$\bar{q}_1$）；反中子也有三个不对称质能亚夸克，一正两反表示为（q_1、$\bar{q}_1$、$\bar{q}_1$）；质子有两个不对称质能亚夸克存在，两正表示为（q_1、q_1）；反质子为两反，表示为（$\bar{q}_1$、$\bar{q}_1$）。所以核子以不对称的正通道振荡为主，反核子以不对称的反亚夸克通道振荡为主。这样也就解决了束流能量扫描实验的主要问题。

2.2.1   味变振荡、滞留时间与粒子平均寿命

　　中微子味变振荡公式 $\lambda = E/\Delta\,(m_v)^2$ 和概率公式 $P_{0\to\max} = \sin^2\,(L/\lambda)$ [2]，笔

---

①　徐骏. ABSTRACT. http：//journals. aps. org/prl/abstract/10. 1103/PhysRevLett. 112. 012301.

②　焦善庆，刘红，龚自正，王蜀娟（西南交大物理所、国家天文台）. 中微子混合角、振荡参数计算及物理机制分析. 江西师范大学学报，2004，28（2）.

者已经用其解决了许多实验数据对正反中微子的质量验证工作。但是对于某些问题，如宇宙线，就无法用到这个概率公式，因为距离 L 无法确定；还有就是粒子的味变振荡，也是 L 值无法确定。

在此笔者引入一个滞留时间的概念，假设粒子的速度为接近光速，那么味变振荡的时间则为 $t = \lambda/c$。由于 q 亚夸克随粒子一起运动，所以 $c = 1$，则 $t = \lambda$。[①]

不同的味变振荡波长值对应着不同的味变振荡时间值，比较三个或三个以上的时间值，就可以测算出粒子在哪一个混合态的滞留时间最长，也就是存在的概率最大。

K^+（$q_1 \bar{q_3} b \bar{b} g \bar{g}$）、$K^-$（$q_3 \bar{q_1} b \bar{b} g \bar{g}$）的质量为 493.668MeV，平均寿命为 $1.237\ 1 \times 10^{-8}$s[②]。假设正负 K 介子的静止质能为 $E = 493.668$MeV，正反夸克均分了这个质能，则正反亚夸克的四条对称、不对称通道的味变振荡质量为 0.511MeV、105.66MeV、1 780MeV。如果正反 q 亚夸克是协变的，表示为：$0.511\text{MeV} \times 2 \leftrightarrow 105.66\text{MeV} \times 2$，

则其质量平方差：

$$\Delta(m_{32})^2 = (105.66\text{MeV} \times 2)^2 - (0.511\text{MeV} \times 2)^2 = 4.465\ 5 \times 10^{16}\text{eV}^2$$

其滞留时间：

$$t_{23} = \lambda_{23} = E/\Delta(m_{32})^2 = 493.668\text{MeV}/4.465\ 5 \times 10^{16}\text{eV}^2 = 1.105\ 5 \times 10^{-8}\text{s}$$

该计算值比其平均寿命小了 10.64%；即使考虑 q_1 的味变振荡质量取 0.483MeV、99.68MeV、1 679.25MeV，得 $1.170\ 8 \times 10^{-8}$s，还是小 5.36%；而且 K^-（$q_3 \bar{q_1} b \bar{b} g \bar{g}$）介子还是原来的计算值，由于 $K^\pm$ 介子的平均寿命只有一个值，所以后者的推测不正确，应取前者。

由于不知道 K 介子的速度值，所以无法引用徐宽的质速关系式，这样公式中 $t_{12} = \lambda_{12} = E/\Delta(m_{21})^2$ 的能量就会小点，得出的滞留时间也就小了。

---

① 引入洛伦兹变换（$v = 0$，$c = 1$）亦是如此，但当 $v \to c$ 时，则 $t \to \infty$。这是数学工具带来的麻烦，而非真实的物理过程。随后的分析结果表明了这一点，而相对论的追随者们则为此尝尽了苦头。这也正是为什么不得用数学工具凌驾于研究主体之上，凌驾于物理定律之上的缘由。

② 焦善庆，蓝其开. 亚夸克理论. 重庆：重庆出版社，1996.

所以，可根据 10.64% 的差异和徐宽的质速关系式反向得出 $K^{\pm}$ 介子的速度值。同时，可以纠正相对论的一个错误观点，爱因斯坦认为当粒子的速度趋于光速时，粒子的平均寿命时间趋于无穷大。这是其引用数学工具——洛伦兹变换所带来的误判，但事实并非如此。根据上述关系式，粒子的平均寿命取决于粒子的能量大小，而其能量与速度、质量遵守徐宽的质速关系式，所以其能量是一个有限值，那么，其滞留时间也就不可能趋于无穷大。

通过对 K 介子平均寿命的分析，可以确认不对称通道的第二组质量值，为 0.511MeV、105.66MeV、1 780MeV 对应 $\overline{q}_1 \leftrightarrow \overline{q}_4 \leftrightarrow \overline{q}_6$ 通道；正通道的质量比其小约 6%。部分介子亚夸克结构式和性质见表 2-2。

表 2-2　部分介子亚夸克结构式和性质（为简洁计取消数据误差）[1]

介子亚夸克结构式	质量（MeV）	平均寿命
π^0（$q_1 \overline{q}_1 b\, \overline{b}g\, \overline{g}$）	134.962 6 ± 0.003 9	0.828×10^{-16} s
π^+（$q_1 \overline{q}_2 b\, \overline{b}g\, \overline{g}$）	139.566 9 ± 0.001 2	$2.603\,0 \times 10^{-8}$ s
π^-（$q_2 \overline{q}_1 b\, \overline{b}g\, \overline{g}$）	139.566 9 ± 0.001 2	$2.603\,0 \times 10^{-8}$ s
K^+（$q_1 \overline{q}_3 b\, \overline{b}g\, \overline{g}$）	493.668 ± 0.018	$1.237\,1 \times 10^{-8}$ s
K^-（$q_3 \overline{q}_1 b\, \overline{b}g\, \overline{g}$）	493.668 ± 0.018	$1.237\,1 \times 10^{-8}$ s
K_S^0（$q_2 \overline{q}_3 b\, \overline{b}g\, \overline{g}$）	493.668 ± 0.018	$0.892\,3 \times 10^{-10}$ s
K_L^0（$q_3 \overline{q}_2 b\, \overline{b}g\, \overline{g}$）	493.668 ± 0.018	5.183×10^{-8} s
η^0（$q_2 \overline{q}_2 b\, \overline{b}g\, \overline{g}$）	548.8 ± 0.6	7.7×10^{-19} s $\Gamma = 0.85 \pm 0.12$ KeV
ϕ（$q_3 \overline{q}_3 b\, \overline{b}g\, \overline{g}$）	1 019.6 ± 0.2	1.6×10^{-22} s $\Gamma = 4.1 \pm 0.2$ MeV

---

① 焦善庆，蓝其开. 亚夸克理论. 重庆：重庆出版社，1996.

（续上表）

介子亚夸克结构式	质量（MeV）	平均寿命
J/ϕ（$q_4\bar{q}_4 b\,\overline{bg}\,\bar{g}$）	$3\,097 \pm 2$	9.83×10^{-21} s $\Gamma = 0.067 \pm 0.012\,\mathrm{MeV}$
γ（$q_5\bar{q}_5 b\,\overline{bg}\,\bar{g}$）	$\approx 9\,500$	
δ（$q_6\bar{q}_6 b\,\overline{bg}\,\bar{g}$）	980 ± 5	1.32×10^{-23} s $\Gamma = 50 \pm 10\,\mathrm{MeV}$

　　从表 2 - 2 可知三个介子 π^0（$q_1\bar{q}_1 b\,\overline{bg}\,\bar{g}$）、$J/\phi$（$q_4\bar{q}_4 b\,\overline{bg}\,\bar{g}$）、$\delta$（$q_6\bar{q}_6 b\,\overline{bg}\,\bar{g}$）对应的质量为 134.962 6MeV、3 097MeV、980MeV，其比值为 1：23.01：7.28，或许有人认为用其导出中微子的质量也是可行的，那么，大亚湾的 θ_{13} 数据就要改为 θ_{12} 的数据了。你觉得如何呢？

　　$\pi^{\pm}$ 介子的平均寿命为 $2.603\,0 \times 10^{-8}$ s，由于其质能在 105.66MeV 至 211.22MeV 之间，则味变振荡只能从 q_1 开始到 $\bar{q}_1$ 结束，而不像 $K^{\pm}$ 介子那样两个亚夸克一起振荡。又由于介子的质能均大于 105.66MeV 的味变振荡质量，所以不对称通道的第一组质量不合用[①]，统一取与对称通道相同的质量。

　　$m_2 = 0.511\,\mathrm{MeV}$、$m_3 = 105.66\,\mathrm{MeV}$、$m_5 = 1\,780\,\mathrm{MeV}$

　　$(m_2)^2 = 2.611 \times 10^{11}\,\mathrm{eV}^2$、$(m_3)^2 = 1.116 \times 10^{16}\,\mathrm{eV}^2$、$(m_5)^2 = 3.168 \times 10^{18}\,\mathrm{eV}^2$

　　$\Delta(m_{32})^2 = 1.116 \times 10^{16}\,\mathrm{eV}^2$、$\Delta(m_{52})^2 = 3.168 \times 10^{18}\,\mathrm{eV}^2$、$\Delta(m_{53})^2 = 3.157 \times 10^{18}\,\mathrm{eV}^2$

　　得：$t_{23} = \lambda_{23} = E/\Delta(m_{32})^2 = 139.566\,9\,\mathrm{MeV}/1.116 \times 10^{16} = 1.250\,6 \times 10^{-8}$ s，由于振荡是从 q_1 开始到 $\bar{q}_1$ 再到 q_1 结束，所以总的时间为上值的两倍 $2.501\,2 \times 10^{-8}$ s，较实验数据小 3.91%，而计算值小的原因也是没有引入粒子速度的结果，与 K 介子相同。

　　K_L^0（$q_3\bar{q}_2 b\,\overline{bg}\,\bar{g}$）平均寿命为 5.183×10^{-8} s，由于其质能大于两倍 μ 子质量，所以其味变振荡质量是 $m_3 = 2 \times 105.66\,\mathrm{MeV} = 211.32\,\mathrm{MeV}$，

―――――――――

　　[①]　如果用其得出的时间会大 6 个数量级，而这样的介子是不存在的。

$\Delta(m_{32})^2 = 4.4656 \times 10^{16} \, eV^2$；其正反亚夸克 $q_3\bar{q}_2$ 在其质量 $2 \times 0.511 MeV \rightarrow 2 \times 105.66 MeV$ 之间振荡一次，在 $2 \times 105.66 MeV \rightarrow 2 \times 0.511 MeV$ 之间振荡第二次，在 $\dfrac{(q_3) \ \ 0.511 MeV \rightarrow 105.66 MeV}{(q_2) \ \ 105.66 MeV \rightarrow 0.511 MeV}$ 之间振荡第三次，在 $\dfrac{(q_3) \ \ 0.511 MeV \leftarrow 105.66 MeV}{(q_2) \ \ 105.66 MeV \leftarrow 0.511 MeV}$ 之间振荡第四次。那么，其滞留时间 $t_{23} = \lambda_{23} = E/\Delta(m_{32})^2 = 493.668 MeV/4.4656 \times 10^{16} eV^2 = 1.1055 \times 10^{-8} s$ 的 4 倍 $4.422 \times 10^{-8} s$，小了 14.68%。由此看出 K_L^0 是一个在四个质量全部振荡一次的介子，可称为完全振荡介子；$\pi^{\pm}$ 也可视为完全振荡介子；$K^{\pm}$ 则为不完全振荡介子。

K_S^0（$q_2\bar{q}_3 b\,\bar{b}g\,\bar{g}$）平均寿命为 $0.8923 \times 10^{-10} s$，由于其亚夸克 q_2 或者 $\bar{q}_3$ 有向 m_5 味变质量振荡的趋向，则其滞留时间为：

$$t_{35} = \lambda_{35} = E/\Delta(m_{53})^2 = 493.668 MeV/3.1684 \times 10^{18} = 1.5581 \times 10^{-10} s$$

由于其质能远没有达到阈值，所以振荡了半个波长就衰变了，那么取上值的一半 $0.7791 \times 10^{-10} s$ 为滞留时间，比平均寿命小 12.69%。K_S^0 则为非阈值半波振荡介子。

通过这样的分析，对粒子的平均寿命在 $10^{-8} s$ 和 $10^{-10} s$ 的介子，也包括重子得到了一个定性、半定量乃至定量的解释。但对于寿命在 $10^{-16} s$ 以上的粒子还不行。那么，笔者引用了两个方法来解释该问题，如下：

方法一：

根据 $F = ma$ 和 $L = v_0 t + \dfrac{1}{2}at^2$，对于 π^0（$q_1\bar{q}_1 b\,\bar{b}g\,\bar{g}$）介子来说，其味变振荡的速度 v_0 对于 c_p^1 是一个极小值，故令 $v_0 = 0$；由于加速度的出现，不管是转动还是振动都表明味变振荡波长存在一个位移，令 $L = \lambda$，表示一次谐振，简化为：$t^2 = \dfrac{2\lambda_1 m}{F}$。式中 F 是强的引力、斥力、库仑力、自旋磁场力，其比值约为 $1 : 1 : 1/118.28 : 10^{-11}$。在不知道是什么力，也不知道力的大小的情况下，那么，只能用时间 t 来测算了。

由于 $\pi^{\pm}$ 为完全振荡介子，其滞留时间 $2.5012 \times 10^{-8} s$ 是两个振荡时

间之和，取该值一半为测算时间 t，得 $t^2 = (1.250\,6 \times 10^{-8})^2 = 1.564\,0 \times 10^{-16}$，以及 $\dfrac{t^2}{2} = \dfrac{\lambda_1 m}{F} = 0.782 \times 10^{-16}\,\text{s}$，比 π^0 介子的平均寿命 $0.828 \times 10^{-16}\,\text{s}$ 小了 5.56%。故 π^0 介子是一次谐振介子，$t_1 = \dfrac{t^2}{2}$ 为一次谐振时间。据此，二次谐振时间为 $t_2 = \dfrac{t^3}{2\sqrt{2}}$，代入 $t = 1.250\,6 \times 10^{-8}\,\text{s}$，得：$t_2 = \dfrac{t^3}{2\sqrt{2}} = \dfrac{(1.250\,6 \times 10^{-8})^3}{2\sqrt{2}} = 6.915 \times 10^{-25}\,\text{s}$。

如果令 t 为不同的滞留时间 $2.501\,2 \times 10^{-8}\,\text{s}$、$4.422 \times 10^{-8}\,\text{s}$、$0.779\,1 \times 10^{-10}\,\text{s}$、$1.558\,1 \times 10^{-10}\,\text{s}$，则会涵盖到介子平均寿命的所在时间的数量级。这对于半定量分析来说应该可以了。

方法二：

令时间 t 乘以质子光速 c_p^1 得出一次谐振时间 $t_1 = tc_p^1$，用一次谐振时间乘以质子光速得出二次谐振时间 $t_2 = t_1 c_p^1 = t\,(c_p^1)^2$。令 t 为不同的滞留时间 $1.250\,6 \times 10^{-8}\,\text{s}$、$2.501\,2 \times 10^{-8}\,\text{s}$、$4.422 \times 10^{-8}\,\text{s}$、$0.779\,1 \times 10^{-10}\,\text{s}$、$1.558\,1 \times 10^{-10}\,\text{s}$。

如 $t_1 = tc_p^1 = 1.250\,6 \times 10^{-8} \times 3.853 \times 10^{-9} = 4.819 \times 10^{-17}$

$t_2 = t\,(c_p^1)^2 = 4.422 \times 10^{-8} \times (3.853 \times 10^{-9})^2 = 6.564\,7 \times 10^{-25}$

$t_1 = tc_p^1 = 0.779\,1 \times 10^{-10} \times 3.853 \times 10^{-9} = 3.001\,9 \times 10^{-15}$

......

上述两种方法的计算值，均会涵盖到介子平均寿命的所在时间的数量级附近，对于半定量分析来说应该可以了。通过这些分析发现，味变振荡的四个通道影响着粒子平均寿命，并将介子分为完全振荡介子、不完全振荡介子、非阈值半波振荡介子、一次谐振介子、二次谐振介子等。或许还会发现和自旋角动能（质量）、自旋磁场、三大力等的物理量存在相关的联系，介子已经发现了许多，可以依据其数据进一步完成定量分析工作，或许还能发现新的定量联系和物理定律。

2.2.2 引力质量与惯性质量不相等

引力质量与惯性质量不相等是徐宽理论的核心思想，也是其发现的物理定律，并遵守徐宽的引力质量速度关系式和能量关系式[①]：

$$m_g = m_i \left(1 + \frac{v^2}{c^2}\right) = m_0 \, \mathrm{e}^{\frac{v^2}{2c^2}} \left(1 + \frac{v^2}{c^2}\right)$$

$$\ln \frac{E}{E_0} = \frac{v^2}{2c^2} \text{[②]}$$

徐宽引用镭 β^- 衰变的电子束实验数据，在速度 $0.317c$ 到 $0.943c$ 之间（以下简称数据 1），验证了关系式中的徐宽因子 $\mathrm{e}^{\frac{v^2}{2c^2}}$ 与数据 1 吻合。同时也验证了相对论的质速关系式在速度小于 $0.515c$ 时，也与数据 1 吻合；但速度大于该值后逐渐与数据 1 背离。数据 1 并没有验证关系式 $m_g = m_i \left(1 + \frac{v^2}{c^2}\right)$ 的正确与否，也就不清楚引力质量与惯性质量的差异所在。[③]

如果仅仅以引力质量与惯性质量不相等（$m_g \neq m_i$）为依据，则牛顿动能公式与相对论动能公式相等（$\frac{1}{2} m_g v^2 = m_i v^2$），将会得出 $m_g = 2m_i$ 的误判。

笔者一直在苦苦寻找一个独立的实验数据来验证它而未果，直到看到 2014 年 5 月 22 日闫洁的一篇报道[④]，阅读后发现这就是验证徐宽理论的独立证据，简称数据 2。

……测定中子寿命的一种方法是将一群中子"困"在一个瓶子中，经过不同时间段后清点瓶子中剩余的中子数量。另外一种方法叫做中子束法，即产生一簇或一束高强度的中子束，并在其周围放置一个"质子阱"计算中子衰变时产生的质子数。

科学家利用中子束法开展试验已有 30 多年，这一领域的领军人物主要在 NIST。2013 年，他们发表了最好的也是最新的成绩，测定中子寿命为 887.7 秒（误差在 3.1 秒内）。与此相反，"瓶装"实验法大约只有 15 年的时间，但已经公布的结果要比中子束法更加精确。其有迹可循的最好成绩来自 2008 年俄罗斯圣彼得堡核物理研究所、联合原子核研究所与法

---

① 徐宽. 物理学的新发展——对爱因斯坦相对论的改正. 天津：天津科技翻译出版公司，2005.
② 徐宽. 物理学的新发展——对爱因斯坦相对论的改正. 天津：天津科技翻译出版公司，2005.
③ 徐宽. 物理学的新发展——对爱因斯坦相对论的改正. 天津：天津科技翻译出版公司，2005.
④ 闫洁. 测定结果不一令"中子之死"研究再陷困局. 中国科学报，2014 – 05 – 22.

国劳厄·朗之万研究所的合作。当时，该研究团队测定中子的寿命为
878.5 秒，误差在 1 秒范围内。[①]

中子束法测定中子寿命为 887.7 ± 3.1 秒；

瓶装实验法（以下简称瓶法）测定的中子寿命为 878.5 ± 1 秒；平均
相差 9.2 秒（最大相差 13.3 秒，最小相差 5.1 秒），约为瓶法的 $\dfrac{t_i - t_0}{t_0} =$
$\dfrac{887.7 - 878.5}{878.5} = 1.047\,24\%$。这就是令研究者们困惑的原因。

中子束法的中子以速度 v 运动，而瓶法的中子速度约为零。研究者
们用相对论的质速关系式 $m = \dfrac{m_0}{\sqrt{1 - \dfrac{v^2}{c^2}}}$ 将中子束法的中子质量换算为静止

质量。

相对论和牛顿理论的学者们认为引力质量和惯性质量相等，实验也在
10^{-11} 到 10^{-12} 之间的精度内没有发现它们之间存在差异，这让业界对此深信不
疑。但是实验用的是扭秤法得出的结论，而且速度仅仅为地球表面的速度，
也就是说速度值太小，速度的差异值也太小，发现不了引力质量与惯性质量
的差异是正常的，随后的计算结果表明了这一点（详见 2.3 章节）。

根据徐宽的质速关系式，研究者们将中子束法的中子以相对论的质速关

系式换算为静止质量，实为惯性质量。表示为：$m_g = \dfrac{m_i}{\sqrt{1 - (v^2/c^2)}}$，

又根据之前导出的滞留时间关系式为：$t = E/\Delta\,(m)^2$，

中子束法的中子平均寿命时间值表示为 $t_i = E_i/\Delta\,(m)^2 = m_i c^2/\Delta\,(m)^2$，

瓶法的中子平均寿命时间表示为 $t_0 = E_0/\Delta\,(m)^2 = m_0 c^2/\Delta\,(m)^2$ [②]

则有 $\dfrac{t_i - t_0}{t_0} = \dfrac{m_i c^2/\Delta\,(m)^2 - m_0 c^2/\Delta\,(m)^2}{m_0 c^2/\Delta\,(m)^2} = \dfrac{m_i - m_0}{m_0}$。

根据实验数据，该平均差值为 $\dfrac{t_i - t_0}{t_0} = \dfrac{887.7 - 878.5}{878.5} = 1.047\,239\,6\%$；

最大差值 $\dfrac{t_i - t_0}{t_0} = \dfrac{(887.7 + 3.1) - (878.5 - 1)}{(878.5 - 1)} = 1.515\,669\,5\%$；

---

① 闫洁. 测定结果不一令"中子之死"研究再陷困局. 中国科学报，2014 - 05 - 22.
② 式中 $\Delta\,(m)^2$ 是味变振荡质量平方差，该质量并非中子质量，对于不同能量的中子来说其是相等的。

最小差值 $\dfrac{t_i - t_0}{t_0} = \dfrac{(887.7 - 3.1) - (878.5 + 1)}{(878.5 + 1)} = 0.579\,874\,93\%$；

根据徐宽的能速关系式 $\ln\dfrac{E_i}{E_0} = \dfrac{v^2}{2c^2}$ 和质能公式 $E = mc^2$ 及上式得：

$$\ln\frac{m_i}{m_0} = \frac{v^2}{2c^2}$$

当 $\dfrac{t_i - t_0}{t_0} = 1.047\,239\,6\%$ 时，有 $\dfrac{m_i}{m_0} = 1.010\,472\,396$，得 $v = 0.144\,346\,388c$

当 $\dfrac{t_i - t_0}{t_0} = 1.515\,669\,5\%$ 时，有 $\dfrac{m_i}{m_0} = 1.015\,156\,695$，得 $v = 0.173\,453\,048c$

当 $\dfrac{t_i - t_0}{t_0} = 0.579\,874\,92\%$ 时，有 $\dfrac{m_i}{m_0} = 1.005\,798\,749\,2$，得 $v = 0.107\,536\,049c$

$$m_i = m_0 e^{\frac{v^2}{2c^2}} = m_0 e^{\frac{0.144\,346^2}{2}} = 1.010\,472\,4 m_0$$

用相对论的质速关系式表示：$m_g = \dfrac{1.010\,472\,4 m_0}{\sqrt{1 - \dfrac{(0.144\,346c)^2}{c^2}}} = 1.021\,166\,8 m_0$；

解释为束法中的中子质能约为 $1.02 m_0 c^2$，研究者们认为是用相对论的质速关系式换算成了静止质量，实为惯性质量 $m_i = 1.010\,472\,4 m_0$。

而用瓶法求得中子静止质量的味变振荡质量平方差：

$$\Delta(m)^2 = E_0 / t_0 = 939.573\,1\,\text{MeV}/878.5\,\text{s} = 1\,069\,519.75$$

味变振荡质量约为：$m_2 = 1\,034.176\,\text{eV}$，两值可用来测算中子的味变振荡规律。

$t_i = E_i / \Delta(m)^2 = 1.010\,472\,4 \times 939.573\,1\,\text{MeV}/1\,069\,519.75 = 887.70\,\text{s}$，与中子束法测定值吻合。这表明引力质量、惯性质量、静止质量三者不相等。$m_i = m_0 e^{\frac{v^2}{2c^2}}$ 关系式已经得到验证，而徐宽关系式 $m_g = m_i\left(1 + \dfrac{v^2}{c^2}\right)$ 还存在疑问。

而 $m_g = m_i\left(1 + \dfrac{v^2}{c^2}\right) = 1.010\,472\,4 m_0\,(1 + 0.144\,346^2) = 1.031\,526\,4 m_0$，比中子束法中的中子质量大了约 1%，应该修正为：

$$m_g = m_i \ \left(1 + \frac{v^2}{2c^2}\right) \ = 1.010\ 472\ 4m_0 \ (1 + 0.144\ 346^2/2) \ = 1.020\ 999\ 4m_0$$

这与中子束法中的中子质能 $1.02m_0c^2$ 相近。用相对论的质速关系式代入 $v = 0.144\ 346c$ 得出上述计算结果。

为什么会这样呢？

因为数据 1 验证了相对论的质速关系式（$v \leqslant 0.515c$）与徐宽关系式、数据 1 吻合，只是无法确认引力质量、惯性质量、静止质量的关系。而徐宽关系式 $m_i = m_0 e^{\frac{v^2}{2c^2}}$ 确认了后两者的关系，数据 2 验证了相对论的质速关系式与前两者的关系，表示为 $m_g = \dfrac{m_i}{\sqrt{1 - (v^2/c^2)}}$。

据此，则有 $m_g = \dfrac{m_0}{1 - v^2/c^2}$；移项得 $m_g = m_0 + m_g \dfrac{v^2}{c^2}$，由于第二项是一个极小值，则有 $m_g \approx m_0 \left(1 + \dfrac{v^2}{c^2}\right)$。这与徐宽的质速关系式 $m_g = m_i \left(1 + \dfrac{v^2}{c^2}\right)$ 的前部因子一样，但表述不同。所以应修正为 $m_g \approx m_0 \left(1 + \dfrac{v^2}{c^2}\right)$，这也仅仅是一个有条件的近似的描述而已。

精确的表述为：$m_g = m_i e^{\frac{v^2}{2c^2}}$、$m_i = m_0 e^{\frac{v^2}{c^2}}$，其速度可在零到光速之间。

令 $\Delta m_g = m_g - m_i = m_i \left(e^{\frac{v^2}{2c^2}} - 1\right) = m_0 \left(e^{\frac{v^2}{c^2}} - e^{\frac{v^2}{2c^2}}\right)$ 和 $\Delta m_i = m_i - m_0 = m_0 \left(e^{\frac{v^2}{2c^2}} - 1\right)$

当 $v = c$ 时，$\Delta m_g = 1.069\ 58m_0$、$\Delta m_i = 0.548\ 73m_0$

当 $v = 0.5c$ 时，$\Delta m_g = 0.151\ 105\ 5m_0$、$\Delta m_i = 0.133\ 148\ 5m_0$

当 $v = 0.2c$ 时，$\Delta m_g = 0.020\ 609\ 5m_0$、$\Delta m_i = 0.020\ 201\ 3m_0$

所以速度小于 $0.2c$ 时 $\Delta m_g \approx \Delta m_i \approx \Delta m_0$，关系式 $m_g - m_0 = 2 \ (m_i - m_0) = 2\Delta m$ 成立。且数据 2 已经验证吻合。根据质能公式 $E = mc^2$，牛顿动能公式与相对论的动能关系式相等，即 $\dfrac{1}{2} m_g v^2 = m_i v^2 = \Delta mc^2$，满足条件 $m_g - m_0 = 2 \ (m_i - m_0) = 2\Delta m$，才可以在速度零到 $0.2c$ 之间相等。这是动能公式的常态描述，并不包含静止质能部分。也就是说在低速条件下牛顿动能公式、相对论动能公式和修正的质速关系式、徐宽的质速关系式是可以统一描述的。但在速度大于 $0.5c$ 后，相对论的质速关系式与数据 1、2 背离，所以只有徐宽的质速关系式、质能关系式是准确的、对的。

据此，徐宽的质能关系式修正为 $\ln \dfrac{E}{E_0} = \dfrac{v^2}{c^2}$。即使这样，修正后的徐宽的质能关系式也无法描述宇宙线的质子和其他粒子"踝区"跳水点的能量 $10^{19.6} \text{eV}$。因为质子的质能关系为 $\ln \dfrac{E}{E_0} = \ln \dfrac{10^{19.6} \text{eV}}{938.28 \text{MeV}} = 24.4711$，则有 $\dfrac{v^2}{c^2} = 24.4711$，解得 $v = 4.947c$。而宇宙线观测数据中并没有看到这样的超光速粒子存在现象。

故引入普朗克常数斥力因子 $n_{\hbar\Lambda}$、引力因子 $n_{\hbar g}$，斥力因子取值 1 到 1 000 的正整数，引力因子取值 1 到 42 的正整数[1]，修正为徐宽的质能关系式 $\ln \dfrac{E}{E_0} = \dfrac{n_{\hbar\Lambda} v^2}{n_{\hbar g} c^2}$。这样就可以描述从低能到超高能范围的所有看到的粒子的能量。

为什么要引入这两个因子？原因极为简单，因为引力质量、惯性质量不相等，则粒子的总能量分为三个部分：动能部分为 $\Delta m_g = m_i \left(e^{\frac{v^2}{2c^2}} - 1 \right) = m_0 \left(e^{\frac{v^2}{c^2}} - e^{\frac{v^2}{2c^2}} \right)$、惯性质能部分为 $\Delta m_i = m_0 \left(e^{\frac{v^2}{2c^2}} - 1 \right)$、静止质能部分为 $m_0 c^2$，它们是三个独立的能量系统，应各自表述。也就是说用一个数学关系式无法描述粒子的全部能量范围和速度范围，而徐宽的质速关系式可以描述速度从零到光速的范围，以此发现了引力质量、惯性质量、静止质量之间的关系式，所以引入这两个因子只是似合的数学描述而已。而由此发现的物理过程和引发该过程的物理机制才是我们所要的。

慢速粒子[2]的存在表明，这个推测是存在的、对的。高速高能量粒子碰撞一个静止粒子时，将其动能的大部分传递给了静止粒子，而其保留了总能量一半的惯性质能和小部分动能，它就会表现出一个慢速粒子的特性。而现代物理学因无法解释这一现象而疑惑，又因不敢公布数据而无奈。

引力质量与惯性质量不相等将粒子的总能量分为三部分：动能部分、惯性质量/质能部分、静止质量/质能部分。而与温度相关的平均动能属于哪个部分呢？

低温物理实验可将粒子温度降到 0.5nK[3]，甚至认为达到了负温度[4]。其方法是用激光束对照射粒子，这样诱使粒子处于熵减状态，其静止质量损失

① 欧阳森. 建立宇宙密码字典. 广州：暨南大学出版社，2013.
② 中国科学院高能物理研究所. 粒子天体物理. http：//www.ihep.cas.cn/zdsys/lzttlab/lztt.../W020130206618491943685.doc.
③ 潘治. 世界最低温度纪录改写. 新浪新闻，http：//news.sina.com.cn，2003－09－13.
④ 常丽君. 科学家造出低于绝对零度的量子气体. 科技日报，2013－01－05.

率为零或者负值，平均动能没有了能量来源；磁场力有序和无序的变换，使得平均动能向惯性质量部分转换；这样平均动能自然减少到最低值，所以温度也就达到最低温度。

首先，实验表明粒子是被约束在晶格中的，这样其运动速度为零，动能部分则为零。所以平均动能不属于动能部分。其次，磁力促使平均动能向惯性质量部分转换，使得粒子温度降低；所以平均动能也不属于惯性质量部分。最后，质量损失率与温度正相关，如损失率为零或者负值时的温度很低，所以平均动能也不属于静止质量部分，而是一个独立的能量系统。那么，它与前三者的关系如何呢？

布莫让星云的温度为 1K，速度约为 138.889km/s[①]。观测数据表明动能有序和动能大小会影响平均动能向惯性质量部分转换，而平均动能减少则温度降低。这与磁力有序和大小是一致的。而平均动能的来源对于布莫让星云来说，其处于熵增系统，静止质量损失率是其目前唯一的来源[②]。静止质量损失率是重子物质对膨胀系统斥力做功损失自身质量的一种现象，其应该是一个定值，不随粒子动能大小变化的。如果这个推测是对的，则平均动能也是一个定值，其对应的就是 2.7K 微波背景辐射。而动能有序和磁场有序一样都会使得粒子的平均动能向惯性质量部分转换而温度降低。只是布莫让星云是在熵增条件，有静止质量损失率作为能量补充；而低温物理实验是在熵减条件，没有能量补充，所以达到的温度就有了差异。我们可以设计一个新的实验，看看能否发现平均动能向惯性质量转换的定量关系。

平均动能向惯性质量转换的实验

熵增条件，一个非绝热系统，对其加热使得温度从 T_1 升高到 T_2，测定所用时间 t_{12}；反向降温，使其温度从 T_2 降低到 T_1，测定所用时间 t_{21}；在磁场有序和无序之间变换，重复前述过程，测定时间差异。

理由：熵增条件，动能有序可以降温——布莫让星云观测数据；熵减条件，磁场有序可以降温——低温物理实验数据。而设计的实验是熵增条件，磁场有序也应该可以降温，这样我们就可以获得准确的时间差异数据。

中子束法还可以多给出几个测点（速度、能量、衰变时间）来校验这些

---

① 孝文. 宇宙最冷之地布莫让星云：仅比绝对零度高 1 度. 中国天文科普网，http://www.astron.ac.cn/bencandy-2-7937-1.htm.

② 如果不是的话，其温度一定大于 2.7K 的微波背景辐射。

关系式的精度。在没有多的测点来验证时，可以用现有测点的最大和最小误差产生两个测点，校验一下也无妨。

已知：中子束法 887.7 ±3.1 秒，瓶法 878.5 ±1 秒。得：

最大差异 13.3 秒和最大差异率

$$\frac{t_i - t_0}{t_0} = \frac{m_i - m_0}{m_0} = \frac{890.8 - 877.5}{877.5} = 1.515\ 669\ 5\% \ ; \ m_i = 1.015\ 157 m_0$$ 和速度

$v = 0.173\ 453c$，代入相对论的质速关系式，得 $m_g = 1.015\ 391\ 156 m_i = 1.030\ 78 m_0$。

最小差异 5.1 秒和最小差异率 $\dfrac{t_i - t_0}{t_0} = \dfrac{884.6 - 879.5}{879.5} = 0.579\ 874\ 93\%$；

得：$m_i = 1.005\ 798\ 7 m_0$ 和速度 $v = 0.107\ 536\ 0c$，代入相对论的质速关系式得：$m_g = 1.005\ 832\ 6 m_i = 1.011\ 665 m_0$。

两个测点得出的计算值与之前的预测相符。而中子束法给出的测点应该有准确的速度、能量、衰变时间值以便校验关系式。

中子束法和瓶法实验的两个研究团队虽然只是发现了时间的差异，但这并不妨碍实验数据对引力质量和惯性质量不相等的验证，也不妨碍对相对论的质速关系式、徐宽的质速关系式的判断与验证。由此发现的新的物理定律、物理过程将对物理学产生深远的影响，将在物理学史册中留下浓重的一笔。中子束法和瓶法的实验数据功不可没，在此谨向这两个研究团队的科学家们表示衷心的感谢和祝贺。

2.2.3   加速器中的粒子束流发散问题

粒子的惯性质量变化可以是电荷粒子产生回旋辐射损失能量的结果，也可以是粒子动能转换成惯性质量的增加，惯性质量的变化会引起荷质比的改变，而加速的库仑力为一定值时，粒子就会有一个速度发散。即使粒子总的能量相同，其惯性质量也不一定相同，不同的质量在相同的力的作用下就会有一组不相同的速度值，这就是粒子束流发散的原因。回旋加速器的实验数据可以验证这个推论的存在。

2.3   惯性质量与引力质量的实验验证为何未发现差异

引力质量与惯性质量相等是狭义相对论的立论基础之一（等效原理），而实验数据一直支持它的存在。果真如此吗？

从牛顿时代的精确度为 10^{-3} 发展到 1922 年爱德维斯提高到 3×10^{-9}，到 1964 年狄克把精确度提高到 $1.3 \pm 1.0 \times 10^{-11}$。1971 年，勃莱根许和佩诺又将实验的精确度提高到 10^{-12} 数量级。[①]

而高精度实验用的是厄缶实验的扭秤法[②]，以地球半径 6 378.1km 计算，赤道上的线速度为 463.83m/s。

得：$\dfrac{v}{c} = \dfrac{463.83}{2.997\ 9 \times 10^8} = 1.547\ 18 \times 10^{-6}$，$\dfrac{v^2}{c^2} = 2.393\ 76 \times 10^{-12}$，代入修正后的徐宽关系式 $m_g = m_i \left(1 + \dfrac{v^2}{2c^2}\right) = (1 + 1.196\ 88 \times 10^{-12}) m_i$，引力质量与惯性质量在 $1.196\ 88 \times 10^{-12}$ 精度内无法分辨其是否相等。所以现代物理学一直认为等效原理是对的。$m_i = m_0 e^{\frac{v^2}{2c^2}} = m_0 e^{\frac{2.393\ 76 \times 10^{-12}}{2}} = m_0$，惯性质量与静止质量在 $\dfrac{v^2}{2c^2} = 1.196\ 88 \times 10^{-12}$ 精度内也无法分辨其是否存在差异。实验地点并不在赤道上，这样速度值还会小些，所以扭秤法没有发现异常也就可以理解。其实，即使实验精度达到也无法看到差异，速度为零的测点在哪里呢？

而中子束法和瓶法的速度差为 $0.144c$，才发现了引力质量、惯性质量、静止质量三者之间存在各约 1% 的差异。也就有了 $m_g - m_0 = 2(m_i - m_0) = \Delta m$ 的近似关系式存在，这是引入洛伦兹因子或者徐宽因子的情形。如果没有引入这些因子，则是牛顿动能公式与爱因斯坦的动能公式相等的原因所在，表示为：$\dfrac{1}{2} m_g v^2 = m_i v^2 = \Delta m c^2$。

而爱因斯坦及其追随者们一直想取代牛顿的经典理论，这可能吗？

其实他们发现的动能公式都是物理定律，只是他们都认为 $m_g = m_i$，所以才有了后者要取代前者的理由。

2.4　中子的味变振荡过程的测算

用瓶法求得中子静止质量的味变振荡质量平方差为：

---

① 引力质量与惯性质量. 百度百科，http://baike.baidu.com/view/1340393.htm? fr = aladd.in.
② 范轶旸，车久昆等. 惯性质量与引力质量相等的实验验证. 大学物理实验，2012，25（6）.

$$\Delta (m)^2 = E_0/t_0 = 939.573\ 1\text{MeV}/878.5\text{s} = 1\ 069\ 519.75$$

味变振荡质量平均值约为：$m = 1\ 034.176\text{eV}$，对比几个味变振荡质量的值：$0.038\ 6\text{eV}$、7.982eV、134.23eV、0.511MeV、105.66MeV、$1\ 780\text{MeV}$，表明平均值是前 5 个质量的振荡组合。中子由 3 个夸克和 1 个中间玻色子组成，而中间玻色子是由两个正反轻子组成，则中子有 5 个 q 亚夸克（q_1、q_2、q_2、q_1、$\bar{q}_1$），如果它们均分中子质能的话约为 187.91MeV，不均分则为 $939.573\ 1\text{MeV}$。其都无法达到 $m_5 = 1\ 780\ \text{MeV}$ 的阈值，所以其只能在这 5 个（$0.038\ 6\text{eV}$、7.982eV、134.23eV、0.511MeV、105.66MeV）质量之间混合振荡。则有：

$m_1^2 = 1.489\ 96 \times 10^{-3}\,\text{eV}^2$、$m_4^2 = 63.712\ 3\,\text{eV}^2$、$m_6^2 = 1.801\ 77 \times 10^4\,\text{eV}^2$、$m_2^2 = 2.611\ 21 \times 10^{11}\,\text{eV}^2$、$m_3^2 = 1.116\ 4 \times 10^{16}\,\text{eV}^2$[①]

各味变振荡的质量平方差为：

$\Delta (m_{32})^2 = 1.116\ 4 \times 10^{16}\,\text{eV}^2$、$\Delta (m_{31})^2 \approx \Delta (m_{43})^2 \approx \Delta (m_{63})^2 \approx 1.116\ 4 \times 10^{16}\,\text{eV}^2$、$\Delta (m_{21})^2 \approx \Delta (m_{42})^2 \approx \Delta (m_{62})^2 \approx 2.611\ 21 \times 10^{11}\,\text{eV}^2$、$\Delta (m_{61})^2 = 1.801\ 77 \times 10^4\,\text{eV}^2$、$\Delta (m_{64})^2 = 1.795\ 40 \times 10^4\,\text{eV}^2$、$\Delta (m_{41})^2 = 63.710\ 8\,\text{eV}^2$

各味变振荡的滞留时间值为：

$$t_{23} = \frac{E_0}{\Delta (m_{32})^2} = \frac{939.573\ 1 \times 10^6}{1.116\ 4 \times 10^{16}} = 8.416\ 1 \times 10^{-8}\text{s}$$

$$t_{23} \approx t_{13} \approx t_{34} \approx t_{36} \approx 8.416\ 1 \times 10^{-8}\text{s}$$

$$t_{12} = \frac{E_0}{\Delta (m_{21})^2} = \frac{939.573\ 1 \times 10^6}{2.611\ 21 \times 10^{11}} = 3.598\ 23 \times 10^{-3}\text{s}$$

$$t_{12} \approx t_{24} \approx t_{26} \approx 3.598\ 23 \times 10^{-3}\text{s}$$

$$t_{16} = \frac{E_0}{\Delta (m_{61})^2} = \frac{939.573\ 1 \times 10^6}{1.801\ 77 \times 10^4} = 52\ 147.227\text{s}，约\ 14.49\ 小时$$

$$t_{46} = \frac{E_0}{\Delta (m_{64})^2} = \frac{939.573\ 1 \times 10^6}{1.795\ 40 \times 10^4} = 52\ 332.244\text{s}，约\ 14.54\ 小时$$

---

① 为计算方便，$\bar{q}_1$ 的四个味变振荡质量取正通道的值。

$$t_{14} = \frac{E_0}{\Delta(m_{41})^2} = \frac{939.573\ 1 \times 10^6}{63.710\ 8} = 1.474\ 75 \times 10^7 \text{s}，约 170.7 天$$

假设1：

中子内部的5个q亚夸克同时都处于相同的滞留时间$8.416\ 1 \times 10^{-8}$s，并且中间玻色子处于W^-时，则中子产生衰变。

假设2：

中子内部的中间玻色子处于W^-时，其2个q亚夸克都处于相同的滞留时间$8.416\ 1 \times 10^{-8}$s，则中子产生衰变。

笔者倾向于后者的推断，质子也有相似的味变振荡现象，之所以没有发生，是因为独立质子的质能不够大，又或者是其引力大于斥力。而原子核中的质子会产生β^+衰变，表明其获得了原子核的结合能。那么，自由质子可以和宇宙同在的原因就是其能量处于最低值，而没有了多余的质能可以损失。

而验证上述推测，可以用瓶法装几个中子，看看有没有一个可以滞留170天以上的中子存在，以及其他几个时间值的中子存在，然后将这几个时间值计数。

2.5　味变振荡和宇宙线的"膝"区、"踝"区、μ子多重态

宇宙线的"膝"区、"踝"区、μ子多重态和慢速粒子[1]是本章节分析、讨论的对象。

2.5.1　慢速粒子

慢速粒子[2]也就是之前章节描述的慢光速粒子，粒子自旋角动能是一个独立的质量/质能系统，其最大质量/质能可以达到10^{25}eV。既然是独立的，就可以和粒子速度相关联并遵守徐宽的能速关系式；也可以和粒子速

---

[1]　中国科学院高能物理研究所. 粒子天体物理. http：//www.ihep.cas.cn/zdsys/lzttlab/lztt.../W020130206618491943685.doc.

[2]　中国科学院高能物理研究所. 粒子天体物理. http：//www.ihep.cas.cn/zdsys/lzttlab/lztt.../W020130206618491943685.doc.

度不相关并不遵守相对论的质速关系式和徐宽的能速关系式，而表现出慢速粒子现象。修改后的徐宽能速关系式引入了引力、斥力因子，可以描述粒子惯性质量/质能达到 10^{27} eV 最大值，并可与粒子速度无关，其描述的是静止质量到惯性质量的质能增加过程。至于这个慢速粒子的能量是从哪里来的，或许有许多未知的过程可以产生。如一个能量为 10^{17} eV 的中微子被中子俘获，衰变为质子和电子，它们均分了能量，电子带走了动能的大部分能量，那么，这个质子就有可能是慢速粒子。或者，高能质子碰撞静止质子，将其动能部分几乎全部传递给了静止质子，其只保留了惯性质量部分，也会表现出慢速粒子现象。也可以是其他的重子、轻子等的粒子。

它的速度为 $0.4c$，显著性约为 6σ。它究竟是奇异事例还是本底，或是由探测器本身的故障造成？这一问题仍在研究之中。[1]

不知什么原因，研究者们至今没有给出粒子的能量/质量，是没有探测到，还是不敢公布呢？如果是比质子/中子质能大一点的话，应该不会被称作奇异事例吧？而如果是一个能量为 10^{15} eV 的粒子，它既不符合相对论的质速关系式，也不符合徐宽的能速关系式，那么，为什么不敢公布呢？

2.5.2　μ子多重态

在宇宙线实验中，通过研究 μ 子多重度的分布可以对强相互作用膝前区物理以及原初宇宙线成分进行分析。除了测量多重度外，L3 + C 还可以测量每一个 μ 子的动量。模拟显示，如果选择 μ 子多重度在 5 ~ 14 之间，而且其中至少有 5 个径迹的动量大于 100 GeV/c，那么原初宇宙线的能量大都能够限制在膝前区附近（10^{14} ~ 3×10^{15} eV）。图 2 - 8 所示为模拟和实验数据的比较。从中可以得出如下结论：①在膝前区，QGSJET01 模型产生的 μ 子数比实验数据少 20% 左右；②更有可能的是，QGSJET01 产生的 μ 子的能量过低。[2]

① 中国科学院高能物理研究所. 粒子天体物理. http：//www. ihep. cas. cn/zdsys/lzttlab/lztt... /W020130206618491943685. doc.

② 中国科学院高能物理研究所. 粒子天体物理. http：//www. ihep. cas. cn/zdsys/lzttlab/lztt... /W020130206618491943685. doc.

μ子的亚夸克结构式为 μ⁻（q₃gg），反 μ 子的为 μ⁺（$\overline{q_3}\,\overline{gg}$），它们的味变振荡通道是对称的。其能量大于阈值（1 780MeV）时，发生全味变振荡，如图 2 - 8 所示。

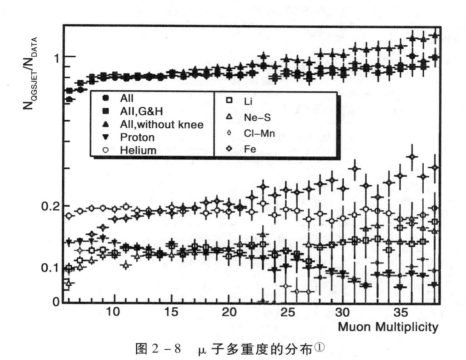

图 2 - 8   μ 子多重度的分布①

对称通道的味变振荡质量都为 $m_2 = 0.511\,\text{MeV}$、$m_3 = 105.66\,\text{MeV}$、$m_5 = 1\,780\,\text{MeV}$。

其质量平方为 $(m_2)^2 = 2.611\,21 \times 10^{11}\,\text{eV}^2$、$(m_3)^2 = 1.116\,4 \times 10^{16}\,\text{eV}^2$、$(m_5)^2 = 3.168\,4 \times 10^{18}\,\text{eV}^2$。

味变振荡的质量平方差为：$\Delta(m_{32})^2 = 1.116\,4 \times 10^{16}\,\text{eV}^2$、$\Delta(m_{52})^2 = 3.168\,4 \times 10^{18}\,\text{eV}^2$、$\Delta(m_{53}) = 3.157\,24 \times 10^{18}\,\text{eV}^2$。

根据中微子味变振荡公式 $\lambda = E/\Delta(m_v)^2$ 和概率公式 $P_{0 \to \max} = \sin^2(L/\lambda)$②，求出不同能量（$10^8 \sim 10^{21}\,\text{eV}$）的 μ 子振荡波长值如表 2 - 3 所示。对于以接近光速运动的 μ 子来说，其滞留时间为 $t = \lambda/c$。在距离 L 为一个不确定值时，也只能以此作为衡量标准，所以波长值大其滞留时间也长。

从表 2 - 3 中可以看出，在能量小于 $10^{14}\,\text{eV}$ 时，其最大波长小于

① 中国科学院高能物理研究所. 粒子天体物理. http：//www. ihep. cas. cn/zdsys/lzttlab/lztt... /W020130206618491943685. doc.

② 焦善庆，刘红，龚自正，王蜀娟（西南交大物理所、国家天文台）. 中微子混合角、振荡参数计算及物理机制分析. 江西师范大学学报，2004，28（2）.

0.9mm。如果研究者们在 0.9mm 距离内无法分辨出是电子、μ子还是 τ 子的话，那么，就都可以称其为 μ 子多重态分布。如图 2-8 所示，如果电子为黑色标记、μ 子为绿色标记、τ 子为紫色标记的话，我们看到的就是电荷轻子的全味变振荡图谱。留下一个话题，如何用修改后的徐宽能速关系式描述这三个电荷轻子呢？

表 2-3   不同能量的 μ 子对应的味变振荡波长

能量/波长（m）	$\lambda_{23} = E/\Delta (m_{32})^2$	$\lambda_{25} = E/\Delta (m_{52})^2$	$\lambda_{35} = E/\Delta (m_{53})^2$
10^8 eV	8.957×10^{-9} m	$**$	$**$
10^9 eV	8.957×10^{-8} m	3.156×10^{-10} m	3.167×10^{-10} m
10^{10} eV	8.957×10^{-7} m	3.156×10^{-9} m	3.167×10^{-9} m
10^{11} eV	8.957×10^{-6} m	3.156×10^{-8} m	3.167×10^{-8} m
10^{12} eV	8.957×10^{-5} m	3.156×10^{-7} m	3.167×10^{-7} m
10^{13} eV	8.957×10^{-4} m	3.156×10^{-6} m	3.167×10^{-6} m
10^{14} eV	0.008 957 m	3.156×10^{-5} m	3.167×10^{-5} m
10^{15} eV	0.089 57 m	3.156×10^{-4} m	3.167×10^{-4} m
10^{16} eV	0.895 7 m	3.156×10^{-3} m	3.167×10^{-3} m
10^{17} eV	8.957 m	0.031 56 m	0.031 67 m
10^{18} eV	89.57 m	0.315 6 m	0.316 7 m
10^{19} eV	895.7 m	3.156 m	3.167 m
10^{20} eV	8 957 m	31.56 m	31.67 m
10^{21} eV	89 570 m	315.6 m	316.7 m

2.5.3　膝区、踝区

研究者们认为 μ 子的膝前区在 $10^{14} \sim 6 \times 10^{15}$ eV 附近[1]。那么，μ 子的膝区应该在 $3 \times 10^{15} \sim 10^{16}$ eV 之间的某一个点上。从表 2-3 可以看出对应波长 λ_{23} 在 0.089 57m 到 0.895 7m 之间，表明电子可以与 μ 子、τ 子清晰地分离并分辨出来；而 μ 子、τ 子的波长各为 λ_{35}、λ_{25}，在 $3.156 \times 10^{-4} \sim 3.167 \times 10^{-3}$ m，表明 τ 子与 μ 子之间无法清晰地分离并分辨出来。

①　中国科学院高能物理研究所. 粒子天体物理. http：//www.ihep.cas.cn/zdsys/lzttlab/lztt.../W0201302 06618491943685.doc.

由于电子分离出来，这样 μ 子多重态的流强就会逐渐减弱。这就是为什么 μ 子会出现膝区拐点的原因。

能量在 $10^{10}\,\mathrm{eV} \sim 4 \times 10^{15}\,\mathrm{eV}$ 之间，能谱指数为 $a \approx 2.7$；能量在 $4 \times 10^{15} \sim 3 \times 10^{18}\,\mathrm{eV}$ 之间，能谱指数为 $a \approx 3.0$；能量在 $3 \times 10^{18}\,\mathrm{eV}$ 以上，能谱指数为 $a \approx 2.7$。[①]

这表明，膝区拐点为 $4 \times 10^{15}\,\mathrm{eV}$，踝区拐点为 $3 \times 10^{18}\,\mathrm{eV}$。从图 2 – 10 的 HiRes 能谱[②]可以看出能量在 $10^{18.3} \sim 10^{18.75}\,\mathrm{eV}$ 之间，是下降曲线；能量在 $10^{18.75} \sim 10^{19.6}\,\mathrm{eV}$ 之间，是上升曲线；能量大于 $10^{19.6}\,\mathrm{eV}$ 之后是"跳水"区。这与图 2 – 11 大亚湾电子反中微子震荡概率数据[③]给出的 10km 后的曲线极为相似，也与图 2 – 12 大亚湾中微子震荡能谱畸变数据[④]的曲线极为相似。

踝区拐点 $3 \times 10^{18}\,\mathrm{eV}$ 之后的能谱是电荷轻子（或者重子）质量味变振荡产生的结果，见表 2 – 3，能量在 $10^{18.3} \sim 10^{18.75}\,\mathrm{eV}$ 之间的 μ 子、τ 子的波长为 $0.31 \sim 3.1\mathrm{m}$ 之间，它们可以清晰地分离出来，所以 μ 子能谱是一条下降曲线。能量在 $10^{18.75} \sim 10^{19.6}\,\mathrm{eV}$ 之间是上升曲线，这是 τ 子向 μ 子味变振荡产生的结果，因为其波长约在 $2.45 \sim 20\mathrm{m}$ 之间，产生时的距离是一个不确定值，所以上升曲线主要是 τ 子向 μ 子味变振荡的结果，而电子对其贡献极小。能量大于 $10^{19.6}\,\mathrm{eV}$ 之后是"跳水"区，表明 μ 子以向电子方向味变振荡为主，由于此能量的电子味变振荡波长值大于 5.73km，所以 μ 子流强在没有了 τ 子的味变振荡补充后，就呈现出了"跳水"曲线。

质子的解释与电荷轻子同，只是由于"铁膝"比"质子膝"的能量高 26 倍，而不是 56 倍，这是否可以表明中子的贡献不存在？电荷轻子只有 1 个 q 亚夸克，而质子有 5 个 q 亚夸克，那么质子的"膝区"、"踝区"拐点是电荷轻子的 5 倍还是 2.5 倍呢？

所谓宇宙线的"膝"，即能量谱中的一个拐折，对于轻和重的初始粒

① 刘玉娟. LHAASO – KM2A 混合探测宇宙线膝区物理的模拟研究. 河北师范大学硕士学位论文，2009.

② 中国科学院高能物理研究所. 粒子天体物理. http：//www. ihep. cas. cn/zdsys/lzttlab/lztt. . ./W020130206618491943685. doc.

③ 王贻芳. Observation of Electron Anti – neutrino Disappearance at Daya Bay. 中国科学院高能物理研究所，http：//www. ihep. cas. cn.

④ 王贻芳. Observation of Electron Anti – neutrino Disappearance at Daya Bay. 中国科学院高能物理研究所，http：//www. ihep. cas. cn.

子以不同的能量出现。此外，科学家还成功在"膝"之后识别了"踝"的结构。……

KASCADE - Grande 实验的一个重要成果是证明了发生拐折的高能宇宙线的能量谱，也被称为"膝"，对于轻和重的初级粒子以不同的能量出现。膝的位置似乎随原子核的电荷变化：实验发现"铁膝"比"质子（氢原子核）膝"的能量高 26 倍。[1]

如果获得准确的 μ 子膝拐点、质子膝拐点，就可以推算出质子的味变振荡质量平方差，进而可以得出铁膝的质量平方差。这对于了解质子、原子核的味变振荡是有意义的。

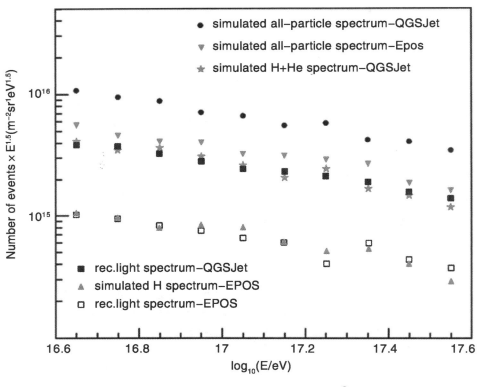

图 2-9   质子、轻组分膝区拐点[2]

质子及共振态的亚夸克结构式 p^+（$q_1 q_1 q_2$，3b，3g，Z^{01}）、

———————————

① 德首次识别高能宇宙线"踝"结构. 中国天文科普网，http：//www. astron. ac. cn/bencandy - 2 - 9036 - 1. htm，2013 - 05 - 24.

② Ankle - like 特性在光的能谱元素与 KASCADE - Grande 观察到的宇宙线. 物理评论 D，2013 - 04 - 25.

p^+（$q_4 q_4 q_3$，3b，3g，Z^{01}）、p^+（$q_5 q_5 q_6$，3b，3g，Z^{01}）[1][2]，其对应的质量只有质子质能 938.28MeV，缺失另外两个质能，5 个 q 亚夸克是如何均分质子质能的呢？

　　HiRes 实验数据及物理分析取得较大进展，经过数年来细致的事例重建研究，HiRes 事例的重建质量大幅提高，现已成为 HiRes 合作组数据处理的主流程序，中国小组的工作得到 HiRes 合作组的广泛承认。完成了 HiRes 实验最重要的能谱测量论文的写作，以 99.999 9% 的置信水平，证实了"踝"的存在。[3]

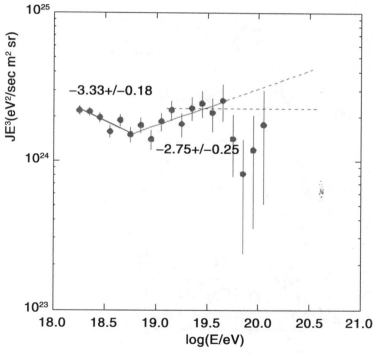

图 2 - 10　HiRes 能谱[4]（笔者注：踝区能谱曲线）

　　① 欧阳森. 宇宙结构及力的根源. 香港：中国作家出版社，2010. 欧阳森. 白洞喷发与轻元素循环. 广州：暨南大学出版社，2011. 欧阳森. 建立宇宙密码字典. 广州：暨南大学出版社，2013.
　　② 焦善庆，蓝其开. 亚夸克理论. 重庆：重庆出版社，1996.
　　③ 中国科学院高能物理研究所. 粒子天体物理. http：//www. ihep. cas. cn/zdsys/lzttlab/lztt... /W0201302 06618491943685. doc.
　　④ 中国科学院高能物理研究所. 粒子天体物理. http：//www. ihep. cas. cn/zdsys/lzttlab/lztt... /W0201302 06618491943685. doc.

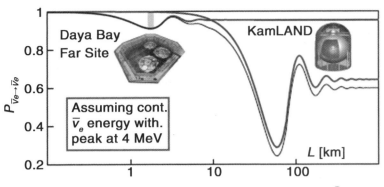

图 2 - 11   大亚湾电子反中微子震荡概率数据①

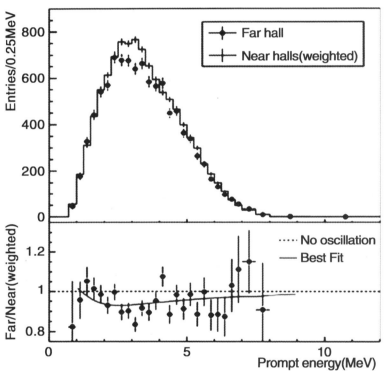

图 2 - 12   大亚湾中微子震荡能谱畸变数据②

2.5.4   B 介子振荡与味变质量

中性的 B 介子（B₀ 及 B₀ₛ）能自发地变换成对应的反粒子，还能够再

①   王贻芳. Observation of Electron Anti-neutrino Disappearance at Daya Bay. 中国科学院高能物理研究所，ht-tp：//www. ihep. cas. cn.

②   王贻芳. Observation of Electron Anti-neutrino Disappearance at Daya Bay. 中国科学院高能物理研究所，ht-tp：//www. ihep. cas. cn.

变换成原来的粒子。这种现象叫做味变振荡。中性 B 介子振荡的存在，是粒子物理学标准模型的一项基本预测。测量结果指出 $B_0 - \underline{B}_0$ 系统的振荡量约为 $0.496\ \text{ps}^{-1}$，而费米实验室的 CDF 实验测量到 $B_{0s} - \underline{B}_{0s}$ 系统的 $\Delta m_s = 17.77 \pm 0.10$（统计误差）$\pm 0.07$（系统误差）$\text{ps}^{-1}$。最早的 $B_{0s} - \underline{B}_{0s}$ 系统上下限值是由费米实验室的另一个项目 Dϕ 实验所估算的。[①]

由于我们无法改变引力矢量和斥力矢量的方向，所以介子也没有反粒子[②]。标准模型对 B 介子的分类 B_0（$d\bar{b}$）、$\overline{B}_0$（$\bar{d}b$）和 $\overline{B}_{0s}$（$s\bar{b}$）、$\overline{B}_{0s}$（$\bar{s}b$）[③]，是错误的解释。应该解释为 B_0（$d\bar{b}$）、B_0'（$\bar{d}b$）和 B_{0s}（$s\bar{b}$）、B_{0s}'（$\bar{s}b$），它们是对称通道的味变振荡 B 介子的共振态对或者共振态组，而不能视其为反粒子。其亚夸克结构式为：B_0（$q_2\bar{q}_5 b\bar{b}g\bar{g}$）、$B_0'$（$\bar{q}_2 q_5 b\bar{b}g\bar{g}$）和 B_{0s}（$q_3\bar{q}_5 b\bar{b}g\bar{g}$）、$B_0'$（$\bar{q}_3 q_5 b\bar{b}g\bar{g}$）。

质能/质量 B_0、B_0' 为 $5\ 279.53 \pm 0.33\text{MeV}$，$B_{0s}$、$B_{0s}'$ 为 $5\ 366.35 \pm 0.6\text{MeV}$[④]。

测算 B_0、B_0' 和 B_{0s}、B_{0s}' 的平均寿命

B_0、B_0' 的平均寿命为 $1.530 \pm 0.009 \times 10^{-12}\text{s}$，$B_0$、$B_{0s}'$ 的平均寿命为 $1.470 \pm {0.027 \over 0.026} \times 10^{-12}\text{s}$[⑤]。

测算 B_0、B_0' 的平均寿命，根据上述章节导出味变振荡时间关系式 $t = {E \over \Delta(m)^2}$，代入已知条件得：$t_{23} = {E \over \Delta(m_{32})^2} = {5\ 279.52\text{MeV} \over 1.116\ 4 \times 10^{16}} = 4.729 \times 10^{-7}\text{s}$，$(t_{23})^2 = 2.236 \times 10^{-13}\text{s}$，比测量值 $1.530 \pm 0.009 \times 10^{-12}\text{s}$ 小了约 6.8 倍。

解释为：时间的平方与加速度相关，对应的就是力和质量 $a = {F \over m}$，而这个质量就是介子的味变振荡质量；另有 $L = \lambda = v_0 t + {1 \over 2}at^2$，令 $v_0 = 0$ 时得 $t^2 = {2\lambda \over a} = {2\lambda m \over F}$；此为一次谐振时间，表示从 m_2 到 m_3 的振荡时间；B_0、B_0'

① B 介子. 维基百科，http：// zh. wikipedia. org/wiki/B 介子.
② 欧阳森. 宇宙结构及力的根源. 香港：中国作家出版社，2010. 欧阳森. 白洞喷发与轻元素循环. 广州：暨南大学出版社，2011. 欧阳森. 建立宇宙密码字典. 广州：暨南大学出版社，2013.
③ B 介子. 维基百科，http：// zh. wikipedia. org/wiki/B 介子.
④ B 介子. 维基百科，http：// zh. wikipedia. org/wiki/B 介子.
⑤ B 介子. 维基百科，http：// zh. wikipedia. org/wiki/B 介子.

介子在四个亚夸克对应的两个质量上做了 6 次振荡。表示为：

$$(m_{2q} \rightarrow m_{3q} \rightarrow m_{2\bar{q}} \rightarrow m_{3\bar{q}} \rightarrow m_{2q} \rightarrow m_{3q} \rightarrow m_{2\bar{q}})$$

则有测算的平均寿命为 $6 \times 2.236 \times 10^{-13}$ s $= 1.3416 \times 10^{-12}$ s，虽然比测量值小了 12.3%，对于半定量分析已经足矣。[①]

测算 B_{0s}、B'_{0s} 的平均寿命，同理得：

$$t_{23} = \frac{E}{\Delta (m_{32})^2} = \frac{5366.3 \text{MeV}}{1.1164 \times 10^{16}} = 4.807 \times 10^{-7} \text{s}, \quad (t_{23})^2 = 2.3107 \times 10^{-13} \text{s}$$

比测量值 1.470×10^{-12} s 小了约 6.37 倍。B_{0s}、B'_{0s} 介子在四个亚夸克对应的两个质量上做了 6 次振荡后衰变，则有 $6 \times 2.3107 \times 10^{-13}$ s $= 1.386 \times 10^{-12}$ s，比测量值小 5.7%。

$B_0 \leftrightarrow B'_0$ 系统的振荡量约为 0.496ps^{-1}，$B_{0s} \leftrightarrow B'_{0s}$ 系统的振荡量约为 $\Delta m_s = 17.77 \pm 0.10$（统计误差）$\pm 0.07$（系统误差）$\text{ps}^{-1}$[②]。

令 $t = \frac{1}{\Delta m_s}$，代入已知条件得：

$B_0 \leftrightarrow B'_0$ 系统的振荡时间 $t = \frac{1}{0.496 \text{ps}^{-1}} = \frac{10^{-12} \text{s}}{0.496} = 2.016 \times 10^{-12}$ s[③]，为一次谐振时间 $(t_{23})^2 = 2.236 \times 10^{-13}$ s 的 9.02 倍。表明 $B_0 \leftrightarrow B'_0$ 介子系统在四个亚夸克对应的两个质量上做了 9 次振荡后相互变换了一次位置，表示为：$B_0 \rightarrow B'_0$ 或者 $B'_0 \rightarrow B_0$。此为一次全波谐振。

$B_{0s} \leftrightarrow B'_{0s}$ 系统的振荡时间 $t = \frac{1}{17.77 \text{ps}^{-1}} = \frac{10^{-12} \text{s}}{17.77} = 5.6275 \times 10^{-14}$ s[④]，

比一次谐振时间 $(t_{23})^2 = 2.3107 \times 10^{-13}$ s 小了 4.106 倍，如果令 $\left(\frac{t_{23}}{2}\right)^2 = \left(\frac{4.807 \times 10^{-7} \text{s}}{2}\right)^2 = 5.777 \times 10^{-14}$ s，比测量值大了 2.7%。表明 $B_{0s} \leftrightarrow B'_{0s}$ 介子系统做了一个一次半波谐振后，转换了一次位置，表示为：$B_{0s} \rightarrow B'_{0s}$ 或者 $B'_{0s} \rightarrow B_{0s}$。

式中的 $\frac{1}{2}$ 因子与牛顿理论的动能、角动能、距离和速度加速度公式等

---

① 测量值应该还有粒子的能量、速度、平均寿命等原始数据，如果获得这些数据的话，或许可以完成定量分析的工作。

② B 介子. 维基百科，http：// zh. wikipedia. org/wiki/B 介子.

③ 比平均寿命长，表明没有衰变的粒子才能进行味变置换。

④ 由于该值比平均寿命小两个数量级，所以粒子振荡在衰变前后都会发生。

不无关系，也与徐宽发现的引力质量与惯性质量不相等不无关系，而且多个测算结果都接近实验数据给出的平均寿命，只是原始数据中缺少速度值、能量，而无法对其进行校验。

2.6　精细结构常数异常和膨胀—压缩小宇宙系统

精细结构常数 $a = \dfrac{2\pi \cdot e^2}{\hbar c} \approx \dfrac{1}{137}$，$a^{-1} = 137.035\ 999\ 76$ 存在异常。[①]

J. Webb 等的观测认为宇宙早期时的 a 值比现在略小。利用设置在美国夏威夷的世界最大的天文望远镜对宇宙深空的 17 个高亮度类星体做观测，它们距离地球 35 亿～130 亿光年，……光通过含有 Mg、Fe、Ni 等原子的星际物质时由于吸收而在光谱上出现暗线，其位置可描述 a 值。科学家们着意研究 a 随时间变化的可能，研究范围覆盖宇宙年龄的 23%～87%，结果认为过去的 a 值较小。结合几年来前人的类似研究，研究组对新闻界公布的 a 减少值（与现在相比）是 1%；他们认为光速 c 发生过改变（光速可能随宇宙演变而变化），即宇宙演化初期的光速比 c 大，平均估计值 $v = 1.01c$。……[②]

研究者们认为 a 值的差异来自于光速的变化，表示为：

$$\Delta a = a - a' = \frac{2\pi \cdot e^2}{\hbar}\left(\frac{1}{c} - \frac{1}{c'}\right) = 9.900\ 991 \times 10^{-3} \times \frac{2\pi \cdot e^2}{\hbar}$$

式中 $c' = 1.01c$、a' 值为远距离类星体的平均值。笔者之前也认同其结果，并设计了一个实验来验证其存在与否[③]。如果光子在熵增与熵减系统的速度存在差异，而且是前者小于后者，则研究者们的推测是正确的；如果速度没有差异，则真空光速为常数是一条物理定律，而精细结构常数差异需另外的解释。

根据全景宇宙模型[④]和观测数据，距离在 35 亿～130 亿光年的 17 个

①　黄志洵. 超光速研究的理论与实验. 北京：科学出版社，2005.
②　黄志洵. 超光速研究的理论与实验. 北京：科学出版社，2005.
③　欧阳森. 建立宇宙密码字典. 广州：暨南大学出版社，2013.
④　欧阳森. 宇宙结构及力的根源. 香港：中国作家出版社，2010.

类星体应该分布在膨胀小宇宙系统和压缩小宇宙系统。由于膨胀—压缩系统是斥力做功—受功过程，所以在普朗克常数出现时，应该用普朗克常数斥力因子[①]描述。

由于光速 c 为常数，则 Δa 必然来自于普朗克常数斥力因子的作用。表示为：$\Delta a = \left(\dfrac{1}{n_{\hbar\Lambda}} - \dfrac{1}{n_{\hbar\Lambda}}\right) = 9.900\,991 \times 10^{-3}$，式中，斥力因子 $n_{\hbar\Lambda}$、$n'_{\hbar\Lambda}$ 取值为 1～1 000 之间的正整数。

同时满足关系式，则 $n_{\hbar\Lambda} = 91$、$n_{\hbar\Lambda} = 919.100\,8$ 是上 0 限；$n_{\hbar\Lambda} = 1$、$n'_{\hbar\Lambda} = 1.01$ 是下限。由于 $n'_{\hbar\Lambda}$ 难以取得整数，所以取接近上限的整数是最为精确的。

$n_{\hbar\Lambda}$ 取 1～91 表示光子在膨胀系统中斥力做功损失能量，每次损失 1～91$\hbar$ 的能量包不等。$n'_{\hbar\Lambda} = 1.01$ 取 1.01～919，表示在压缩小宇宙系统光子获得系统外的斥力势能，每次获得 1～919$\hbar$ 的能量包不等。

以可见黄色光 550nm 测算，假设光子在 47.2 亿光年半径的膨胀小宇宙系对应的红移值 $Z_H = 2.357$[②③] 与压缩小宇宙系统的距离、蓝移值 $Z_L = 2.357$ 等价。也就是说 $Z_H = 2.357$ 对应 47.2 亿光年，$Z_L = 2.357$ 也对应 47.2 亿光年。

对于红移 2.357 的光子的能量损失率 η 为：

$$\frac{1}{3.357} = e^{t\eta}, \quad t = 47.21 \approx 1.489\,4 \times 10^{17}\text{s}$$

解得 $\eta = -8.131\,11 \times 10^{-18}/\text{s}$

对于蓝移 2.357 的光子的能量增加率 η 为：

$$3.357 = e^{t\eta}, \quad t = 47.21 \approx 1.489\,4 \times 10^{17}\text{s}$$

解得 $\eta = 8.131\,11 \times 10^{-18}/\text{s}$

黄色可见光子 550nm 的能量：$E = v\hbar = c\hbar/\lambda = 5.450\,7 \times 10^{14}\hbar = 3.611\,64 \times 10^{-19}\text{J}\cdot\text{s}$，每秒损失/增加的能量：$E\eta = 3.611\,64 \times 10^{-19} \times 8.131\,11 \times 10^{-18} = 2.936\,66 \times 10^{-36}\text{J}$，该值比普朗克常数还小 225.63 倍。也就是说

---

① 欧阳森. 建立宇宙密码字典. 广州：暨南大学出版社，2013.
② 冯天岳先生给出的是 47.2 亿光年对应 2.3 的红移值。
③ 欧阳森. 建立宇宙密码字典. 广州：暨南大学出版社，2013.

损失一个 $\hbar$ 需要 226 秒弱的时间，损失 91 个 $\hbar$ 需要 20 532.33 秒，约 5.7 小时。而在压缩系统的黄色光子，获得一个 $\hbar$ 能量需要 227.89 秒的时间，获得 919.10 个 $\hbar$ 能量需要 207 376.53 秒，约 57.60 小时。

对比黄色可见光在膨胀、压缩系统的能量得失，可以发现蓝移黄光获得一个 $\hbar$ 能量包的时间比红移黄光损失一个 $\hbar$ 能量的时间多了 2.26 秒。对于能量大于其的光子，这个时间会缩短，反之会延长。这就是引起精细结构常数异常的原因所在。

由于质子的亚夸克结构式 p^+（$q_1 q_1 q_2 3b3gZ^{01}$）中有 5 个斥力亚夸克（$3q$，$2\bar{g}$），而光子则只有一个（γ [（$q_i \leftrightarrow \bar{q}_i$）$\bar{g}g$]），$i = 1$，4，6 或者 2，3，5。假设质子的质量损失率是光子的 5 倍，则有 $\eta = 5 \times$（$-8.131\ 11 \times 10^{-18}$）$/s = -4.065\ 56 \times 10^{-17}$。

2.6.1 质子的质量损失

每秒质子的质量损失为：

$$\Delta E_p = E\eta = 938.28\text{MeV} \times (-4.065\ 56 \times 10^{-17}) = -3.814\ 6 \times 10^{-8}\text{eV}$$
$$= -6.111\ 0 \times 10^{-27}\text{J} = 9.222\ 76 \times 10^6 \hbar$$

密钥归零后得出这样的结论：在膨胀小宇宙系统内的所有带有斥力亚夸克的粒子都必须对系统斥力膨胀做功而损失能量/质能，则光子损失能量产生红移，重子物质损失质能产生热辐射。对应的热力学定律是熵增、内能减少、温度无法达到零开尔文。在压缩系统……所以对微波背景辐射的主要贡献来自于我们所在的膨胀系统[①]。

微波背景辐射的峰值波长，根据图 2-13 其峰值频率约为 $v = 1.67 \times 10^{11}$Hz，对应波长 $\lambda = 1.80 \times 10^{-3}$m $= 0.180$ cm。而图 2-14 目测其峰值波长 $\lambda = 0.183$cm，对应图中 5.47（1/cm）峰值，峰值频率约为 $v = 1.638\ 2 \times 10^{11}$Hz；其能量为 $E_{\gamma\text{max}} = \hbar v = 6.626 \times 10^{-34} \times 1.638\ 2 \times 10^{11} = 1.085\ 5 \times 10^{-22}$J $= 6.776 \times 10^{-4}$eV。

---

① 欧阳森. 宇宙结构及力的根源. 香港：中国作家出版社，2010.

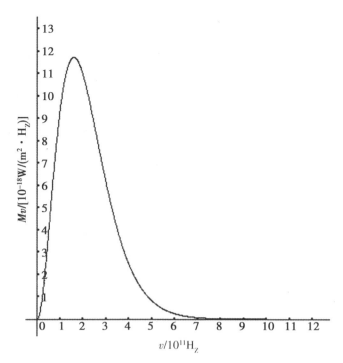

图 2 - 13   微波背景辐射①

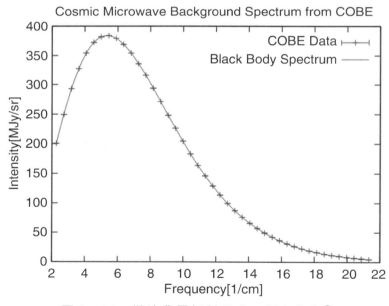

图 2 - 14   微波背景辐射强度—频率分布②

---

① 宇宙微波背景辐射. 百度百科，http：// baike. baidu. com. /view/26183. htm？ fromid = 473045&type = syn&fromtitle = 微波背景辐射 &fr = aladdin.

② 微波背景辐射. 维基百科，http：// zh. wikipedia. org/wiki/微波背景辐射.

2.6.2　峰值能量与质量损失率

微波背景辐射的峰值能量与质子每秒质量/质能损失的比值为：

$$\frac{E_{\gamma max}}{\Delta E_p} = \frac{1.085\ 5 \times 10^{-22}}{6.111\ 0 \times 10^{-27}} = 17\ 763.050$$

峰值能量比质子每秒质量/质能损失大 17 763.050 倍，如果质子要损失一个峰值能量光子的话，平均需要 17 763 秒的时间，约为 4.9 小时。

从图 2-14 可以看出，从 2.2 到 21.6（1/cm）对应的波长在 0.454 5 ~ 0.046 3cm 之间；波长 0.046 3cm 的能量是峰值的 3.952 倍。约 19.36 小时质子才能损失一个波长 0.046 3cm 的光子。

如果质子的斥力因子与光子的取值相同（$n_{\hbar\Lambda}$ 取 1 ~ 91），均分最大能量，则热辐射波长在 0.046 2 ~ 4.213 3cm 之间。如果质子的斥力因子 $n_{\hbar\Lambda}$ 取 1 ~ 1 000 之间，则热辐射波长为 0.046 2 ~ 46.2cm。这与观测数据 "从 0.054cm 到数十厘米波长的测量表明背景辐射是温度近于 2.7K 的黑体辐射" 一致[1]。也就是说质子辐射一个 46.2cm 波长的光子需要约 17.76 秒的时间，其在 17.76 秒到 19.36 小时之间损失不同能量的光子。

由此引发出另一个问题，光子在 47.2 亿光年处到达我们地球，其能量只有原来的 $\frac{1}{3.357}$ = 29.79%。那么，质子没有光子快，到达 47.2 亿光年处，其质量不是更小了吗？

这其实为质子、重子物质离开膨胀系统斥力界面之前，获得了系统的斥力势能。一部分转化为惯性质量或者补充了质量损失率（这样质子从中心到达斥力界面并离开的这段过程，其质量不会有太大的变化），另一部分转化为质子、重子物质的动能（如星系加速离开我们的观测现象）。有兴趣的读者可以用冯天岳的斥力定律和笔者得出的系统质量[2]测算一下。而不同的速度对应着不同的质量损失率和不同的温度。[3]

---

[1]　宇宙微波背景辐射. 百度百科，http：// baike. baidu. com. /view/26183. htm？fromid = 473045&type = syn&fromtitle = 微波背景辐射 &fr = aladdin.

[2]　欧阳森. 建立宇宙密码字典. 广州：暨南大学出版社，2013.

[3]　欧阳森. 建立宇宙密码字典. 广州：暨南大学出版社，2013.

2.6.3　不对称光子的味变振荡

以角尺度展现的宇宙微波背景辐射温度各向异性能谱（多极矩）见图 2 - 15。

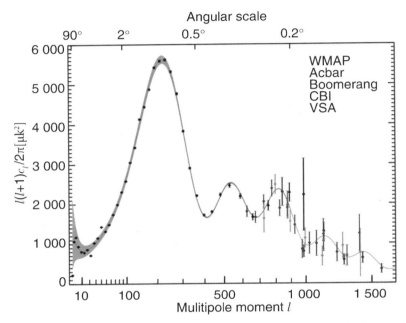

图 2 - 15　以角尺度展现的宇宙微波背景辐射温度各向异性的能谱（多极矩）①②

笔者在《建立宇宙密码字典》一书中指出不对称光子是存在的，并有两个实验数据验证了其存在，不对称光子表示为：$[(q_i \leftrightarrow \bar{q}_i) g\,\bar{g}]$，式中 $i = 1$，4，$6$③。不对称通道对应的一组不对称质量：0.038 6eV、7.982eV、134.23eV 和 0.027 11eV、5.600 7eV、94.277eV。

从图 2 - 15 看其能谱曲线与其他的味变振荡曲线极为相似，那么就测算一下其是否存在这种可能性。

多极矩概念：对于带电体而言，若电荷分布在无限区域内，在 V 中区任意取一点 O 作为坐标原点，区域 V 的线度为 ℓ，场点 P 距 O 点为 R。多极矩法是讨论 $R \gg \ell$ 情况下的场分布问题。……总之，移动一个点电荷到

---

① 显示的数据来自 WMAP（2006）、Acbar（2004）、Boomerang（2005）、CBI（2004）和 VSA（2004）仪器。另显示理论模型（实线）。

② 微波背景辐射. 维基百科，http：// zh. wikipedia. org/wiki/微波背景辐射.

③ 欧阳森. 建立宇宙密码字典. 广州：暨南大学出版社，2013.

原点，对场点产生一个偶极子分布误差；移动一个偶极子到原点，对场点产生一个电四极子误差；移动一个电四极子到原点，对场点产生一个电八极子误差……①

　　引入电多极矩概念，其一是为了解读图 2 - 15 中的 l；其二味变振荡是质量振荡，而不是电荷振荡，但分析方法有相通之处；其三可视为 R 是味变振荡波长，线度 l 是微波峰值波长，而原点 O 则是探测器。则有 $\dfrac{R}{l}$ 表示有多少个线度 l 值，这与图 2 - 15 的线度 l 值是一致的。

　　如果是不对称光子的一条通道产生的味变振荡，其质量平方差最小值为 $\Delta m_{\overline{41}} = (5.9007)^2 - (0.02711)^2 = 34.818\,eV^2$。对于峰值 0.180cm 波长的能量为 $6.776 \times 10^{-4}\,eV$，则味变振荡波长值 $\lambda_{\overline{14}} = \dfrac{E_{\lambda max}}{\Delta m_{\overline{41}}} = \dfrac{6.776 \times 10^{-4}}{34.818} = 1.946 \times 10^{-5}\,m$。约为 2 个丝的差异，探测器应该无法分辨。

　　如果是不对称光子在两条通道之间产生的味变振荡，其质量平方差最小值为 $\Delta m_{\overline{11}} = (0.0386)^2 - (0.02711)^2 = 7.55008 \times 10^{-4}\,eV^2$。对于峰值 0.180cm 波长的能量 $6.776 \times 10^{-4}\,eV$ 来说，则味变振荡波长值 $\lambda_{\overline{11}} = \dfrac{6.776 \times 10^{-4}}{7.55008 \times 10^{-4}} = 0.89747\,m$。该波长如果存在味变振荡的话是可以被探测到的。

　　还有两个质量平方差值为：

$$\Delta m_{\overline{44}} = (7.962)^2 - (5.9007)^2 = 28.5752\,eV^2, \quad \Delta m_{\overline{66}} = 6129.54\,eV^2$$

对应的两个味变振荡波长为：

$$\lambda_{\overline{44}} = 2.3713 \times 10^{-5}\,m, \quad \lambda_{\overline{44}} = 7.42210 \times 10^{-8}\,m$$

---

① 姜孟瑞. 电动力学电子教案——第六节电多极矩. 百度文库，http：//wenku. baidu. com/link？url＝FX VjkSJFON 7Rff3 G6laziYLMNMPnCykgsdbQyawUcTJ8BquPPd9zzElm1fsEel4zdQwf1 VcRsaOjTRXILB92n4VEozTZGKILKC PYhEtZiwe.

可见这两个波长值极小，难以探测或者分辨。但是其存在表明三个波长值是可以循环振荡的。由于微波能量没有达到阈值，是否存在这样的味变振荡呢？

最大味变振荡波长值与峰值波长值的比值 $\frac{R}{l} = \frac{0.897\,47\text{m}}{0.180\text{cm}} = 498.60$ 个线度 l，从图 2 - 15 可以看出，0 ~ 50 之间和 650 之后的线度 l 值是离散的，也就是有味变振荡的。在 50 ~ 650 之间是平滑的曲线，其值约 600 个线度 l，没有味变振荡现象。这与计算值 498.6 个 l 相近，相差约 20.34%。引起该误差的可能性有两种，其一是峰值波长不是 0.180cm，而是 0.152cm，也就是微波光子的能量大了些；其二是峰值波长值若是准确的，则是质量平方差引起的。以此可以修正之。

如果这个推测是正确的，还需要做一个实验来验证之。如果实验确定其存在，则笔者之前的推测[1]就是错的或者需要修正。

实验

在实验室做一个 2.7K 温度的黑体辐射腔，探测微波波长 0.152 ~ 0.180cm 之间是否存在如图 2 - 15 所示的能谱曲线，以此来判断味变振荡的存在。

通过第二章的分析可以发现，质量味变振荡贯穿于所有粒子中，并表现出不同的行为，涵盖了从低能量到超高能量范围。如果有人想否定其存在的话，也得拿出对等的数据，并且还要形成逻辑链乃至立体结构才行。否则的话其就是宇宙真实的存在和物理定律。

2.7　惯性约束核聚变中燃料增益的物理机制

密钥理论确认了光子、中子、质子、原子核都是引力—斥力粒子。192 束激光射向燃料球胶囊，首先在球的表面形成了"光子的凝聚态"[2]，此时光子之间的引力远远大于斥力，只要光子的凝聚态维持一定的时间，其球面凝聚态膜必然会不断增大，并向中心压缩；又由于强力（强引力和强斥力）比库仑力大 118.28 倍，所以燃料球内的氘、氚核会融合在一

---

① 欧阳森. 建立宇宙密码字典. 广州：暨南大学出版社，2013.
② 欧阳森. 建立宇宙密码字典. 广州：暨南大学出版社，2013.

起，也就是实验发现的核聚变反应。

研究结果表明，核聚变反应产生的能量，大约是以前记录的 10 倍。作者提醒，这里所观察到的燃料增益，是指核聚变能量高于燃料中能量，而不是用于压缩燃料芯块的总能量。①

Johan Frenje（美国麻省理工学院）：NIF 是一个大型激光设备，我们使用激光让燃料球胶囊内爆，以达到非常高的密度，并且在我们称为"轰击"的过程中，希望达到很高的温度。当我们达到这些条件时，我们将可能点火，这样就产生比输入能量更高的能量。我们已经取得了大量进展，但要达成点火目标，还有很长的路要走。②

实验数据表明几个结果：①燃料增益是指核聚变产生的能量高于燃料球胶囊中研究者们计算的核聚变能量。②这样的燃料增益结果已经发生多次了。③燃料球胶囊的成分各是多少并不清楚。④反应后的物质是什么也不清楚。③

那么，根据能量守恒定律，燃料增益多出的能量：其一，光子凝聚态储存了 192 束激光照射的能量。其二，扣除前者的能量储存后，燃料球胶囊有碳、氢元素，或许还有氯、氟，是否考虑了碳的核聚变反应呢？以及其他元素核的核聚变的能量贡献呢？其三，受到激光照射的燃料球胶囊处于一个斥力压缩系统状态，其内部重子物质可以吸收光子的斥力势能，并将其转化为质量储存起来。其四，内爆后系统处于一个极度斥力膨胀状态，那么，原子核的质量损失率就不是现在 10^{-18} 数量级水平，而是大许多。

这是密钥理论对惯性约束核聚变中燃料增益的物理机制定性的解读。要完成定量的工作，需要详尽的实验数据。与其等待人家发布数据，还不如自己做实验来得快些，总比满世界寻找不存在的东西有意义得多。

2.8 中微子黑洞

光子无法逃离的天体，学者们称为黑洞，准确地说是光子黑洞。

那么，重子物质无法逃离的天体是否也可以称为重子黑洞呢？如地

---

① Omar Hurricane. 核聚变反应释出能量比燃料吸收能量多. ［英］自然，2014 - 02 - 19.

② 张章. 4 位科学家解读受控核聚变科学潜能. 中国科学报，2014 - 02 - 18.

③ 张章. 科学家提出核聚变研究新目标. 科学网，http：//paper. sciencenet. cn//htmlpaper/201421713272566432000. shtm.

球、月球是重子物质的固体黑洞，而木星是重子物质的气体黑洞等。

中微子是引力粒子，而且有一组质量：0.038 6eV、7.982eV、134.23eV，其运动速度近光速或者弱超光速[1]。那么，引力约束着中微子无法离开的天体就是中微子黑洞。这样的天体存在吗？

观测数据[2]表明中微子黑洞是存在的，它就是"巨引源"[3]，又称为大引力子[4]，见图 2 - 16 和图 2 - 17。

图 2 - 16　哈勃第三代广域相机（WFC3）拍摄的 ESO137 - 001[5][6]

---

① 欧阳森. 宇宙结构及力的根源. 香港：中国作家出版社，2010. 欧阳森. 白洞喷发与轻元素循环. 广州：暨南大学出版社，2011. 欧阳森. 建立宇宙密码字典. 广州：暨南大学出版社，2013.

② Gohomeman1 译. ESO137 - 001 星系，快速而短暂的生命. 中国天文科普网，http：//www. astron. ac. cn/bencandy - 3 - 10496 - 1. htm.

③ Gohomeman1 译. ESO137 - 001 星系，快速而短暂的生命. 中国天文科普网，http：//www. astron. ac. cn/bencandy - 3 - 10496 - 1. htm.

④ 大引力子. 百度百科，http：//baike. baidu. com/link？url = 50JhC1 - 79Mw4 - ek62QycOt2hS82YGNv3xfE OPWC7ucBGl z5WR8OKw8BW4eFNRdJehn9O5XV3pTz － A6　2BV83kd7rTYu2T64f1sDCUveGv5wUGqkOil1m9dpfqN VS2yy.

⑤ Gohomeman1 译. ESO137 - 001 星系，快速而短暂的生命. 中国天文科普网，http：//www. astron. ac. cn/bencandy - 3 - 10496 - 1. htm.

⑥ 大引力子. 百度百科，http：//baike. baidu. com/link？url = 50JhC1 - 79Mw4 - ek62QycOt2hS82YGNv3xfE OPWC7ucBGl z5WR8OKw8BW4eFNRdJehn9O5XV3pTz － A6　2BV83kd7rTYu2T64f1sDCUveGv5wUGqkOil1m9dpfqN VS2yy.

图 2 - 17　哈勃和钱德拉 X 射线图像的组合①

（发出 X 射线的炽热等离子体以蓝色表示，拖在星系后方极长的距离）

ESO 137 - 001 是后发座星系团的一员，后者靠近"巨引源"的中心区域。巨引源是一个聚集了超大质量的空间区域，该区域的引力是如此强大（或者说超大质量严重地弯曲了广袤的时空），以致整个超级星系团都被它吸引而朝其运动。此区域离银河系大约有 2.0 亿光年，银河系所在的整个本星系群都被它吸引而向巨引源运动。②

为什么这样说呢？在半径 2 亿光年的空间，星系、星系团的中微子也会向着中微子黑洞——"巨引源"方向运动。那么，其穿过 ESO 137 - 001 星系时，就会产生这样的粒子反应：$n + v_e \rightarrow p^+ + e^-$。根据动能守恒定律，产生的质子和电子的动能矢量方向也是指向"巨引源"中心的。

---

① Gohomeman1 译. ESO137 - 001 星系，快速而短暂的生命. 中国天文科普网，http：//www. astron. ac. cn/bencandy - 3 - 10496 - 1. htm.

② Gohomeman1 译. ESO137 - 001 星系，快速而短暂的生命. 中国天文科普网，http：//www. astron. ac. cn/bencandy - 3 - 10496 - 1. htm.

这时它们离开了星系，质子运动速度比电子慢，能够俘获动量小的电子成为氢原子，并在引力作用下产生新的恒星。这就是图2－16、图2－17中紫外线蓝色恒星尾流。观测数据描述为"强烈的蓝色星流从星系中涌出，在紫外波段尤其明显"[1]。

而这些新恒星有这样的特点，金属元素匮乏，由于少了反中微子的核聚变点火效应，则需要大的引力约束点火，所以这些新恒星都是大质量短寿命恒星。从图2－16、图2－17中可以看到紫外线星流消失得都很快，这也表明了上述的分析是正确的。

电子是引力粒子，大动能的电子难以被质子俘获而向着中微子黑洞方向运动。电子带有负电荷，在运动过程中会产生磁场。那么，电子穿过自身产生的磁场会产生电磁辐射。图2－16、图2－17的X射线尾迹表明，电子的动能大于一个定值才会产生X射线辐射；从尾迹的亮度看，没有明显的减弱现象。这表明电子在损失动能辐射X射线的同时，还在获得能量。而电子唯一可以不断获得能量来源的只能是中微子黑洞的引力势能，则X射线能谱是一个幂律谱。

观测数据[2]还有细化和挖掘的潜力，这也是一个研究方向。

大引力子和巨引源[3]都是在描述一个相同的观测现象。

巨引源在银经307度/银纬9度，距离银河系1.5亿～2.5亿光年（后者是近期的最新估计），规模达4亿光年，质量约为太阳的$3～5.4×10^{16}$倍。它位于长蛇座与半人马座方向，这部分空间的中心区域是矩尺座星团（Abell 3627），这是一个巨大的星系星团。[4]

但依据它们的红移量的不同可以发现存在一个相当于数万个星系质量

① Gohomeman1 译. ESO137－001 星系，快速而短暂的生命. 中国天文科普网，http：//www. astron. ac. cn/bencandy－3－10496－1. htm.

② Gohomeman1 译. ESO137－001 星系，快速而短暂的生命. 中国天文科普网，http：//www. astron. ac. cn/bencandy－3－10496－1. htm.

③ Gohomeman1 译. ESO137－001 星系，快速而短暂的生命. 中国天文科普网，http：//www. astron. ac. cn/bencandy－3－10496－1. htm.

④ 大引力子. 百度百科，http：//baike. baidu. com/link？url＝50JhC1－79Mw4－ek62QycOt2hS82YGNv3xfE OPWC7ucBGl z5WR8OKw8BW4eFNRdJehn9O5XV3pTz － A6 2BV83kd7rTYu2T64f1sDCUveGv5wUGqkOil1 m9dpfqN VS2yy.

的引力中心。……①

　　笔者导出一个中微子暗物质引力条件关系式②：$GM_i \leqslant \frac{1}{3} n_v G_v m_{vi}$，"中微子暗物质的影响与尺度无关，只与中微子的质量、数量、引力常数以及重子物质质量相关"③④。

　　已知：$G = 6.672 \times 10^{-11}$、$M_i = 5.4 \times 10^{16} \times 2.0 \times 10^{30} = 1.08 \times 10^{37}$、$G_v = 1.122\,7 \times 10^9$、$m_{vi} = 2.392\,9 \times 10^{-34}$，（SI 单位，计算过程略）得到陶子中微子数量 $n_v = 8.05 \times 10^{67}$ 个。半径取值 2 亿光年 $R = 1.89 \times 10^{24}\,\mathrm{m}$，得到球体体积为 $2.84 \times 10^{73}\,\mathrm{m^3}$，求得陶子中微子密度 $\rho = 1.84 \times 10^{-12}$（个/$\mathrm{m^3}$）。

　　对比室女座星系团的重子数量约为 7.174×10^{69}⑤，中微子黑洞所需的陶子中微子数量比前者小 8 个数量级，而约束的星系则比前者多许多。

　　结论：巨引源或者大引力子现象是中微子暗物质产生的引力效应。至于中微子黑洞存在与否，根据图 2 – 16、图 2 – 17 的数据显示，ESO 137 – 001 星系前端并没有 X 射线"尾流"存在，哪怕短得多的也没有。这表明中微子从一个方向流向巨引源向心，而没有流出。据此，中微子黑洞是存在的。

2.9　中微子质量的验证

　　笔者在原著中计算出中微子的三个质量：0.038 6eV、7.982eV、134.23eV，根据大亚湾反中微子数据，修正反中微子质量为：0.027 11eV/5.600 7eV、94.277eV。

---

　　① 大引力子. 百度百科，http：//baike. baidu. com/link？url＝50JhC1－79Mw4－ek62QycOt2hS82YGNv3xfEOPWC7ucBGl z5WR8OKw8BW4eFNRdJehn9O5XV3pTz － A6 2BV83kd7rTYu2T64f1sDCUveGv5wUGqkOil1m9dpfqNVS2yy.

　　② 欧阳森. 宇宙结构及力的根源. 香港：中国作家出版社，2010. 欧阳森. 白洞喷发与轻元素循环. 广州：暨南大学出版社，2011. 欧阳森. 建立宇宙密码字典，广州：暨南大学出版社，2013.

　　③ 式中 n_v、G_v、m_{vi} 是陶子中微子的数量、引力常数、质量，G、M_i 是牛顿引力常数、相当于重子质量的暗物质引力质量。

　　④ 欧阳森. 宇宙结构及力的根源. 香港：中国作家出版社，2010. 欧阳森. 白洞喷发与轻元素循环. 广州：暨南大学出版社，2011. 欧阳森. 建立宇宙密码字典，广州：暨南大学出版社，2013.

　　⑤ 欧阳森. 宇宙结构及力的根源. 香港：中国作家出版社，2010. 欧阳森. 白洞喷发与轻元素循环. 广州：暨南大学出版社，2011. 欧阳森. 建立宇宙密码字典. 广州：暨南大学出版社，2013.

　　下面的数据[①]是大亚湾反中微子数据发布之前，业界人士对 θ_{13} 的期待，但是大亚湾反中微子数据公布至今已经两年有余，研究者们并没有计算出中微子的质量，这又是为什么呢？

　　中微子振荡示意图显示：一个电子中微子具有三种质量本征态成分，传播一段距离后变成电子中微子、缪中微子、陶中微子的叠加。

　　中微子的混合规律由六个参数决定（另外还有两个与振荡无关的相位角），包括三个混合角 θ_{12}、θ_{23}、θ_{13}，两个质量平方差 Δm^2_{21}、Δm^2_{32}，以及一个电荷宇称相位角 δ_{cp}。通过大气中微子振荡测得了 θ_{23} 与 $|\Delta m^2_{32}|$，通过太阳中微子振荡测得了 θ_{12} 与 Δm^2_{21}。在混合矩阵中，只有下面的两个参数还没有被测量到：最小的混合角 θ_{13}、CP 破缺的相位角 δ_{cp}。目前测得的 θ_{13} 的实验上限是：$\sin^2 2\theta_{13} < 0.17$（在 $\Delta m^2_{31} = 2.5 \times 10^{-3} \text{eV}^2$ 下），由法国的 Chooz 反应堆中微子实验给出，见表 2-4。

表 2-4　三种中微子振荡的数据

大气中微子振荡	$|\Delta m^2_{32}| = 2.4 \times 10^{-3} \text{eV}^2$	$\sin^2 \theta_{23} = 1.0$
太阳中微子振荡	$|\Delta m^2_{21}| = 7.9 \times 10^{-5} \text{eV}^2$	$\tan^2 \theta_{12} = 0.4$
反应堆/长基线中微子振荡	δ_{cp} 未知	$\sin^2 2\theta_{13} < 0.17$

　　θ_{13} 的数值大小决定了未来中微子物理的发展方向。在轻子部分，所有 CP 破缺的物理效应都含有因子 θ_{13}，故 θ_{13} 的大小调控着 CP 对称性的破坏程度。如果它是如人们所预计的 $\sin^2 2\theta_{13}$ 等于 1% ~ 3% 的话，则中微子的电荷宇称（CP）相角可以通过长基线中微子实验来测量，宇宙中物质与反物质的不对称现象可能得以解释。如果它太小，则中微子的 CP 相角无法测量，目前用中微子来解释物质与反物质不对称的理论便无法证实。θ_{13} 接近于零也预示着新物理或一种新的对称性的存在。因此不论是测得 θ_{13}，或证明它极小（小于 0.01），对宇宙起源、粒子物理大统一理论以及未来中微子物理的发展方向等均有极为重要的意义。

　　θ_{13} 可以通过反应堆中微子实验或长基线加速器中微子实验来测量。在

---

　　① 大亚湾反应堆中微子实验简介. 高能所，http：//dayabay. ihep. ac. cn.

长基线中微子实验中，中微子振荡概率跟 θ_{13}、CP 相角、物质效应以及 Δm_{32}^2 的符号有关，仅由一个观测量实际上无法同时确定它们的大小。而反应堆中微子振荡只跟 θ_{13} 相关，可以干净地确定它的大小，实验的周期与造价也远小于长基线中微子实验。从 Reines 和 Cowan 第一次发现中微子到第一次在 KamLAND 观测到反应堆中微子振荡，在这 50 多年的历史中，反应堆中微子实验一直扮演着重要角色。特别是最近的 Palo Verde、CHOOZ 以及 KamLAND 几个实验的成功，给未来的反应堆中微子实验提供了很好的技术基础，使 θ_{13} 的精确测量成为可能。[1][2]

根据上述数据 $|\Delta m_{32}^2| = 2.4 \times 10^{-3} \text{eV}^2$、$|\Delta m_{21}^2| = 7.9 \times 10^{-5} \text{eV}^2$；结合中微子质量平方差的定义 $\Delta m_{32}^2 = m_3^2 - m_2^2$、$\Delta m_{21}^2 = m_2^2 - m_1^2$、$\Delta m_{31}^2 = m_3^2 - m_1^2$，得：$\Delta m_{31}^2 = m_{32}^2 - m_{21}^2 = 2.4 \times 10^{-3} \text{eV}^2 + 7.9 \times 10^{-5} \text{eV}^2 \approx 2.4 \times 10^{-3} \text{eV}^2$，该结果与 $\Delta m_{31}^2 = 2.32 \times 10^{-3} \text{eV}^2$ 数据[3]给出的相近。

现在问题就来了，有一个实验数据表明电子中微子的最小质量大于 $0.07 \pm 0.04 \text{eV}$。那么，三个中微子质量平方差如此地小，根据长基线实验测定中微子味变振荡概率公式[4] $P_{0 \to max} = \sin^2 (L/\lambda)$，$\lambda = E/\Delta (m_v)^2$，式中的 $\Delta (m_v)^2$ 是代际中微子质量平方差，也就是 Δm_{21}^2、Δm_{32}^2、Δm_{31}^2。而大亚湾反中微子能谱畸变峰值约为 3.4MeV，为计算方便，以 3MeV 测算味变振荡波长值为：

$\lambda_{13} = E/\Delta (m_v)^2 = 3 \times 10^6 \text{eV}/2.32 \times 10^{-3} \text{eV}^2 = 1.29 \times 10^9 \text{m}$，波长约 130 万千米，也就是说在大亚湾探测器的距离根本无法看到电子反中微子的振荡。

而根据笔者修正后的反中微子质量 0.027 11eV/5.600 7eV、94.277eV，

---

[1] P 是空间位置对称性，C 是电荷对称性，T 是时间对称性。根据亚夸克结构式，粒子从来就没有对称过，所以空间位置对称性是不存在的，小到一个光子、中微子、质子，大到一个膨胀小宇宙系统亦如此。时间矢量是由斥力决定的，时间是不可逆的，所以时间也是不对称的。则 CP、CPT 对称性也就不可能存在。至于引起不对称的原因是什么？会有许多，但并非研究者们描述的那样。如微波背景辐射存在 CPT 破缺迹象，这是膨胀小宇宙系统的斥力作用于微波光子的结果。而微波背景辐射中的旋涡则是星系团、巨引源等的引力作用于微波光子的结果，而非引力波的涟漪。

[2] 大亚湾反应堆中微子实验简介. 高能所，http：//dayabay. ihep. ac. cn.

[3] Improved Measurement of Electron Anti-neutrino Disappearance at Daya Bay. 高能所，http：//dayabay. ihep. ac. cn，2012 - 10 - 23.

[4] 焦善庆，刘红，龚自正，王蜀娟（西南交大物理所、国家天文台）. 中微子混合、振荡参数计算及物理机制分析. 江西师范大学学报，2004，28（2）.

得：$\Delta m_{31}^2 = m_3^2 - m_1^2 = 94.277^2 - 0.027\ 11^2 = 8\ 888.152\text{eV}^2$，味变振荡波长值约 $\lambda_{13} = E/\Delta(m_\nu)^2 = 3 \times 10^6\text{eV}/8\ 888.152\text{eV}^2 = 337.53\text{m}$，考虑能量在 $2 \sim 8\text{MeV}$ 之间，则波长在 $225.02 \sim 900.08\text{m}$ 之间，与探测器的布局吻合。

那么，现在探测到了电子反中微子的味变振荡信号，对与错也就一目了然了。

随后，研究者们改进了中微子平方差的描述[①]。

2012 年 3 月，利用 6 个探测器 55 天的数据，大亚湾中微子实验测量到了最后一个未知的中微子混合角 θ_{13}，发现它出乎意料地大，打开了未来中微子研究的大门。随后，利用 139 天的数据，得到了更准确可靠的 θ_{13} 测量结果。2012 年夏天，完成了全部 8 个中微子探测器的安装，并进行了大量的探测器能量刻度研究，因而可以更细致地研究中微子振荡随能量的变化关系。

三种中微子有三个质量平方差，其中两个是独立的。以前的太阳中微子实验和反应堆中微子实验测量了 Δm_{21}^2，即第二种中微子和第一种中微子质量平方的差。大气中微子实验和加速器中微子实验测量了 $|\Delta m_{\mu\mu}^2|$，它是 Δm_{32}^2 和 Δm_{31}^2 的组合。此次大亚湾实验测得了 $|\Delta m_{ee}^2|$，是 Δm_{32}^2 和 Δm_{31}^2 的另一种组合。这是首次对 $|\Delta m_{ee}^2|$ 的测量。

新的分析包括了 6 个探测器取数的全部数据，并加入了中微子振荡随能量的变化信息，结果为

$$\sin^2 2\theta_{13} = 0.090 \pm 0.009 、 |\Delta m_{ee}^2| = (2.59 \pm 0.20) \times 10^{-3}\text{eV}^2$$

……

$$|\Delta m_{32}^2| = (2.54^{+0.19}_{-0.20}) \times 10^{-3}\ \text{eV}^2 、 |\Delta m_{23}^2| = (2.64^{+0.19}_{-0.20}) \times 10^{-3}\text{eV}^2$$

$$|\Delta m_{\mu\mu}^2| = (2.41^{+0.09}_{-0.10}) \times 10^{-3}\ \text{eV}^2 、 \sin^2 \Delta_{ee} = \cos^2\theta_{12} \cdot \sin^2\Delta_{31} + \sin^2\theta_{12}\sin^2\Delta_{32}$$

---

① 首次公布了对中微子质量平方差的测量. 高能所，http://www.ihep.cas.cn/xwdt/gnxw/2013/201308/t20130822_3916761.html，2013 – 08 – 22.

式中 $\Delta_{ee} = \Delta m_{ee}^2 \dfrac{L}{4E}$、$\Delta_{31} = \Delta m_{31}^2 \dfrac{L}{4E}$、$\Delta_{32} = \Delta m_{32}^2 \dfrac{L}{4E}$ ①

大亚湾反中微子味变振荡数据示意图见图 2 - 18。

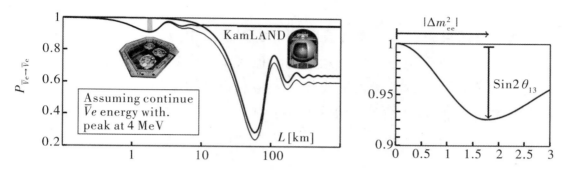

θ_{13} revealed by deficit of reactor antineutrinos at 0~2 km

图 2 - 18　大亚湾反中微子味变振荡数据示意图②

根据图 2 - 18，L 取值 1 800m、E 取值 4MeV，$L/4E = 1.125 \times 10^{-4}$。已知：

$\tan^2\theta_{12} = 0.4$③、$\sin^2 2\theta_{13} = 0.090 \pm 0.009$④，则有 $\theta_{12} = 32.311\,5°$、$\sin^2 2\theta_{12} = 0.816\,327$、$\cos^2 2\theta_{12} = 0.183\,674$；$\theta_{13} = 8.728\,8°$、$\cos^2 2\theta_{13} = 0.91$、$\cos^4 2\theta_{13} = 0.828\,1$。

根据反中微子质量⑤得：$\Delta m_{31}^2 = 8\,888.152\,\text{eV}^2$、$\Delta m_{32}^2 = 8\,856.784\,9\,\text{eV}^2$。代入下式得：

————————

①　首次公布了对中微子质量平方差的测量. 高能所，http://www.ihep.cas.cn/xwdt/gnxw/2013/201308/t20130822_3916761.html，2013 - 08 - 22.

②　首次公布了对中微子质量平方差的测量. 高能所，http://www.ihep.cas.cn/xwdt/gnxw/2013/201308/t20130822_3916761.html，2013 - 08 - 22.

③　大亚湾反应堆中微子实验简介. 高能所，http://dayabay.ihep.ac.cn.

④　首次公布了对中微子质量平方差的测量. 高能所，http://www.ihep.cas.cn/xwdt/gnxw/2013/201308/t20130822_3916761.html.

⑤　欧阳森. 宇宙结构及力的根源. 香港：中国作家出版社，2010. 欧阳森. 白洞喷发与轻元素循环. 广州：暨南大学出版社，2011. 欧阳森. 建立宇宙密码字典. 广州：暨南大学出版社，2013.

$$\sin^2 \Delta_{ee} = \cos^2 \theta_{12} \sin^2 \Delta_{31} + \sin^2 \theta_{12} \sin^2 \Delta_{32}$$，式中 $\Delta_{ee} = \Delta m_{ee}^2 \dfrac{L}{4E}$、$\Delta_{31} = \Delta m_{31}^2$

$\dfrac{L}{4E}$、$\Delta_{32} = \Delta m_{32}^2 \dfrac{L}{4E}$ ，$\sin^2 \Delta_{ee} = 3.027\,85 \times 10^{-4}$，解得：$\Delta_{ee} = \Delta m_{ee}^2 \dfrac{L}{4E} =$

$0.997\,038\,04$，$\Delta m_{ee}^2 = 8\,862.560\,355\,\mathrm{eV}^2$、$\Delta m_{ee} = 94.141\,17\,\mathrm{eV}$。

　　从计算结果来看似乎发现或者验证了陶子反中微子的质量，但笔者并不这样认为，似乎研究者们有意无意间掉入了一个数学陷阱中。笔者将两个反中微子质量平方差代入公式计算，随后得到一个与大值相近的值。而根据研究者们根据之前的数据[①] $|\Delta m_{32}^2| = 2.4 \times 10^{-3}\,\mathrm{eV}^2$、$|\Delta m_{21}^2| = 7.9 \times 10^{-5}\,\mathrm{eV}^2$ 可以得出：

$$\Delta m_{31}^2 = \Delta m_{32}^2 - \Delta m_{21}^2 = 2.4 \times 10^{-3}\,\mathrm{eV}^2 + 7.9 \times 10^{-5}\,\mathrm{eV}^2 \approx 2.4 \times 10^{-3}\,\mathrm{eV}^2$$

　　代入上式也会得到一个与 $2.4 \times 10^{-3}\,\mathrm{eV}^2$ 相近的值，这就是研究者们已经计算出来并发布的数据 $\Delta m_{ee}^2 = (2.59^{+0.19}_{-0.20}) \times 10^{-3}\,\mathrm{eV}^2$[②]。这也是为什么无法计算出中微子质量的原因之一。

　　其实，研究者们在计算、测算中微子质量时，犯了一个严重的错误，所以得出的结论也就错了。

　　这么说一定会有许多业内人士站出来反对，但是反对的人自己又算不出中微子质量，那么，你们又怎么知道笔者的两组正反中微子质量是错的呢？仅仅与你们的计算数据 $\Delta m_{ee}^2 = (2.59^{+0.19}_{-0.20}) \times 10^{-3}\,\mathrm{eV}^2$ 不符吗？

　　标准模型在测算中微子质量时，其前提性假设是三个中微子对应三个质量。而事实是三个中微子对应三个质量 $0.038\,6\,\mathrm{eV}$、$7.982\,\mathrm{eV}$、$134.23\,\mathrm{ev}$，三个反中微子对应三个质量 $0.027\,11\,\mathrm{eV}$、$5.600\,7\,\mathrm{eV}$、$94.277\,\mathrm{eV}$。核反应堆的反中微子有 3% 提前发生了振荡，表明[③]反中微子存在一个与电子相同或者相近的质量。最近的 NOvA 实验数据[④]表明 μ 子中微子也存在一个与 μ 子相同的质量（$105.66\,\mathrm{MeV}$）。分析结果如下：

①　大亚湾反应堆中微子实验简介. 高能所，http：//dayabay. ihep. ac. cn.
②　首次公布了对中微子质量平方差的测量. 高能所，http：//www. ihep. cas. cn/xwdt/gnxw/2013/201308/t20130822_3916761. html，2013 – 08 – 22.
③　欧阳森. 建立宇宙密码字典. 广州：暨南大学出版社，2013. 28.
④　Richard Battye. 第四种惰性中微子触手可及. 中国科学报，2014 – 05 – 04.

　　该试验在芝加哥附近的费米国家加速器实验室生成了一束中微子，然后将其发送至两个探测器——一个靠近费米实验室，一个在 800 公里外的明尼苏达灰河。一开始，所有的粒子都以 μ 中微子形式存在，但有极少数在到达遥远的探测器时已经变成了电子中微子，从而产生一种不同的特征径迹。这种情况发生的频率与电子中微子和 μ 子中微子质量间的差异有关。[1]

　　根据实验数据[2]和中微子味变振荡公式[3] $\lambda = E/\Delta\,(m_v)^2$，中微子能量 T2K < 1GeV，是 NOvA 的 0.8 倍[4]。

　　如果 μ 子中微子质量为 7.982eV、电子中微子质量为 0.038 6eV 时，其味变振荡波长 $\lambda_{21} = E/\Delta m_{21}^2 = 1 \times 10^9 eV/31.366\,3eV^2 = 3.188 \times 10^7 m \approx 31\,88 \times 10^4 km$。那么，位于 800km 的探测器是探测不到电子中微子的。如果三个中微子的质量之和仅仅为 0.32eV 的话，则波长值更大。那么，连大亚湾的探测器也会看不到电子反中微子的振荡。

　　Battye 及其合作者、英国诺丁汉大学的 Adam Moss 发现，如果已知 3 种中微子的质量加起来能达到约 0.32 电子伏特（误差不超过 0.081），那么人们今天可见的星团数量就能得到解释。此前的推测只是提示，这 3 种中微子质量的总和必须超过 0.06 电子伏特。[5]

　　如果 μ 子中微子质量为 105.66MeV、电子中微子质量为 0.511MeV 时，其味变振荡波长值极短，$\lambda_{21} = E/\Delta m_{21}^2 = 1 \times 10^9 eV/1.116\,4 \times 10^{16} eV^2 = 8.957 \times 10^{-8} m$。解释为产生的 μ 子中微子质量为 7.982eV，由于其 1GeV 的能量大于阈值（105.66MeV、0.511MeV），那么，质量为 7.982eV 的 μ 子中微子有可能向这两个质量值产生振荡，由于两个味变振荡波长值极小，所以具有这两个质量（105.66MeV、0.511MeV）的中微子会向三个

① Richard Battye. 第四种惰性中微子触手可及. 中国科学报，2014 - 05 - 04.
② Richard Battye. 第四种惰性中微子触手可及. 中国科学报，2014 - 05 - 04.
③ NOvA、T2K、T2K. 维基百科，http：//zh. wikipedia. org/.
④ NOvA、T2K、T2K. 维基百科，http：//zh. wikipedia. org/.
⑤ Richard Battye. 第四种惰性中微子触手可及. 科学网，http：//paper. sciencenet. cn//htmlpaper/2014541 3325995332166. shtm.

低质量（0.038 6eV、7.982eV、134.23eV）的中微子发生振荡。或者这两个质量的中微子在碰撞时就产生了。这样我们就会看到电子中微子了。T2K探测到了28个电子中微子事件①，而其中被剔除的5个事件才是笔者感兴趣的话题，它们是否会是这样的中微子 v_e（0.511MeV）、v_τ（134.23eV）、v_μ（105.66MeV）而被研究者们所忽略呢？至于正反中微子在5个质量之间如何振荡，只有实验数据可以回答，而不应该是标准模型的那套（反中微子同理）。

那么，大于1.8GeV能量的中微子就会在6个质量（0.038 6eV、7.982eV、134.23eV、0.511MeV、105.66MeV、1 780MeV）之间发生振荡，也就是说正反中微子存在另一组与电荷轻子相同或者相近的质量，而且也是不对称的，还是反向不对称！

重子数守恒、夸克禁闭、轻子数守恒、亚夸克禁闭，这是四个关联性的物理定律。而亚夸克禁闭是笔者发现的物理定律，其深层含义是粒子的亚夸克结构式是对粒子的最终描述②。而已经发现的12个正反轻子刚好填满了轻子的亚夸克结构式，所以实验发现的3%电子中微子提前发生振荡③和T2K探测到了28个电子中微子事件④不可能是新的中微子所为。那么，通过分析轻子的三力三体图⑤，你会发现正反中微子的三个亚夸克在某一个空间结构时，会与电荷轻子的结构一致，这样它们就会获得相同的质量⑥，正是基于这点，才能作出上述推论的，或许这就是译电员与电文分析员的区别吧。

通过上述分析发现标准模型仅仅认同正反6个中微子和3个质量，而事实是正反6个中微子对应12个质量，分为四组，而且是两两不对称，前者是正大于反的，后者是反大于正的。所以标准模型导出的结果就会出

---

① Richard Battye. 第四种惰性中微子触手可及. 科学网，http：//paper. sciencenet. cn//htmlpaper/2014541 3325995332166. shtm.

② 欧阳森. 宇宙结构及力的根源. 香港：中国作家出版社，2010. 欧阳森. 白洞喷发与轻元素循环. 广州：暨南大学出版社，2011. 欧阳森. 建立宇宙密码字典. 广州：暨南大学出版社，2013.

③ 欧阳森. 宇宙结构及力的根源. 香港：中国作家出版社，2010. 欧阳森. 白洞喷发与轻元素循环. 广州：暨南大学出版社，2011. 欧阳森. 建立宇宙密码字典. 广州：暨南大学出版社，2013.

④ Richard Battye. 第四种惰性中微子触手可及. 科学网，http：//paper. sciencenet. cn//htmlpaper/2014541 3325995332166. shtm.

⑤ 欧阳森. 宇宙结构及力的根源. 香港：中国作家出版社，2010. 欧阳森. 白洞喷发与轻元素循环. 广州：暨南大学出版社，2011. 欧阳森. 建立宇宙密码字典. 广州：暨南大学出版社，2013.

⑥ 欧阳森. 宇宙结构及力的根源. 香港：中国作家出版社，2010. 欧阳森. 白洞喷发与轻元素循环. 广州：暨南大学出版社，2011. 欧阳森. 建立宇宙密码字典. 广州：暨南大学出版社，2013.

现偏差，或许这就是其无法计算出中微子质量的原因所在。

笔者根据反中微子的三个质量（0.027 11 eV、5.600 7 eV、94.277 eV）[1] 和实验数据[2]得出下面的关系式：

$$\Delta m^2_{ee} = \Delta m^2_{32} \cos^2 2\theta_{23} - \Delta m^2_{31} \sin^2 2\theta_{13}$$

已知：$\Delta m^2_{ee} = (2.59^{+0.19}_{-0.20}) \times 10^{-3} \, eV^2$、$\sin^2 2\theta_{13} = 0.090 \pm 0.009$[3]；$\sin^2 2\theta_{23} = 1.0$[4]，$\theta_{23} = 45°$、$\cos^2 2\theta_{23} = 0$。

根据反中微子质量[5]得：$\Delta m^2_{31} = 8\,888.152 \, eV^2$、$\Delta m^2_{32} = 8\,856.784\,9 \, eV^2$。

上式移项为：$\cos^2 2\theta_{23} = \dfrac{\Delta m^2_{ee} + \Delta m^2_{31} \sin^2 2\theta_{13}}{\Delta m^2_{32}}$

代入已知条件得：

$$\cos^2 2\theta_{23} = \frac{\Delta m^2_{ee} + \Delta m^2_{31} \sin^2 2\theta_{13}}{\Delta m^2_{32}} = \frac{2.59 \times 10^{-3} + 8\,888.152 \times 0.090}{8\,856.784\,9} = 0.090\,319$$

解得：$\theta_{23} = 36.255°$，$\sin^2 2\theta_{23} = \sin^2 (2 \times 36.255) = 0.909\,68$；这与已知条件 $\sin^2 2\theta_{23} = 1.0$ 相差 9%，而 $\sin^2 2\theta_{13} = 0.090 \pm 0.009$ 给出的误差也是 10%。那么，是否表明反中微子的这组质量被验证了呢？还是又是一个数学陷阱呢？当然是陷阱了。

将已知条件代入前式右边，得出的值又远远大于 $\Delta m^2_{ee} = (2.59^{+0.19}_{-0.20}) \times 10^{-3} \, eV^2$。

$$\Delta m^2_{32} \cos^2 2\theta_{23} - \Delta m^2_{31} \sin^2 2\theta_{13} = 8\,856.784\,9 \times 0 - 8\,888.152 \times 0.090 = -799.933\,68$$

---

[1]　欧阳森. 宇宙结构及力的根源. 香港：中国作家出版社，2010. 欧阳森. 白洞喷发与轻元素循环. 广州：暨南大学出版社，2011. 欧阳森. 建立宇宙密码字典. 广州：暨南大学出版社，2013.

[2]　首次公布了对中微子质量平方差的测量. 高能所，http://www.ihep.cas.cn/xwdt/gnxw/2013/201308/t20130822_3916761.html，2013-08-22.

[3]　首次公布了对中微子质量平方差的测量. 高能所，http://www.ihep.cas.cn/xwdt/gnxw/2013/201308/t20130822_3916761.html，2013-08-22.

[4]　大亚湾反应堆中微子实验简介. 高能所，http://dayabay.ihep.ac.cn.

[5]　欧阳森. 宇宙结构及力的根源. 香港：中国作家出版社，2010. 欧阳森. 白洞喷发与轻元素循环. 广州：暨南大学出版社，2011. 欧阳森. 建立宇宙密码字典. 广州：暨南大学出版社，2013.

所以，笔者认为用三角函数描述中微子的味变振荡，不仅会有落入数学陷阱的危险，还会遇上拐点为零的无奈。

2.10 水星近日点进动、G 值测量中误差的成因

牛顿的加速度公式中的质量是惯性质量 m_i，表示为 $a = \dfrac{F}{m_i}$，式中的 F 是引力。因为宇宙仅存在三大力——引力、斥力、库仑力，磁力归入库仑力范围。而牛顿引力公式中的质量是引力质量 m_g，则有 $F = \dfrac{GM_g m_g}{r^2}$。

在 2.2.2 章节中已经定量地验证了徐宽定律的正确性，并修正了徐宽因子。在速度 $v < 0.2c$ 时，因子之间是近似相等的，表示为：$e^{\frac{v^2}{2c^2}} \approx 1 + \dfrac{v^2}{2c^2} \approx$ $\dfrac{1}{\sqrt{1 - \dfrac{v^2}{c^2}}}$，描述的是从静止质量到惯性质量部分。$e^{\frac{v^2}{c^2}} \approx 1 + \dfrac{v^2}{c^2}$ 描述的是从静止质量到惯性质量再到引力质量的全部。

将因子代入牛顿定律得：

$$a = \frac{GM_g m_g}{r^2 m_i} = \frac{GM_0 m_0 \left(1 + \dfrac{v^2}{c^2}\right)^2}{r^2 m_0 \left(1 + \dfrac{v^2}{2c^2}\right)} = \frac{GM_0}{r^2} e^{\frac{2v^2}{c^2} - \frac{v^2}{2c^2}} = \frac{GM_0}{r^2} e^{\frac{3v^2}{2c^2}} = \frac{GM_0}{r^2} e^{\frac{v^2}{2c^2}} \left(1 + \frac{v^2}{c^2}\right)$$

这与徐宽得出的结论是一致的，由此可以导出关系式 $\Delta\alpha = \dfrac{6\pi u}{Ac^2 (1 - \varepsilon^2)}$，代入水星数据算得 42.97″/百年，与观测值 43.11″ ± 0.45 秒/百年吻合[①]。［注：徐宽认为引力质量是 $m_g = m_0 e^{\frac{v^2}{2c^2}} \left(1 + \dfrac{v^2}{c^2}\right)$，在牛顿加速度公式中的质量 m 是引力质量 m_g，相约得出上式一样的结果。这表明用中子束法—瓶法实验数据修正后的徐宽因子是正确的。］

---

① 徐宽. 物理学的新发展——对爱因斯坦相对论的改正. 天津：天津科技翻译出版公司，2005.

　　这表明水星、行星的近日点进动每百年偏差是由行星公转速度引起的引力质量产生的结果，而非爱因斯坦认为的太阳自转产生的"引力拖拽效应"。自此徐宽定律与牛顿的引力定律、加速度定律建立了定量的联系，并得到了多个数据形成的逻辑链的验证。

　　狭义相对论的两大立论基石之一的等效原理不复存在，而验证广义相对论的水星近日点进动数据又是别样的解读［注："钟慢效应"、星光经过太阳边缘产生 1.75″ 的偏转、水星近日点进动是验证广义相对论的证据，爱因斯坦及其追随者们都是这样认为的。

　　其实星光在太阳边缘的偏转早就有人用牛顿的动能公式计算出结果，只是爱因斯坦认为光子的质量为零，其过程是错的。笔者已经导出光子有一个不为零的质量，其质能比为一个常数 $\eta_\gamma = 1.1126 \times 10^{-17}$①，则光速亦为常数。所以牛顿理论导出的结果是正确的。

　　"钟慢效应"验证了徐宽定律的存在，也验证了新的物理定律的存在——质量是引力约束的能量，斥力提供的空间②。以铯原子钟为例，运动的钟，其铯原子核比静止的大了 $m_0 \left(1 + \dfrac{v^2}{c^2}\right)$ 倍，那么原子核对其电子的引力也就大些，特定轨道电子迁移的能量也就小些，其辐射光子的能量也就小了。那么，以此频率计算，若干个定值为一秒的时候，这个一秒也就延长了，或者说是钟慢了。所以钟慢实验亦非验证广义相对论的类光测地线效应，爱因斯坦对时空的理解本身就是一个错误，对于后来者们就是一个陷阱。至于徐宽因子 $\left(1 + \dfrac{v^2}{c^2}\right)$ 是否对电子也产生了引力质量，唯有等待实验数据的验证。］，则相对论体系轰然坍塌了！这并不是说其没有发现物理定律，只是不应该凌驾于其他的物理定律之上。

徐宽定律解开了两个动能守恒定律之谜

　　相对论的动能守恒定律已经被许多粒子碰撞实验数据所验证，因此许多相对论的学者们想要取代经典理论，而牛顿动能守恒定律在现实生活中也同样被广泛地应用与证实。这正是业界所困惑的。

---

① 欧阳森. 宇宙结构及力的根源. 香港：中国作家出版社，2010.
② 欧阳森. 宇宙结构及力的根源. 香港：中国作家出版社，2010.

牛顿动能守恒定律：

$$\frac{1}{2}m_1v_1^2 + \frac{1}{2}m_2v_2^2 = \frac{1}{2}m_1v_3^2 + \frac{1}{2}m_2v_4^2$$

等式两边除以 c^2 得：

$$m_1\frac{v_1^2}{2c^2} + m_2\frac{v_2^2}{2c^2} = m_1\frac{v_3^2}{2c^2} + m_2\frac{v_4^2}{2c^2}$$

等式两边加下标相同的静止质量 m_{0j}（$j=1$，2，3，4），得：

$$m_{01} + m_1\frac{v_1^2}{2c^2} + m_{02} + m_2\frac{v_2^2}{2c^2} = m_{01} + m_1\frac{v_3^2}{2c^2} + m_{02} + m_2\frac{v_4^2}{2c^2}$$

在 $v \ll c$ 时，$m_{0j} \approx m_j$，则有：

$$m_{01}\left(1+\frac{v_1^2}{2c^2}\right) + m_{02}\left(1+\frac{v_2^2}{2c^2}\right) = m_{01}\left(1+\frac{v_3^2}{2c^2}\right) + m_{02}\left(1+\frac{v_4^2}{2c^2}\right)$$

从因子可以看出牛顿动能守恒公式中描述的质量是惯性质量减静止质量部分，表示为 $m_0\frac{v^2}{2c^2}$。上式表明碰撞前后的惯性质量 m_i 之和也是守恒的。其动能是惯性质量产生的质能部分，其也可以表示为：$m_0c^2\mathrm{e}^{\frac{v^2}{2c^2}} - m_0c^2$，等式两边乘以 c^2，则有：

$$m_{01}c^2 + \frac{1}{2}m_1v_1^2 + m_{02}c^2 + \frac{1}{2}m_2v_2^2 = m_{01}c^2 + \frac{1}{2}m_1v_3^2 + m_{02}c^2 + \frac{1}{2}m_2v_4^2$$

静止质能在碰撞前后没有产生变化，只是两物体/粒子的动能——惯性质能发生了改变，其前后之和相等。

相对论的动能守恒定律：

$$m_1 v_1^2 + m_2 v_2^2 = m_1 v_3^2 + m_2 v_4^2$$

等式两边除以 c^2 得：

$$m_1 \frac{v_1^2}{c^2} + m_2 \frac{v_2^2}{c^2} = m_1 \frac{v_3^2}{c^2} + m_2 \frac{v_4^2}{c^2}$$

等式两边加下标相同的静止质量 m_{0j}（$j = 1$，2，3，4），得：

$$m_{01} + m_1 \frac{v_1^2}{c^2} + m_{02} + m_2 \frac{v_2^2}{c^2} = m_{01} + m_1 \frac{v_3^2}{c^2} + m_{02} + m_2 \frac{v_4^2}{c^2}$$

在 $v \ll c$ 时，$m_{0j} \approx m_j$，则有：

$$m_{01} \left(1 + \frac{v_1^2}{c^2} \right) + m_{02} \left(1 + \frac{v_2^2}{c^2} \right) = m_{01} \left(1 + \frac{v_3^2}{c^2} \right) + m_{02} \left(1 + \frac{v_4^2}{c^2} \right)$$

从因子可以看出相对论的动能守恒公式中描述的质量是引力质量减静止质量部分，简称引力质量部分（包括惯性质量部分在内），表示为 $m_0 \frac{v^2}{c^2}$，上式表明碰撞前后的引力质量 m_g 之和也是守恒的。

等式两边乘以 c^2，则有：

$$m_{01} c^2 + m_{01} v_1^2 + m_{02} c^2 + m_{02} v_2^2 = m_{01} c^2 + m_{01} v_3^2 + m_{02} c^2 + m_{02} v_4^2$$

从上式可以看出，碰撞前后粒子的静止质能没有变化，变化的只是引力质能部分，但碰撞前后之和相等。如果是正负电子、正反质子碰撞，静止质量湮灭，则遵守能量守恒定律。

当 $v \to c$ 时，其引力质量产生的质能部分表示为：$m_0 v^2 = m_0 c^2 e^{\frac{v^2}{c^2}} - m_0 c^2$，其包括了惯性质能（动能）和引力质能（注：应该是粒子的自旋角动能约束的能量成为引力质量部分）两部分。而牛顿的动能定律描述的

是惯性质能部分 $\frac{1}{2}mv^2 = m_0c^2e^{\frac{v^2}{2c^2}} - m_0c^2$，这正是两者的差别所在。

上述分析表明粒子的能量分为三个独立的能量系统：静止质能、惯性质能（动能）、引力质能（包括动能和粒子的自旋角动能），所以应该各自表述。表示温度的平均动能应该归属哪一类？还是独立的？如引力质量是粒子自旋角动能产生的结果（详见 2.2 章节），对于能量大于 10^{20} eV 的粒子，业界该如何描述呢？

G 值误差成因

既然引力质量与惯性质量不相等（徐宽定律）已经被多个数据和定律所验证。在水星—太阳系统中，其是在动能—势能守恒中公转、自转运动，那么，水星近日点进动，是否可以认为是引力质量 $m_g = m_0\left(1 + \frac{v^2}{c^2}\right)$ 中的因子 $\frac{v^2}{c^2}$ 在其系统的动能—势能守恒中的动能扰动呢？根据动能守恒定律，这个因子是存在的。是否也存在因子 $\frac{v}{c}$ 的扰动呢？根据动量定律，这个扰动因子是存在的。

分析如下：

由于 $\left(1 + \frac{v^2}{c^2}\right) = \left[1^2 + \left(\frac{v}{c}\right)^2\right]$，根据数学公式 $(a+b)^2 = a^2 + 2ab + b^2$，则有：$(a+b)^2 - 2ab = a^2 + b^2$；得 $\left(1 + \frac{v^2}{c^2}\right) = \left[1^2 + \left(\frac{v}{c}\right)^2\right] = \left(1 + \frac{v}{c}\right)^2 - \frac{2v}{c}$。所以在引力质量、动能守恒定律的描述中是存在扰动因子 $\frac{v}{c}$ 的。

动量定律 $Ft = mv_2 - mv_1$ 反映了力对时间的累积效应，是力在时间上的积累。为矢量方程式，既有大小又有方向。[1]

动量守恒定律公式：$m_1v_1 + m_2v_2 = m_1v_1' + m_2v_2'$

等式两边除以 c 得：

---

[1]　百度百科.

$$m_1 \frac{v_1}{c} + m_2 \frac{v_2}{c} = m_1 \frac{v_1'}{c} + m_2 \frac{v_2'}{c}$$

上式两边都存在因子 $\frac{v}{c}$，表明动量守恒中有矢量扰动项存在，定义为动量守恒中的矢量扰动因子。

角动量公式 $J\omega$，转动惯量 $J = r_i \Delta m_i$，角速度 $\omega = \frac{2\pi r_i}{v_i}$，角加速度 β，力矩 $M = J\beta$。[1]

角动量公式：$J\omega = \frac{2\pi r_i^2 \Delta m_i}{v_i}$

移项得：$\frac{v_i}{2\pi} = \frac{r_i^2 \Delta m_i}{J\omega}$

等式两边除以 c 得：$\frac{v_i}{2\pi c} = \frac{r_i^2 \Delta m_i}{J\omega c}$

测算结果表明角动量公式中也存在矢量扰动项 $\frac{v_i}{2\pi c}$，只是多了 $\frac{1}{2\pi}$ 而已，命名为角动量守恒中的矢量扰动因子，简称角动量扰动因子。

为什么作出这些推测呢？大地 G 值测量中存在一个 100～600ppm 无法消除的误差[2]；随后各实验数据的精度提高了，在 2011 年 1 月之前，相对不确定度小于 50ppm 的六个实验数据中，最大（BIPM－01）和最小（JILA－10）的实验结果中心值的差别依然超过 480ppm，而且引起误差的

---

① 百度百科.

② Ⅰ. 张淼，施建国. 丁肇中公布最新研究成果显示暗物质可能存在. 科学网，http：// news. sciencenet. cn/htmlnews/2014/9/303800. shtm.

　Ⅱ. Electron and Positron Fluxes in Primary Cosmic Rays Measured with the Alpha Magnetic Spectrometer on the International Space Station. http：//journals. aps. org/prl/abstract/10. 1103/Phys. Rev. Lett. 113. 121102.

　Ⅲ. High Statistics Measurement of the Positron Fraction in Primary Cosmic Rays of 0. 5 － 500 GeV with the Alpha Magnetic Spectrometer on the International Space Station. http：//journals. aps. org/prl/abstract/10. 1103/PhysRev-Lett. 113. 121101.

成因一直不清楚①。

既然已经用徐宽理论破解了水星近日点进动的成因，为什么不可以测算一下引起 G 值误差的成因呢？

太阳—水星系统、日—地系统、月—地系统，都是动能—势能守恒系统，因为在有限的时间内，它们是闭合的运动轨迹。既然有动能守恒，也就有动量守恒、角动量守恒，那么也就有四个扰动（$\frac{v^2}{c^2}$、$\frac{v^2}{2\pi c^2}$、$\frac{v}{c}$、$\frac{v}{2\pi c}$）存在的可能，加上联级的角动量扰动，那就更多了。而前一种（引力质量因子）已经被水星近日点进动所证实，后三种还只是一个推测，但都与速度相关。

太阳绕银心公转的速度为 220km/s，太阳在星际某一方向有 20km/s 的速度，太阳与微波背景辐射速度为 370km/s；地球公转速度为 29.783km/s，自转（赤道）速度为 0.465 11km/s；月球公转速度为 1.022km/s。

太阳的公转速度、星际速度，对于太阳系的所有行星来说都存在这样的速度。对于地球来说亦是如此，则地球的公转、自转速度对 220km/s、20km/s 就会产生两个扰动项，而且有着各自的变化周期，由于地球公转速度也存在周期变动，这样也就复杂许多。月球是地球的卫星，也就有了地球的公转速度，则对太阳的两个速度值也存在相同的扰动，而月球的公转、自转速度又对其多产生两个扰动项。这样是否可以解释月球的 310 个不同周期的月行差呢？这个问题留给有兴趣的读者解决，此为后话。

"13 个振幅超过 100" 和 "46 个振幅在 1~100" 之间的经度月行差，有 "310 个不同周期的月行差"②。

G 取值 6.672，乘以四个扰动项（$\frac{v^2}{c^2}$、$\frac{v^2}{2\pi c^2}$、$\frac{v}{c}$、$\frac{v}{2\pi c}$）或者联级角动量扰动 $\frac{1}{2\pi}$，代入不同的速度值，测算误差的 ppm 值，以此发现其中的关系与差异。加速度取值 980Gal，与 G 值平行测算，$c = 2.997\ 9 \times 10^8 \text{m/s}$。列表如下：

---

① 涂良成等. 万有引力常数 G 的精确测量. 中国科学：物理学　力学　天文学，2011，41（6）：691~705.

② ［苏］J. 柯瓦列夫斯基. 天体力学引论. 黄坤仪译. 北京：科学出版社，1984.

表 2－5　太阳运动速度对应的各扰动值测算表

各项	太阳速度 220km/s	G 值扰动 ppm	A 加速度扰动 μGal
$\dfrac{v^2}{c^2}$	5.3853×10^{-7}	3.59ppm	527.76
太阳公转 $\dfrac{v^2}{2\pi c^2}$	8.5710×10^{-8}	0.57ppm	84.0
地球公转 $\dfrac{v^2}{(2\pi c)^2}$	1.3641×10^{-8}	0.091ppm	13.37
地球自转 $\dfrac{v^2}{(2\pi)^3 c^2}$ 或月球公转	2.1711×10^{-9}	0.014ppm	2.13
单摆、扭秤转动，月球自转 $\dfrac{v^2}{(2\pi)^4 c^2}$	3.4553×10^{-10}	0.0023ppm	0.34
$\dfrac{v}{c}$	7.3382×10^{-4}	4896.08ppm	0.719Gal
太阳公转 $\dfrac{v}{2\pi c}$	1.1679×10^{-4}	779.23ppm *	0.01145Gal
地球公转 $\dfrac{v}{4\pi^2 c}$	1.8588×10^{-5}	124.02ppm *	18216.24
地球自转 $\dfrac{v}{8\pi^3 c}$ 或月球公转	2.9584×10^{-6}	19.74ppm *	2899.23
单摆、扭秤转动，月球自转 $\dfrac{v}{16\pi^4 c}$	4.7084×10^{-7}	3.14ppm	461

表 2－6　地球公转速度对应的各扰动值测算表

各项	地球公转速度 29.783km/s	G 值扰动 ppm	A 加速度扰动 μGal
$\dfrac{v^2}{c^2}$	9.8691×10^{-9}	0.066ppm	9.67
地球公转 $\dfrac{v^2}{2\pi c^2}$	1.5707×10^{-9}	0.010ppm	1.54 *
地球自转 $\dfrac{v^2}{(2\pi)^2 c^2}$ 或月球公转	2.4999×10^{-10}	1.67ppb	0.245

（续上表）

各项	地球公转速度 29.783km/s	G 值扰动 ppm	A 加速度扰动 μGal
单摆、扭秤转动，月球自转 $\dfrac{v^2}{(2\pi)^3 c^2}$	3.9787×10^{-11}	0.2655ppb	0.039
$\dfrac{v}{c}$	9.9343×10^{-5}	662.82ppm*	0.0974Gal
地球公转 $\dfrac{v}{2\pi c}$	1.5811×10^{-5}	105.49ppm*	1549.48
地球自转 $\dfrac{v}{4\pi^2 c}$ 或月球公转	2.5164×10^{-6}	16.79ppm*	2466.07
单摆、扭秤转动，月球自转 $\dfrac{v}{8\pi^3 c}$	4.0050×10^{-7}	2.67ppm	392.49

表 2-7   地球自转速度对应的各扰动值测算表

地球自转速度 0.46511m/s 的 $\dfrac{v}{c}$	1.5515×10^{-6}	10.35ppm	1520.05
地球自转 $\dfrac{v}{2\pi c}$	2.4692×10^{-7}	1.65ppm	241.98*
单摆、扭秤转动，月球自转 $\dfrac{v}{4\pi^2 c}$	3.9299×10^{-8}	0.26ppm	38.51

三个表中带 * 的数字与 G 值扰动、加速度值扰动相近，或许也相关联。

地球公转速度 29.783km/s 对应的扰动因子 $\dfrac{v^2}{2\pi c^2}$ 对加速度值产生一个 1.54μGal 的扰动，而在文献中多个剩余重力值曲线都存在一个 ±2μGal 波动①。这是否与其相关呢？还是与太阳运动速度 220km/s，太阳公转、地

---

① 文武等. 利用 2009 年日全食的精细重力观测探寻"引力异常". 地球物理学报，2013，56（3）.

球公转及自转的因子 $\dfrac{v}{4\pi^2 c}$ 产生的 $2.13\mu\text{Gal}$ 扰动相关？

在文献中，日全食当天的潮汐力曲线中，正午的峰值约为 $-180\mu\text{Gal}$，而夜晚的峰值仅为 $100\mu\text{Gal}$[①]。绝对值相差 $80\mu\text{Gal}$，而此时的太阳、月球、地球在近乎一条直线上，且太阳、月球在同一侧，也就是说太阳、月球仅仅产生 $100\mu\text{Gal}$ 的潮汐力贡献，而夜晚的 $100\mu\text{Gal}$ 峰值如果是太阳、月球潮汐力产生的，则 $80\mu\text{Gal}$ 差值是被地球公转、自转的角动量给平衡掉了。那么，这是否与 $84.0\mu\text{Gal}$、$241.98\mu\text{Gal}$ 的扰动相关呢？前者是太阳公转的扰动，如果这个扰动不存在，就是地球公转的扰动产生的，属于动能守恒中的引力扰动。后者是地球自转速度的动量守恒中的角动量扰动。

在文献中 6 个小于 50ppm 的测量 G 值，其最大（BIPM－01）和最小（JILA－10）的实验结果中心值的差超过 480ppm[②]。这是否是太阳运动速度 220km/s 的两个角动量矢量（注：太阳公转、地球公转。如果没有太阳公转角动量的扰动存在，则是地球公转、自转）扰动 $\dfrac{v}{4\pi^2 c}$ 产生的 124.02ppm 和地球公转速度 29.783km/s 的公转角动量扰动 $\dfrac{v}{2\pi c}$ 产生的 105.49ppm 叠加产生的扰动呢？因为正负差值约为 480ppm。或者是与 $241.98\mu\text{Gal}$ 的扰动相关呢？

在文献中 6 个小于 50ppm 的测量 G 值是 14ppm（UWash－00）、40ppm（BIPM－01）、40ppm（MSL－03）、18ppm（UZur－06）、26ppm（HUST－09）、21ppm（JILA－10）[③]。这是否与地球自转速度 $0.465\,11\text{m/s}$ 的动量扰动 $\dfrac{v}{c}$ 产生的 10.35ppm 相关？或者与地球公转速度 29.783km/s 的二次角动量扰动 $\dfrac{v}{4\pi^2 c}$（地球公转、自转）产生的 16.79ppm 相关？或者与太阳运动速度 220km/s 的三次角动量扰动 $\dfrac{v}{8\pi^3 c}$ 产生的 19.74ppm 相关呢？

大地 G 值测量（地球物理学方法）存在一个 600ppm 的无法消除的误差，又是否与地球公转速度 29.783km/s 的动量扰动 $\dfrac{v}{c}$ 产生的 662.82ppm

———————————

① 文武等. 利用 2009 年日全食的精细重力观测探寻"引力异常". 地球物理学报，2013，56（3）.

② 涂良成等. 万有引力常数 G 的精确测量，中国科学：物理学　力学　天文学，2011，41（6）.

③ 涂良成等. 万有引力常数 G 的精确测量，中国科学：物理学　力学　天文学，2011，41（6）.

相关呢？

　　要验证其存在，做一个实验就可以了。将扭秤周期法中的两个引力物体去掉一个，如果 G 值测量误差恢复到 600ppm 水平，则表明大地 G 值 600ppm 的误差是由地球公转速度的动量守恒中动量扰动因子 $\frac{v}{c}$ 产生的结果。虽然两个大的引力质量可以屏蔽掉动量守恒中的矢量扰动 $\frac{v}{c}$，但是其难以屏蔽掉数个角动量（$\frac{v}{2\pi c}$、$\frac{v}{4\pi^2 c}$、$\frac{v}{8\pi^3 c}$）的矢量扰动，这就是为什么实验结果中心值的差超过 480ppm 的成因，也是 6 个小于 50ppm 的 G 值误差的成因。这是对 G 值误差成因定性的结论。

　　为什么这么肯定这个实验结果呢？因为大地 G 值测量只测一个引力质量物体如大山[①]，而一个引力质量的扭秤法等同大地 G 值测量，而大地 G 值测量又其实存在 100～600ppm 的误差。加上对水星近日点进动的精确计算结果和上述物理定律导出因子的支持，还有就是业界对 G 值误差的成因没有定性的结论，更不要说月球的 310 个周期的月行差（进动）的成因了。所以不如做实验看看结果如何再说。

　　实验：在同一个测点上用相同的仪器测量 G 值的周期性，30 分钟一个测点，看看 G 值的波动如何。可以参考 310 个月行差周期的数据，从中发现一些规律。

　　这个实验或许要坚持做十多年才会有结果。

2.11　AMS2 数据中正电子超的物理机制

　　2014 年 9 月 18 日丁肇中公布阿尔法磁谱仪项目最新研究成果，进一步显示宇宙线中过量的正电子可能来自暗物质。[②]

---

　　① 涂良成等. 万有引力常数 G 的精确测量，中国科学：物理学　力学　天文学，2011，41（6）.

　　② Ⅰ. 张淼，施建国. 丁肇中公布最新研究成果显示暗物质可能存在. 科学网，http：// news. sciencenet. cn/htmlnews/2014/9/303800. shtm.

　　　Ⅱ. Electron and Positron Fluxes in Primary Cosmic Rays Measured with the Alpha Magnetic Spectrometer on the International Space Station. http：//journals. aps. org/prl/abstract/10. 1103/Phys. Rev. Lett. 113. 121102.

　　　Ⅲ. High Statistics Measurement of the Positron Fraction in Primary Cosmic Rays of 0. 5 - 500 GeV with the Alpha Magnetic Spectrometer on the International Space Station. http：//journals. aps. org/prl/abstract/10. 1103/PhysRev-Lett. 113. 121101.

　　笔者可以验证丁肇中的这个推测是对的，但不是用标准模型，而是用密钥理论。因为前者无法确认暗物质是引力粒子——中微子，也无法计算/测算出中微子的质量，也不知道为什么黑洞可以反转[①]。

　　银河系巨泡数据[②]表明伽马射线的能谱在 1GeV 到 100GeV 之间是一个相对平滑的桥——平顶峰（亮度或者光子流强变化不大）；高能伽马射线存在味变振荡现象，从桥的上下宽度来看是这样。如果其是高能电子在磁场中产生的辐射，在约 0.1GeV 到 1GeV 之间就不可能是一个陡峭的曲线，而应该是一个幂律谱的下滑曲线。

　　黑洞反转——白洞喷发，其喷发的是高能中子，或者准确地说是高能电荷中性的重子，其能量为 1GeV 到 100GeV 之间的数倍或者十数倍不等。白洞喷发的高能中子衰变为质子、电子和反中微子。后两者带走了高能中子的几乎全部能量，均分或者像 β^- 衰变那样分配能量。白洞喷发的高能中子流强是一个定值或者变化不大时，高能电子的流强则与高能中子流强一致。

　　电子、中微子是引力粒子[③]，它们在 2.5 万光年半径的空间尺度中有可能在速度矢量一致时纠缠在一起。中微子的来源是恒星产生的，在银河系尺度就会形成一个暗物质荤，但是能量不会太大，约为恒星核聚变反应产生的中微子能量，也就是十数 MeV 数量级。

　　高能电子—中微子纠缠后，分开时或许释放两个伽马射线光子，又或许释放一个中间玻色子 Z^{01}（$\frac{e^-}{e^+}$）、Z^{02}（$\frac{\nu}{\nu}$）。如果四个轻子/光子均分了纠缠时的高能电子能量，伽马射线光子的能谱曲线就会是一个桥状的平顶峰，并在能谱 1GeV 到 100GeV 之间形成。此时对应的高能电子能谱在 4GeV 到 400GeV 之间。

　　由于"常进超"的电子能谱在 300GeV 到 800GeV 之间出现[④]，而美国宾夕法尼亚州大学的 Stephane Coutu 教授认为，ATIC 结果和 Pamela 结果完全吻合，两个探测器都指出了在 100～800GeV 之间还不被人了解的

---

　　① 欧阳森. 宇宙结构及力的根源. 香港：中国作家出版社，2010. 欧阳森. 白洞喷发与轻元素循环. 广州：暨南大学出版社，2011. 欧阳森. 建立宇宙密码字典. 广州：暨南大学出版社，2013.

　　② 黑洞喷射能量形成银河系中心两巨型气泡. 中国天文科普网，http：//www. astron. ac. cn，2010－11－16.

　　③ 欧阳森. 宇宙结构及力的根源. 香港：中国作家出版社，2010. 欧阳森. 白洞喷发与轻元素循环. 广州：暨南大学出版社，2011. 欧阳森. 建立宇宙密码字典. 广州：暨南大学出版社，2013.

　　④ 宇宙电子在 3 000 亿～8 000 亿电子伏特能量区间发现"超". 紫台通讯，http：//www. pmo. ac. cn.

"物理"①。所以这两个数据验证了白洞喷发（黑洞反转）的存在，是白洞喷发的高能中子衰变为高能电子的过程，这就是"还不被人了解的'物理'"②。结合银河系中心区域附近涌出大量的氢气体云数据③，可以验证和确认轻元素循环在星系中已经完成。而白洞喷发与轻元素循环是宇宙存在的四大基石中的两个④。

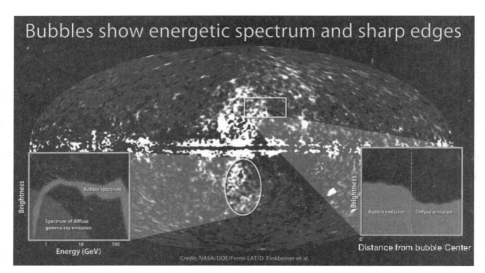

图 2 - 19   银河系巨泡的伽马射线能谱曲线⑤

如果以"电子超"数据 100～800GeV 之间的能量被四个轻子/光子均分的话，伽马射线光子、电子、正电子的能量在 25～200GeV 之间。

这样小于 25GeV 能量的光子是如何产生的呢？100GeV 到 200GeV 的光子又是如何消失的呢？如果是 25～200GeV 能级的电子再纠缠一次，则有 6.25～50GeV 能量的光子、电子、正电子产生。再纠缠一次，则有 1.56～12.5GeV 能量的光子、电子、正电子产生。再纠缠一次，则有

① 紫金山天文台宇宙高能电子观测新发现在学界引起热议. 中国科学院网，http://www.cas.cn/xw/yxdt/200811/t20081125_987062，2008 - 11 - 25.

② 欧阳森. 宇宙结构及力的根源. 香港：中国作家出版社，2010. 欧阳森. 白洞喷发与轻元素循环. 广州：暨南大学出版社，2011. 欧阳森. 建立宇宙密码字典. 广州：暨南大学出版社，2013.

③ 银河系. 百度百科，http://baike.baidu.com/link? url = 8tdlphahWQ72b6oQVrBcjRTgVyA7XVroKLNHN8OVfSg9nco18JjS2fmNUEjLZKDp9iFLzdhmoGG7dbVcek.

④ 近代物理所科研人员研究了类粲偶素 X（3915）并提出了一种新的产生机制. http://www.impcas.ac.cn/xwzx/kyjz/201402/t20140220_4034808.html，2014 - 02 - 20.

⑤ 黑洞喷射能量形成银河系中心两巨型气泡（组图）. 中国天文科普网，http://www.astron.ac.cn，2010 - 11 - 16.

0.39～3.125GeV能量的光子、电子、正电子产生。在这四次降级的纠缠中，是否与桥的能谱分段相关呢？

在进行分析、探讨时，必须解决一个问题——白洞喷发的高能中子的能量是多少。如果是电子、反中微子带走了高能中子的几乎全部能量并均分的话，则高能中子的能量在200～1600GeV之间。能量相差8倍，是什么原因引起的？根据质量是引力约束的能量，斥力提供的空间[①]，将黑洞视为一个巨大的电中性的原子核的话，其引力势能是一个定值，则斥力势能也是一个定值。就像β⁻衰变那样，每一种原子核都是损失一个定值的能量。那么，白洞喷发的高能中子能量就是900GeV的一个定值，电子、反中微子带走的则有900GeV的能量。如果可以探测到高能反中微子能谱的话，反中微子也会存在一个与"电子超"相同的能谱曲线。

阿尔法磁谱仪观察到的410亿个宇宙线事件中，约有1000万个是电子或正电子。从8吉电子伏特（1吉等于10亿）的能量开始，正电子占电子与正电子总数的比例快速增加，在275吉电子伏特左右停止增长。比例上升的过程较为均衡，没有明显峰值。此外，正电子似乎来源于宇宙空间的各个方向，而不是某个特定方向。……特别是在20吉到200吉电子伏特间，正电子通量随能量变化的速率高于电子通量。[②]

数据表明，正电子从8GeV开始到275GeV快速增加，随后停止了增长[①]。对应高能电子—中微子一次纠缠态的电子能级为24～1100GeV之间。似乎电子超的100GeV能量电子进行了两次纠缠才达到了产生8GeV正电子的水平。而电子超的800GeV对应200GeV正电子产生似乎只进行了一次与暗物质粒子的纠缠。对于200～275GeV的正电子，用电子超数据无法解释。所以其来源另有原因，如宇宙线的贡献等。

---

① 欧阳森. 宇宙结构及力的根源. 香港：中国作家出版社，2010. 欧阳森. 白洞喷发与轻元素循环. 广州：暨南大学出版社，2011. 欧阳森. 建立宇宙密码字典. 广州：暨南大学出版社，2013.

② Ⅰ. 张森，施建国. 丁肇中公布最新研究成果显示暗物质可能存在. 科学网，http：//news. sciencenet. cn/htmlnews/2014/9/303800. shtm.

Ⅱ. Electron and Positron Fluxes in Primary Cosmic Rays Measured with the Alpha Magnetic Spectrometer on the International Space Station. http：//journals. aps. org/prl/abstract/10.1103/Phys. Rev. Lett. 113.121102.

Ⅲ. High Statistics Measurement of the Positron Fraction in Primary Cosmic Rays of 0.5 - 500 GeV with the Alpha Magnetic Spectrometer on the International Space Station. http：//journals. aps. org/prl/abstract/10.1103/PhysRevLett. 113.121101.

数据表明，正电子"特别是在 20 吉到 200 吉电子伏特间，正电子通量随能量变化的速率高于电子通量"[①]。刚好对应电子超的 100 ~ 800GeV 数据[②]，而大多数高能电子只与暗物质粒子进行了一次纠缠就可以达到上述能级水平，少部分进行了两次纠缠。所以高能正电子（8 ~ 200GeV）的产生，来自于白洞喷发的高能中子，其衰变产生了高能电子（100 ~ 800GeV），其后高能电子与引力粒子中微子—暗物质进行引力纠缠（可以是一次纠缠、二次纠缠等），释放能量后分离［双光子、粒子对能：正负电子对、Z^{01}（$\frac{e^-}{e^+}$）、Z^{02}（$\frac{\nu}{\nu}$）］。

对于伽马射线光子中，为什么没有 100 ~ 200GeV 的桥能谱存在呢？解释为：高能电子—中微子纠缠的能量在 400 ~ 800GeV 时，其损失能量的方式发生变化，以损失粒子对能量的 Z^{01}（$\frac{e^-}{e^+}$）、Z^{02}（$\frac{\nu}{\nu v}$）为主，然后纠缠态分离。如果中间玻色子在 125 ~ 550GeV 之间还存在多组共振态的话，则 200 ~ 275GeV 的正电子就会有一个合理的解释。（注：理论上中间玻色子的亚夸克结构式与介子的可以进行对比，它们在亚夸克种类、数量上是一样的，只是排列的结构式存在差异。所以介子的数量应该与中间玻色子的一样多。）

如果超高能共振态 Z^{01}（$\frac{e^-}{e^+}$）的质量/能量是 275GeV × 2 = 550GeV 的话，大于 550GeV 的电子—中微子纠缠态，首先释放一个 Z^{01}（550GeV）的玻色子，剩余能量被电子、中微子均分带走，所以大于 100GeV 的光子开始以陡峭的能谱曲线消失（详见图 2 - 19）。而 Z^{01}（550GeV）直接衰变为电子、正电子。则正电子的能量就是 275GeV。如果在该值之下还存在一系列共振态，则 200 ~ 275GeV 的正电子也就有了一个合理的解释。

① Ⅰ. 张森，施建国. 丁肇中公布最新研究成果显示暗物质可能存在. 科学网，http：//news. sciencenet. cn/htmlnews/2014/9/303800. shtm.

Ⅱ. Electron and Positron Fluxes in Primary Cosmic Rays Measured with the Alpha Magnetic Spectrometer on the International Space Station. http：//journals. aps. org/prl/abstract/10. 1103/Phys. Rev. Lett. 113. 121102.

Ⅲ. High Statistics Measurement of the Positron Fraction in Primary Cosmic Rays of 0. 5 - 500 GeV with the Alpha Magnetic Spectrometer on the International Space Station. http：//journals. aps. org/prl/abstract/10. 1103/PhysRevLett. 113. 121101.

② 紫金山天文台宇宙高能电子观测新发现在学界引起热议. 中国科学院网站，http：//www. cas. cn/xw/yxdt/200811/t20081125_987062，2008 - 11 -25.

　　"此外，正电子似乎来源于宇宙空间的各个方向，而不是某个特定方向。"[①] 既然释放伽马射线光子的纠缠态可以在 2.5 万光年直径[②]中飞舞，为什么释放中间玻色子、电子—正电子的纠缠态不可以在银河系的暗物质荤中飞舞呢？这样看到的正电子就似乎来源于宇宙空间的各个方向，而且电子—中微子纠缠态在离开银心时会损失动能，即使带有电荷也不会产生光辐射。返回时是一次损失一个中间玻色子的能量。

---

　　① Ⅰ. 张森，施建国. 丁肇中公布最新研究成果显示暗物质可能存在. 科学网，http：//news. sciencenet. cn/htmlnews/2014/9/303800. shtm.

　　Ⅱ. Electron and Positron Fluxes in Primary Cosmic Rays Measured with the Alpha Magnetic Spectrometer on the International Space Station. http：//journals. aps. org/prl/abstract/10. 1103/Phys. Rev. Lett. 113. 121102.

　　Ⅲ. High Statistics Measurement of the Positron Fraction in Primary Cosmic Rays of 0. 5 – 500 GeV with the Alpha Magnetic Spectrometer on the International Space Station. http：//journals. aps. org/prl/abstract/10. 1103/PhysRevLett. 113. 121101.

　　② 黑洞喷射能量形成银河系中心两巨型气泡（组图）. 中国天文科普网，http：//www. astron. ac. cn，2010 – 11 – 16.

3 不对称是宇宙永恒的存在

　　1957 年杨振宁和李政道一起获得诺贝尔物理学奖，吴健雄的钴 – 60 核极化实验，支持其宇称不守恒定律存在[1]。果真如此吗？

　　粒子不对称是宇宙永恒的一种存在，对称是研究者为了方便起见做的一个前提性假设而已[2]。这是根据重子的夸克结构式、亚夸克结构式、轻子的亚夸克结构式、亚夸克量子数表、味变振荡的四条通道[3]及四条通道对应的三组 15 个味变振荡质量得出的结论。

　　笔者曾指出，宇称是不存在的，已经考虑到他们当时并不知道夸克的存在、亚夸克的存在、冯—焦蓝场的存在和约束着中间玻色子的事实。

　　既然说到了对称性，除了雪花、晶体的对称性是几何图形的对称外，作为一名物理学家，应该告诉大家，还有粒子的自旋角动量矢量（J）和粒子的自旋磁场矢量（磁矩 H）；质子带一个正电荷，由 uud 三个夸克组成，各夸克的电荷为（$+\frac{2}{3}$，$+\frac{2}{3}$，$-\frac{1}{3}$）。左旋的质子（$J_L\uparrow$），根据右

---

① 百度百科.
② 欧阳森. 宇宙结构及力的根源. 香港：中国作家出版社，2010.
③ 焦善庆，蓝其开. 亚夸克理论. 重庆：重庆出版社，1996.

手螺旋定则[①②]，其磁矩 $H_L\downarrow$ 与自旋角动量 $J_L\uparrow$ 是反方向的，表示为 $J_L\uparrow$ $H_L\downarrow$。而质子的镜像是右旋角动量 $J_R\uparrow$ 的，根据右手螺旋定则，其磁矩 $H_R\uparrow$ 与自旋角动量 $J_R\uparrow$ 是同方向的，表示为 $J_R\uparrow H_R\uparrow$。也就是说质子的镜像是不存在的。由质子、中子组成的钴 – 60 原子核也就不存在镜像对称性，而宇称指的就是镜像对称性。

宇称不守恒定律是指在弱相互作用中，互为镜像的物质的运动不对称。由吴健雄用钴 – 60 验证。科学界在 1956 年前一直认为宇称守恒，也就是说一个粒子的镜像与其本身性质完全相同。……在微观世界里，基本粒子有三个基本的对称方式：一个是粒子和反粒子互相对称，即对于粒子和反粒子，定律是相同的，这被称为电荷（C）对称；一个是空间反射对称，即同一种粒子之间互为镜像，它们的运动规律是相同的，这叫宇称（P）；一个是时间反演对称，即如果我们颠倒粒子的运动方向，粒子的运动是相同的，这被称为时间（T）对称。[③]

既然宇称都不存在，何谈宇称守恒与不守恒呢？

根据介子的亚夸克结构式，介子没有反粒子[④]。所以正反 K 介子、正反 B 介子的实验数据，给出的是不同介子的衰变时间数据，而非正反介子衰变的时间不对称。而它们衰变的时间不同，是不对称通道之间的质量味变振荡波长值所致，即使核子的不对称性也是如此[⑤⑥⑦⑧]。

电子与正电子，仅考虑电荷 C、宇称 P、角动量 J 和磁矩 H 的话，两者确实存在镜像。如左旋角动量的电子 $J_L\uparrow$ 与磁矩 $H_L\uparrow$ 同方向；而镜像的正电子角动量是右旋的 $J_R\uparrow$，其产生的磁矩 $H_R\uparrow$ 也是同方向。但是考虑到电子是引力粒子，正电子是斥力粒子，引入引力矢量（指向粒子中

———————————

① 右手螺旋定则（即安倍定则）：用右手握螺线管，让四指弯向与螺线管的电流方向相同，大拇指所指的那一端就是通电螺线管产生的磁场的 N 极。直线电流的磁场的话，大拇指指向电流方向，另外四指弯曲指的方向为磁感应线的方向（磁场方向或是小磁场针北极所指方向或是小磁针受力方向）。

② 百度百科.

③ 百度百科.

④ 欧阳森. 宇宙结构及力的根源. 香港：中国作家出版社，2010.

⑤ 欧阳森. 宇宙结构及力的根源. 香港：中国作家出版社，2010.

⑥ 欧阳森. 白洞喷发与轻元素循环. 广州：暨南大学出版社，2011.

⑦ 欧阳森. 建立宇宙密码字典. 广州：暨南大学出版社，2013.

⑧ 欧阳森. 物理学研究中的陷阱：论现代物理学的错误所在. 广州：暨南大学出版社，2015.

心）、斥力矢量（从粒子中心向外指），则它们还是不存在宇称，也就是不存在镜像对称性。［注：电子的亚夸克结构式 e^-（q_2gg），其电荷（$-\frac{1}{3}$，$-\frac{1}{3}$，$-\frac{1}{3}$）；正电子的亚夸克结构式 e^+（$\overline{q_2}\overline{gg}$），其电荷（$+\frac{1}{3}$，$+\frac{1}{3}$，$+\frac{1}{3}$）］

所以说粒子的不对称是宇宙永恒的一种存在，并且是一个物理定律。而对称性是研究者为了方便起见，有前提条件的假设而已。它并不是物理定律，而是一种研究方法。

3.1　粒子镜像对称性的亚夸克结构不存在

质子的亚夸克结构式和冯—焦蓝场约束的中间玻色子：

$$
p\ [\ q_1q_1q_2,\ \ 3d,\ \ 3g\ (\ \frac{e^-\ [\ q_2gg]}{e^+\ [\ \overline{q_2}\overline{gg}]}\ )]\ \leftrightarrow\ p\ [\ q_1q_2q_23d,\ \ 3g
$$

$$
(\frac{v_e\ (\ q_1gg)}{e^+\ (\ \overline{q_2}\overline{gg})})]
$$

从等式左边看，质子的左旋角动量为 $J_L\uparrow$，自旋磁矩贡献来自于夸克 uud 的电荷（$+\frac{2}{3}$，$+\frac{2}{3}$，$-\frac{1}{3}$）为 $+1$，根据右手螺旋定则，其磁矩 $H_L\downarrow$ 与角动量 $J_L\uparrow$ 反方向；中间玻色子左旋时 Z^{01}（$\frac{e^-\ [\ q_2gg]}{e^+\ [\ \overline{q_2}\overline{gg}]}$），正反电子产生的磁矩相互抵消（右旋亦是如此）。而质子镜像为右旋质子 $J_R\uparrow$，其磁矩 $H_R\uparrow$，两者同方向。所以该质子结构不存在镜像对称，也就是说宇称不存在。

从等式右边看，质子应该保持左旋角动量为 $J_L\uparrow$（注：因为质子在做位置置换味变振荡，所以其振荡前后的角动量是一致的），自旋磁矩贡献来自于夸克 udd 的电荷（$+\frac{2}{3}$，$-\frac{1}{3}$，$-\frac{1}{3}$）为 0，由于电流为零，其对磁矩贡献极弱，可以忽略；其约束的中间玻色子 W^+（$\frac{v_e\ [\ q_1gg]}{e^+\ [\ \overline{q_2}\overline{gg}]}$）也是左旋，对磁矩的贡献来自于正电子（$+\frac{1}{3}$，$+\frac{1}{3}$，$+\frac{1}{3}$）的电荷 $+1$，根据右手螺旋定则，其磁矩 $H_L\uparrow$ 与角动量 $J_L\downarrow$，方向相反。而其镜像为质子 $J_R\uparrow$，其磁矩 $H_R\uparrow$，两者方向相同。所以该质子结构也不存在镜像对称，也就是说宇称不存在。

结论：质子的镜像对称性不存在，也就是说没有宇称。

中子的亚夸克结构式和冯—焦蓝场约束的中间玻色子：

$$\text{n}\ \left[\ \text{q}_1\text{q}_2\text{q}_2,\ \ 3\text{d},\ \ 3\text{g}\ \left(\frac{v_e\ [\ \text{q}_1\text{gg}\ ]}{\overline{v}_e\ [\ \overline{\text{q}_1\text{gg}}\ ]}\right)\right]\ \leftrightarrow\ \text{n}\ \left[\ \text{q}_1\text{q}_1\text{q}_2\,3\text{d},\ \ 3\text{g}\right.$$

$$\left.\left(\frac{\text{e}^-\ (\ \text{q}_2\text{gg}\ )}{\overline{v}_e\ (\ \overline{\text{q}_1\text{g}\,\overline{g}}\ )}\right)\right]$$

从等式左边看，中子的左旋角动量为 $J_L\uparrow$，自旋磁矩贡献来自于夸克 udd 的电荷（$+\frac{2}{3}$，$-\frac{1}{3}$，$-\frac{1}{3}$）为 0，由于电流为零，其对磁矩的贡献也趋于零；其约束的中间玻色子为 Z^{02}（$\frac{v_e\ [\ \text{q}_1\text{gg}\ ]}{\overline{v}_e\ [\ \overline{\text{q}_1\text{g}\,\overline{g}}\ ]}$），正反中微子的电荷也为零，由于电流为零，则磁矩也为零。所以该结构的中子磁矩极弱，可以视为零，或者无方向。而其镜像为右旋质子 $J_R\uparrow$，其磁矩为零。所以该中子结构存在镜像对称，也就是说宇称存在。但是钴 -60 原子核是由 27 个质子和 33 个中子组成的，由于质子没有宇称，所以由其组成的原子核也就没有宇称。

从等式右边看，位置置换振荡后的中子还是左旋角动量向上 $J_L\uparrow$，自旋磁矩贡献来自于夸克 uud 的电荷（$+\frac{2}{3}$，$+\frac{2}{3}$，$-\frac{1}{3}$）为 $+1$，根据右手螺旋定则，其磁矩 $H_L\downarrow$ 与角动量 $J_L\uparrow$ 方向相反；其约束的中间玻色子 W^-（$\frac{\text{e}^-\ (\ \text{q}_2\text{gg}\ )}{\overline{v}_e\ (\ \overline{\text{q}_1\text{g}\,\overline{g}}\ )}$）也是左旋，对磁矩的贡献来自于电子（$-\frac{1}{3}$，$-\frac{1}{3}$，$-\frac{1}{3}$）的电荷 -1，根据右手螺旋定则，其磁矩 $H_L\uparrow$ 与角动量 $J_L\uparrow$ 方向相同。

根据各粒子磁矩数据[①]：

---

① 程檀生. 低能及中高能原子核物理学. 超星数字图书馆，http://SSReader.com.

电子磁矩 $\mu_e = 1.001159652193$ （10） μ_B，

质子磁矩 $\mu_p = 2.79284739$ （6） μ_N，

中子磁矩 $\mu_n = -1.9130428$ （5） μ_N，

玻尔磁子 $\mu_B = \dfrac{e\hbar}{2m_e} = 5.78838263$ （52） $\times 10^{-11} \mathrm{MeV \cdot T^{-1}}$

核磁子 $\mu_N = \dfrac{e\hbar}{2m_p} = 3.15245166$ （28） $\times 10^{-14} \mathrm{MeV \cdot T^{-1}}$①

由于电子磁矩比质子、中子大三个数量级，可以推断中子的磁矩贡献主要来自于电子的，而且是反向的。所以右旋中子的角动量 $J_R\uparrow$ 与磁矩 $H_R\downarrow$ 是反方向的，而左旋中子的角动量与磁矩方向相同，表示为：$J_L\uparrow$，$H_L\uparrow$。

右旋中子 $nJ_R\uparrow$，$H_R\downarrow$ 的镜像应该是左旋中子 $nJ_L\uparrow$，$H_L\downarrow$，但其不存在；而左旋中子 $nJ_L\uparrow$，$H_L\uparrow$，其磁矩与角动量方向相同。所以该中子结构（右边式）不存在镜像对称，也就是说宇称不存在。因而吴健雄的钴 -60 实验数据必然另有所指。

3.2　粒子自旋、磁矩的等效性和统一性描述

上述分析有些凌乱，但不失为一种方法，现在引入一种简洁的方法，可以明晰许多。

根据自旋角动量矢量 J、自旋磁矩 H、右手螺旋定则、粒子的亚夸克结构式，可以得出：

1. 电子

$$e^- J_L\uparrow H_L\uparrow \equiv e^- J_R\downarrow H_R\uparrow$$
$$e^- J_L\downarrow H_L\downarrow \equiv e^- J_R\uparrow H_R\downarrow$$

所以左旋电子的角动量 J 和磁矩 H 只有向上和向下两种状态，可以等效地描述右旋电子的两种状态。但这不表示电子只有左旋没有右旋，只是

---

①　程檀生. 低能及中高能原子核物理学. 超星数字图书馆，http：//SSReader.com.

等效性简洁地统一描述而已。

左旋向上的电子为 $e^- J_L \uparrow H_L \uparrow$，其镜像应该为 $e^- J_R \uparrow H_R \uparrow$，但其不存在。而事实是 $e^- J_R \uparrow H_R \downarrow$，所以电子的宇称 P 不存在。

2．正电子

同理，正电子：

$$e^+ J_R \uparrow H_R \uparrow \equiv e^+ J_L \downarrow H_L \uparrow$$

$$e^+ J_R \downarrow H_R \downarrow \equiv e^+ J_L \uparrow H_L \downarrow$$

右旋正电子的角动量 J 和磁矩 H 只有向上和向下两种状态，可以等效地描述左旋正电子的两种状态。

右旋向上的正电子为 $e^+ J_R \uparrow H_R \uparrow$，其镜像应该为 $e^+ J_L \uparrow H_L \uparrow$，但其不存在；而事实是 $e^+ J_L \uparrow H_L \downarrow$，所以正电子的宇称 P 也不存在。

考虑电荷 C 的话，左旋向上的电子为 $e^- J_L \uparrow H_L \uparrow$，镜像为右旋正电子为 $e^+ J_R \uparrow H_R \uparrow$，仅以电荷、磁矩、角动量为条件考虑的话，电子—正电子确实存在宇称对称性。但是电子是引力粒子，正电子是斥力粒子[①②]，引入引力矢量、斥力矢量的话，电子、正电子就不存在镜像对称性。所以对称性是有条件的，是为了研究方便做的一个前提性假设而已。

3．质子

$$p \left[q_1 q_1 q_2,\ 3d,\ 3g \left(\frac{e^-\ [q_2 gg]}{e^+\ [\bar{q}_2 \overline{gg}]} \right) \right] \leftrightarrow p \left[q_1 q_2 q_2\ 3d,\ 3g \left(\frac{v_e\ (q_1 gg)}{e^+\ (\bar{q}_2 \overline{gg})} \right) \right]$$

简式：$p \left[uud \left(\dfrac{e^-}{e^+} \right) \right] \leftrightarrow p \left[udd \left(\dfrac{v_e}{e^+} \right) \right]$

质子左边式（$q_1 q_1 q_2$）或者（uud）电荷为 +1，中间玻色子 Z^{01} 的电荷也为 0；质子右边式（$q_1 q_2 q_2$）或者（udd）电荷为 0，中间玻色子 W^+ 的电荷为 +1。

所以质子左边式、右边式的自旋电流、磁矩是同方向的。

---

① 欧阳森. 宇宙结构及力的根源. 香港：中国作家出版社，2010.

② 百度百科.

$$pJ_R \uparrow H_R \uparrow \equiv pJ_L \downarrow H_L \uparrow$$
$$pJ_R \downarrow H_R \downarrow \equiv pJ_L \uparrow H_L \downarrow$$

所以质子只有右旋向上、向下两种状态。

质子右旋向上状态 $pJ_R \uparrow H_R \uparrow$ 的镜像应该是 $pJ_L \uparrow H_L \uparrow$，但其不存在，实为 $pJ_L \uparrow H_L \downarrow$。同理，质子右旋向下的镜像也不存在。所以质子不存在宇称对称性。

最新的实验数据发现正反质子的电荷—质量是对称的，在 69×10^{-12} 的数量级内没有发现差异的存在[①]。

$$(q/m)_{\bar{p}} / (q/m)_p - 1 = 1 \ (69) \ \times 10^{-12}[②]$$

首先，研究者们的观点还是滞留在电文分析员层面，还在为发现反物质而着迷，还是以条件限制引入作为镜像对称性存在的前提。这样的研究方法是错的。

而实验数据在 69×10^{-12} 范围内没有发现正反质子的电荷—质量存在差异，解释如下：

质子的亚夸克结构式：

$$p \left[q_1 q_1 q_2, \ 3d, \ 3g \left(\frac{e^-}{e^+} \frac{[q_2 gg]}{[\bar{q_2} gg]} \right) \right] \leftrightarrow p \left[q_1 q_2 q_2 3d, \ 3g \left(\frac{v_e}{e^+} \frac{(q_1 gg)}{(\bar{q_2} \bar{g} g)} \right) \right]$$

反质子的亚夸克结构式：

$$\bar{p} \left[\bar{q_1} \bar{q_1} \bar{q_2}, \ 3\bar{d}, \ 3\bar{g} \left(\frac{e^-}{e^+} \frac{[q_2 gg]}{[\bar{q_2} \bar{g} g]} \right) \right] \leftrightarrow \bar{p} \left[\bar{q_1} \bar{q_2} \bar{q_2} 3\bar{d}, \ 3\bar{g} \left(\frac{e^-}{v_e} \frac{(q_2 gg)}{(\bar{q_1} gg)} \right) \right]$$

正反质子的不对称通道味变振荡质量亚夸克有两个，表示为：$2q_1$

① S. Ulmer. 欧核中心证明质子与反质子为真正镜像. http：//www. nature. com/nature/journal/v524/n7564/full/nature14861. html.

② S. Ulmer. 欧核中心证明质子与反质子为真正镜像. http：//www. nature. com/nature/journal/v524/n7564/full/nature14861. html.

（0.038 6eV）、$2\overline{q}_1$（0.027 11eV），质子质量为938.27MeV，则质量差

异为：$\dfrac{2m_{\overline{q}_1}/m_{\overline{p}}}{2m_{q_1}/m_p} \times 10^{-11} = \dfrac{2 \times 0.027\ 11/938.27\text{MeV}}{2 \times 0.038\ 6/938.27\text{MeV}} \times 10^{-11} = 0.702\ 33 \times$

$10^{-11} = 7.023\ 3 \times 10^{-12}$。

（注：式中 10^{-11} 的来由，是 $2m_{q_1}/m_p$ 比值的数量级。）

计算结果表明味变振荡质量的差异为 7.023×10^{-12}，而实验数据 69×10^{-12} 比计算值大一个数量级，所以实验数据需提高一个数量级的精度，才能作为判断的依据，看看是否发现新的物理。另外，实验的条件是超低温的熵减状态，内能增加的过程。

最近，欧洲核子研究中心（CERN）一支由日本理化研究所领导的研究团队，在对粒子物理学中标准模型的一个基本特性——CPT 不变性进行测试时，对质子及其反物质——反质子的荷质比做了迄今为止最精确的测量，证明质子和反质子表现出严格的镜像。

在现代物理学中，对称性规律具有核心地位。作为标准模型的一个基本对称特性，CPT 不变性意味着当三种基本属性反转，即正反粒子反演（C）、空间反演（P）以及时间反演（T）时，系统保持不变。这是标准模型的一个核心原则，暗示着反物质粒子必须是物质的完美镜像，只是其电荷相反。[1]

4. 中子

$$n\left[q_1 q_2 q_2,\ 3d,\ 3g\left(\dfrac{v_e}{\overline{v}_e}\dfrac{[q_1 gg]}{[\overline{q}_1 \overline{g}\overline{g}]}\right)\right] \leftrightarrow n\left[q_1 q_1 q_2 3d,\ 3g\left(\dfrac{e^-}{\overline{v}_e}\dfrac{(q_2 gg)}{(\overline{q}_1 \overline{g}\overline{g})}\right)\right]$$

简式：$n\left[udd\left(\dfrac{v_e}{\overline{v}_e}\right)\right] \leftrightarrow n\left[uud\left(\dfrac{e^-}{\overline{v}_e}\right)\right]$

中子左边式（$q_1 q_2 q_2$）或者（udd）电荷为零，中间玻色子 Z^{02} 的电荷也为零，所以自旋电流为零，或者趋向于零，则磁矩为零或者趋向于零。

中子右边式（$q_1 q_1 q_2$）或者（uud）电荷为 +1，中间玻色子 W^- 的电

---

① S. Ulmer. 欧核中心证明质子与反质子为真正镜像. http：//www. nature. com/nature/journal/v524/n7564/full/nature14861. html.

荷为 -1，根据中子磁矩为负值，电子磁矩比质子、中子大三个数量级，所以中子磁矩来自于 W^- 的自旋电荷的贡献。

以中子右边式描述：

$$nJ_L \uparrow H_L \uparrow \equiv nJ_R \downarrow H_R \uparrow$$
$$nJ_L \downarrow H_L \downarrow \equiv nJ_R \uparrow H_R \downarrow$$

所以中子只有左旋向上、向下两种状态。

中子左旋向上 $nJ_L \uparrow H_L \uparrow$ 状态的镜像应该是 $nJ_R \uparrow H_R \uparrow$，但其不存在；同理，中子左旋向下的镜像也不存在。所以中子不存在宇称对称性。

5. 原子核的镜像对称性

原子核是由质子、中子组成的，由于质子、中子都不存在镜像对称性，也就是宇称不存在，所以原子核的宇称也就不存在。因此吴健雄的钴 -60 实验数据必然另有所指。

6. 中间玻色子

只讨论 W^+、W^- 两种，作为解释吴健雄实验数据用，其他两种留给读者解释。

负电荷中间玻色子 $W^- \left(\dfrac{e^-}{v_e} \right)$ 或者 $W^- \left(\dfrac{\overline{v_e}}{e^-} \right)$，由于电子只有左旋向上、向下两种状态，以及反中微子的电荷中性则磁矩极弱或者为零，所以 W^- 只有左旋向上、向下两种状态，每种状态还有两种可能性 $W^- \left(\dfrac{e^-}{v_e} \right)$ 或者 $W^- \left(\dfrac{\overline{v_e}}{e^-} \right)$，则有四种组合：

$$W^- J_L \uparrow H_L \uparrow \left(\dfrac{e^-}{v_e} \right) \qquad W^- J_L \uparrow H_L \uparrow \left(\dfrac{\overline{v_e}}{e^-} \right)$$

$$W^- J_L \downarrow H_L \downarrow \left(\dfrac{e^-}{v_e} \right) \qquad W^- J_L \downarrow H_L \downarrow \left(\dfrac{\overline{v_e}}{e^-} \right)$$

在外磁场作用下，W^- 的磁矩矢量与外磁场一致时，则有：

$$W^- J_L \uparrow H_L \uparrow \left(\dfrac{e^-}{v_e} \right) \equiv W^- J_L \downarrow H_L \downarrow \left(\dfrac{\overline{v_e}}{e^-} \right)，\text{其是等效的，称为左旋向上}$$

态 $W_{L\uparrow}^{-}$；

$$W^{-}J_{L}\downarrow H_{L}\downarrow\left(\frac{e^{-}}{\overline{v}_{e}}\right)\equiv W^{-}J_{L}\uparrow H_{L}\uparrow\left(\frac{\overline{v}_{e}}{e^{-}}\right)$$，其也是等效的，称为左旋向

下态 $W_{L\downarrow}^{-}$。这样 W^{-} 也只有两种状态，以此作为下一章的讨论基础。

同理 W^{+} 也只有右旋向上、向下两种状态，得出：

$$W^{+}J_{R}\uparrow H_{R}\uparrow\left(\frac{v_{e}}{e^{+}}\right)\qquad W^{+}J_{R}\uparrow H_{R}\uparrow\left(\frac{e^{+}}{v_{e}}\right)$$

$$W^{+}J_{R}\downarrow H_{R}\downarrow\left(\frac{e^{+}}{v_{e}}\right)\qquad W^{+}J_{R}\downarrow H_{R}\downarrow\left(\frac{v_{e}}{e^{+}}\right)$$

在外磁场作用下，W^{+} 的磁矩矢量与外磁场一致时，则有：

$$W^{+}J_{R}\uparrow H_{R}\uparrow\left(\frac{v_{e}}{e^{+}}\right)\equiv W^{+}J_{R}\downarrow H_{R}\downarrow\left(\frac{v_{e}}{e^{+}}\right)$$，其是等效的，称为右旋向上

态 $W_{R\uparrow}^{+}$；

$$W^{+}J_{R}\downarrow H_{R}\downarrow\left(\frac{e^{+}}{v_{e}}\right)\equiv W^{+}J_{R}\uparrow H_{R}\uparrow\left(\frac{e^{+}}{v_{e}}\right)$$，其也是等效的，称为右旋向

下态 $W_{R\downarrow}^{+}$。所以 W^{+} 也只有两种状态。

7. 介子、光子对

介子又称为重光子，π^{0} 的亚夸克结构式为 π^{0}（$q_{1}\,\overline{q}_{1}d\,\overline{d}g\,\overline{g}$）或者 π^{0}

$\left(\frac{q_{1}dg}{q_{1}dg}\right)$，引力亚夸克为 g、$\overline{d}$，斥力亚夸克为 d、$\overline{g}$，而光子的亚夸克结构

式为 $(q_{1}g\,\overline{g})^{+\frac{2}{3}}\leftrightarrow(\overline{q}_{1}g\,\overline{g})^{-\frac{2}{3}}$，表示电荷—质量味变振荡。所以光子对

$\frac{\gamma\,(q_{1}g\,\overline{g})^{+\frac{2}{3}}}{\gamma\,(\overline{q}_{1}g\,\overline{g})^{-\frac{2}{3}}}$ 与 $\pi^{0}\left(\frac{q_{1}dg}{q_{1}dg}\right)$ 的亚夸克结构式是等价的，光子 $(q_{1}g\,\overline{g})^{+\frac{2}{3}}$、

$(\overline{q}_{1}g\,\overline{g})^{-\frac{2}{3}}$ 或者 $(q_{2}g\,\overline{g})^{+\frac{1}{3}}\leftrightarrow(\overline{q}_{2}g\,\overline{g})^{-\frac{1}{3}}$ 与夸克的亚夸克结构式也是等

价的。

分辨它们的差别，其一是夸克禁闭定律，其二是介子的半径，以 π^{0}

计应该在电子与质子之间，也就是小于 6×10^{-16} 米。而光子对的半径为

1.66 埃（1.66×10^{-10} 米）[①]，相差 6 个数量级。

光子正电荷部分：

$$\gamma \ (q_1 g \overline{g})^{+\frac{2}{3}}, \ J_R \uparrow H_R \uparrow \equiv \gamma \ (q_1 g \overline{g})^{+\frac{2}{3}}, \ J_L \downarrow H_L \uparrow$$

$$\gamma \ (q_1 g \overline{g})^{+\frac{2}{3}}, \ J_R \downarrow H_R \downarrow \equiv \gamma \ (q_1 g \overline{g})^{+\frac{2}{3}}, \ J_L \uparrow H_L \downarrow$$

所以光子正电荷部分只有右旋向上、向下两种状态。

光子负电荷部分：

$$\gamma \ (\overline{q}_1 g \overline{g})^{-\frac{2}{3}}, \ J_L \uparrow H_L \uparrow \equiv \gamma \ (\overline{q}_1 g \overline{g})^{-\frac{2}{3}}, \ J_R \downarrow H_R \uparrow$$

$$\gamma \ (\overline{q}_1 g \overline{g})^{-\frac{2}{3}}, \ J_L \downarrow H_L \downarrow \equiv \gamma \ (\overline{q}_1 g \overline{g})^{-\frac{2}{3}}, \ J_R \uparrow H_R \downarrow$$

所以光子负电荷部分只有左旋向上、向下两种状态。

光子正电荷部分右旋向上 $\gamma \ (q_1 g \overline{g})^{+\frac{2}{3}}$，$J_R \uparrow H_R \uparrow$ 的镜像是光子负电荷部分左旋向上状态 $\gamma \ (\overline{q}_1 g \overline{g})^{-\frac{2}{3}}$，$J_L \uparrow H_L \uparrow$，这个镜像确实存在。此时的条件为电荷 C、自旋角动量 J、磁矩 H、宇称 P，但是光子是在做电荷—质量味变振荡的，必须考虑其质量，而 $\gamma \ (q_1 g \overline{g})^{+\frac{2}{3}}$ 对应的味变振荡质量为 0.038 6eV，而 $\gamma \ (\overline{q}_1 g \overline{g})^{-\frac{2}{3}}$ 的是 0.027 11eV，加上质量条件的话，光子镜像对称性也就不存在了。

所以粒子的对称性是有条件的，是为了研究方便的一个前提性假设而已。粒子真实的镜像，就是说宇称是不存在的。

8. 光子对纠缠态

光子味变振荡式存在两种状态：

$$\gamma \ (q_1 g \overline{g})^{+\frac{2}{3}}, \ J_R \uparrow H_R \uparrow \leftrightarrow \gamma \ (\overline{q}_1 g \overline{g})^{-\frac{2}{3}}, \ J_R \uparrow H_R \downarrow \equiv \gamma \ (\overline{q}_1 g \overline{g})^{-\frac{2}{3}},$$
$$J_L \downarrow H_L \downarrow$$

$$\gamma \ (q_1 g \overline{g})^{+\frac{2}{3}}, \ J_R \downarrow H_R \downarrow \leftrightarrow \gamma \ (\overline{q}_1 g \overline{g})^{-\frac{2}{3}}, \ J_R \downarrow H_R \uparrow \equiv \gamma \ (\overline{q}_1 g \overline{g})^{-\frac{2}{3}},$$
$$J_L \uparrow H_L \uparrow$$

---

① 拓扑半金属研究取得重要突破. 中科院物理所，http：//www. iop. cas. cn/xwzx/kydt/201401/t20140127_4030009. html.

所以光子对纠缠态也只有两种状态：

$$\frac{\gamma\ (q_1 g\ \overline{g})^{+\frac{2}{3}},\ J_R \uparrow H_R \uparrow}{\gamma\ (\overline{q}_1 g\ \overline{g})^{-\frac{2}{3}},\ J_L \downarrow H_L \downarrow} \qquad \frac{\gamma\ (q_1 g\ \overline{g})^{+\frac{2}{3}},\ J_R \downarrow H_R \downarrow}{\gamma\ (\overline{q}_1 g\ \overline{g})^{-\frac{2}{3}},\ J_L \uparrow H_L \uparrow}$$

这两种态的味变振荡：

$$\frac{\gamma\ (q_1 g\ \overline{g})^{+\frac{2}{3}},\ J_R \uparrow H_R \uparrow}{\gamma\ (\overline{q}_1 g\ \overline{g})^{-\frac{2}{3}},\ J_L \downarrow H_L \downarrow} \leftrightarrow \frac{\gamma\ (\overline{q}_1 g\ \overline{g})^{-\frac{2}{3}},\ J_L \downarrow H_L \downarrow}{\gamma\ (q_1 g\ \overline{g})^{+\frac{2}{3}},\ J_R \uparrow H_R \uparrow}$$

可见光子对纠缠态的电荷—质量味变振荡，就是在这两种态之间变换地振荡着。

这两种光子纠缠态与图 6 - 1、6 - 3，以及无质量的外尔费米子有多相似呢？

只有光子有两种自旋（左旋、右旋）、四种状态，叠加为光子对纠缠后的两种状态。而电子、正电子、质子、中子、中间玻色子 $W^{\pm}$ 等只有一种自旋（左旋或者右旋）和向上、向下两种状态。由于光子存在味变振荡，四种状态的光子可以叠加成为两种，而其他粒子在常态能级条件下不存在味变振荡，所以它们无法叠加在一起。这是否就是将其归入费米子的原因呢？而将光子归入玻色子的原因呢？

以电子为例，电子无法叠加则只能并列，表示为：$e^- J_L \uparrow H_L \uparrow // e^- J_L \downarrow H_L \downarrow$，磁力线闭合。这是否就是两个费米子无法同时处于一个状态的原因呢？

通过上述两种分析方法发现：

（1）中子的磁矩是不连续的，是在 0 到 $-1.91\mu_N$ 之间波动，而其波动的时间就是中子味变振荡波长值的时间。而中子磁矩的波动应该可以通过实验观测得到。那么，这个时间是多少呢？

（2）磁单极子不存在，宇称也不存在。

（3）光子对之间纠缠存在两种态，光子做电荷—质量味变振荡，则光子对在两种态之间变换地振荡着。

（4）中子、质子的冯—焦蓝场约束的中间玻色子为一组四个，W^+

$$(\frac{v_e \quad [q_1 gg]}{e^+ \quad [\overline{q_2} \overline{gg}]}) \text{、} W^- (\frac{e^- \quad [q_2 gg]}{\overline{v_e} \quad [\overline{q_1} \overline{gg}]}) \text{、} Z^{01} (\frac{e^- \quad [q_2 gg]}{e^+ \quad [\overline{q_2} \overline{gg}]}) \text{、} Z^{02} (\frac{v_e \quad [q_1 gg]}{v_e \quad [\overline{q_1} \overline{gg}]})。$$

中间玻色子与介子的区别在于，前者是由正反轻子对组成的，后者是由正反夸克或者光子对组成的。所以中间玻色子与介子一样多，约为 $6 \times 6 \times 3 \times 3 = 324$ 种，据此和中间玻色子高能共振态只发现了三个 [$W^{\pm}$（81.8 ± 1.5GeV）、Z^{01}（92.6 ± 1.7GeV）]，还缺一个在哪里？实验发现的 125GeV 粒子不是希格斯粒子，而是缺失的中间玻色子高能共振态之一 Z^{02}（125GeV）[①]。

质子、中子的亚夸克结构式可以解释"深非弹性碰撞"实验看到的"夸克海"现象[②③]——15 个亚夸克点状电荷。它们约束在一起是强引力和斥力势能产生的结果，并非胶子的作用，也就是说胶子不存在。作反质子、反中子亚夸克结构式，冯—焦蓝场约束的还是相同的四个中间玻色子，所以反物质也不存在。

我们应该将高能碰撞中产生的正反轻子对、正反重子对、介子、中间玻色子统称为粒子对能（也应该包括光子对能）。正负电子湮灭产生 2 个光子的实验数据 $e^- + e^+ \rightarrow 2\gamma$，等式右边称为光能，为什么左边不可以称为粒子对能呢？为什么非要单列出反粒子，然后再找反物质呢？

现有的物理学理论体系，无论是否承认宇宙之谜已经被破译，这些理论都是电文分析员层面的理论。对的只有物理定律、实验数据和观测数据。物理学研究的目的是发现真实的物理过程和引发该过程的物理机制，而不是发明、创造。

爱因斯坦表明了其观点，科学理论是发明、创造、创新的成果，发现是第二性的，其追随者众多[④⑤]。虽然也有反对的声音，但并非主流[⑥]。霍金新书称宇宙并非上帝创造[⑦]，之前是什么呢？由此可见唯心主义世界观和方法论仍有市场，物理学界的混乱局面皆由此而起。

① 欧阳森. 白洞喷发与轻元素循环. 广州：暨南大学出版社，2011.
② 程檀生. 低能及中高能原子核物理学. 超星数字图书馆，http：//SSReader. com.
③ 杨家福. 原子核物理. 超星数字图书馆，http：//SSReader. com.
④ 刘全慧. 科学理论是发现还是发明的？invention 和 discovery 不可同日而语！. 科学网（博客），http：//blog. sciencenet. cn/blog － 3377 －882973. html.
⑤ 王鑫，刘全慧. 为什么说物理学理论是发明的. 湖南大学学报，1994（1）：83～85.
⑥ 罗教明. 两朵乌云表现出现代物理学家的幼稚与愚昧（V）. http：//blog. sciencenet. cn/blog － 378615 －871616. html.
⑦ 霍金新书称宇宙并非上帝创造. 新浪科技，http：//tech. sina. com. cn/d/2010 － 09 － 03/07534617429. sht.

3.3　吴健雄的钴－60实验数据说明了什么？

李林忠已经十分详尽地介绍了吴健雄的钴－60核极化实验数据[①]。

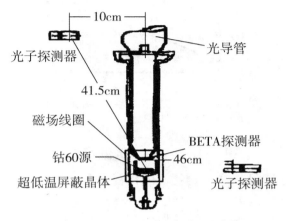

图3－1　宇称实验布置示意图

实验的具体设计是：将钴－60制成顺磁盐，置CeMg硝酸铈镁单晶盐上（掺入晶体表面），再一起放入外磁场线圈中；整个系统置超低温设备中。在低温以上温度时，核自旋方向无序，在超低温0.01K时，利用外磁场线圈加上几百奥斯特的磁场，外磁场使硝酸铈镁晶体中原子整齐排列起来；这些原子又使掺入晶体表面的钴原子整齐排列起来……实验时利用外磁场反向，将钴－60极化核自旋方向反转，构成了镜像实验系统……实验中利用顺磁盐绝热退磁技术使最低温度达0.004K。[②]

---

①　李林忠. 宇称不守恒的第一个验证实验——吴健雄钴－60极化核β衰变实验. 豆丁网，http：//www. docin. com.

②　李林忠. 宇称不守恒的第一个验证实验——吴健雄钴－60极化核β衰变实验. 豆丁网，http：//www. docin. com.

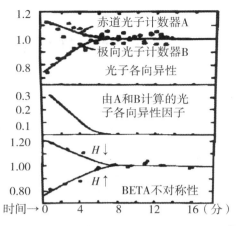

图 3 - 2　吴健雄宇称实验结果曲线①

　　图 3 - 2 中的第一、第二部分钴 - 60 伽马光子数据，"钴 - 60 的 γ 辐射方向，与核自旋方向相关，实验中沿着自旋与垂直自旋的两个方向同时测量 γ 光子，在核无级化（无序）状态时，各方向测量到的 γ 计数率相同。核极化情况下两个（方向）γ 计数率出现差异，核极化程度越高，两个 γ 差异越大"。②

　　图 3 - 2 中的第三部分，"它是磁场反向前后（即核自旋反向前后）测量到的 β 衰变电子的不对称性，这说明 β 电子对钴 - 60 核自旋方向不是各向同性的"。③

　　首先，他们并不知道中子、质子的宇称不存在，所以由 27 个质子和 33 个中子组成的钴 - 60 原子核也没有宇称。也不知道中子的冯—焦蓝场约束着一对中间玻色子，在做味变振荡。

$$n\ [\ q_1 q_2 q_2,\ \ 3d,\ \ 3g\ (\frac{v_e\ [\ q_1 gg]}{\overline{v}_e\ [\ \overline{q}_1 \overline{gg}]})]\ \leftrightarrow\ n\ [\ q_1 q_1 q_2 3d,\ \ 3g$$

$$(\frac{e^-\ [\ q_2 gg]}{\overline{v}_e\ [\ \overline{q}_1 \overline{gg}]})]$$

　　① 李林忠. 宇称不守恒的第一个验证实验——吴健雄钴 - 60 极化核 β 衰变实验. 豆丁网，http：// www. docin. com.

　　② 李林忠. 宇称不守恒的第一个验证实验——吴健雄钴 - 60 极化核 β 衰变实验. 豆丁网，http：// www. docin. com.

　　③ 李林忠. 宇称不守恒的第一个验证实验——吴健雄钴 - 60 极化核 β 衰变实验. 豆丁网，http：// www. docin. com.

前者可以解释"深非弹性碰撞"发现"夸克海"的实验数据。后者可以解释,如果中子没有味变振荡,中子的磁矩为零,而实验数据否定了它,所以中子的磁矩是不连续的等等。

那么,吴健雄的实验室数据表明了什么?

首先,钴-60核的宇称不存在。其次,钴-60核的β^-衰变是其中子约束的中间玻色子释放粒子对能量的衰变过程,而非弱相互作用的宇称不守恒。弱相互作用力实为粒子磁矩之间的作用力,也就是自旋磁场力的相互作用。第三,夸克渐进自由,则中间玻色子在冯—焦蓝场中是渐进自由的,也就是说其磁矩、自旋角动量可以自由转向。第四,钴-60核处于熵减状态(0.004K的绝热系统就是熵减状态),也就是说其质量是增加的,处于接受外界系统做功(磁场力做功)的状态。

(1)钴-60原子在顺磁盐表面掺入,还是一个钴原子,其原子核之间还是电子云效应[①]的连接。在外磁场$B\uparrow$的作用下,钴-60原子核的自旋磁矩$H\uparrow$易与外磁场方向一致,表示为$B\uparrow$和$H\uparrow$。而交变的外界磁场就是对钴-60系统做功,使其处于熵减状态,内能增加的过程。

(2)钴-60核的27个质子和33个中子,它们之间的结合能约为8.4MeV/核子[②]。这个能量是以引力势能、斥力势能保留?还是以核子的自旋角动能保留?强力比库仑力(电磁力)大11 828倍[③],质子质量为938.27MeV、中子质量为939.58MeV。938.27MeV÷118.28 = 7.93MeV,939.57MeV÷118.28 = 7.94MeV,两者都比8.4MeV结合能小些。根据核子是引力—斥力粒子[④],和质子、中子的库仑力起力点分别为0.8fm和0.7fm,引力起力点0.6fm相同,斥力起力点0.5fm相同的数据[⑤],可以推断8.4MeV/核子的结合能是压缩了库仑力势能和部分引力势能的结果。根据实验数据赤道方向发射的γ光子比自旋轴方向发射的多30%强(见图3-2)。根据电子在回旋加速器发射光子是在其轨道的切线方向发射,可以得出这样的结论:钴-60原子核的结合能有30%强以自旋角动能的方式储存在原子核中,平均到每个核子约为2.52MeV强,余下的

① 欧阳森. 白洞喷发与轻元素循环. 广州:暨南大学出版社,2011.
② 杨家福. 原子核物理. 超星数字图书馆,http://SSReader.com.
③ 杨家福. 原子核物理. 超星数字图书馆,http://SSReader.com.
④ 欧阳森. 建立宇宙密码字典. 广州:暨南大学出版社,2013.
⑤ 杨家福. 原子核物理. 超星数字图书馆,http://SSReader.com.

5.88MeV 以引力势能的方式储存起来。根据这个结论，外磁场要改变核子的磁矩方向、自旋角动量方向是不可能的（注：这是指核子之间引力约束大，核子的角动量 J 矢量的转向不可能）。

（3）根据夸克渐进自由和质量定律，得出 0.102 24fm 半径的冯—焦蓝场[1]，则冯—焦蓝场约束的中间玻色子一定也是渐进自由的。那么，在外磁场的作用下，其磁矩方向就有可能趋向于外磁场方向。考虑自旋与自旋磁矩，其有四种存在状态，表示为：

$$W^- \left(\dfrac{e^- \; [q_2 gg]}{\bar{v}_e \; [q_1 gg]}\right), \; J_L\uparrow, \; H_L\uparrow \qquad W^- \left(\dfrac{\bar{v}_e}{e^-}\right), \; J_L\uparrow, \; H_L\uparrow$$

$$W^- \left(\dfrac{e^-}{\bar{v}_e}\right), \; J_R\uparrow, \; H_R\downarrow \qquad W^- \left(\dfrac{\bar{v}_e}{e^-}\right), \; J_R\uparrow, \; H_R\downarrow$$

依据等效性简洁统一性描述，其只有左旋 $W^- J_L\uparrow H_L\uparrow$ 向上和 $W^- J_L\downarrow H_L\downarrow$ 向下两种状态。考虑每种状态还有两种可能性 $W^- \left(\dfrac{e^-}{\bar{v}_e}\right)$ 或者 $W^- \left(\dfrac{\bar{v}_e}{e^-}\right)$，则有四种组合：

$$W^- J_L\uparrow H_L\uparrow \left(\dfrac{e^-}{\bar{v}_e}\right) \qquad W^- J_L\uparrow H_L\uparrow \left(\dfrac{\bar{v}_e}{e^-}\right)$$

$$W^- J_L\downarrow H_L\downarrow \left(\dfrac{e^-}{\bar{v}_e}\right) \qquad W^- J_L\downarrow H_L\downarrow \left(\dfrac{\bar{v}_e}{e^-}\right)$$

（注：这与之前四个态的左旋、右旋一起描述是等效的，但简洁许多。）

在外磁场作用下，W^- 的磁矩矢量与外磁场一致时，则有：

$$W^- J_L\uparrow H_L\uparrow \left(\dfrac{e^-}{\bar{v}_e}\right) \equiv W^- J_L\downarrow H_L\downarrow \left(\dfrac{\bar{v}_e}{e^-}\right)$$，其是等效的，称为左旋向上态 $W^-_{L\uparrow}$；

---

[1] 欧阳森. 建立宇宙密码字典. 广州：暨南大学出版社，2013.

$$W^- J_L \downarrow H_L \downarrow \left(\frac{e^-}{v_e}\right) \equiv W^- J_L \uparrow H_L \uparrow \left(\frac{\bar{v}_e}{e^-}\right)$$，其也是等效的，称为左旋向下态 $W_L^- \downarrow$。这样 W^- 也只有两种状态。

①如果 W^- 的磁矩 $H \uparrow$ 全部与外磁场 $B \uparrow$ 同方向，那么在 0.01K 开始电子发射出现异常（与外磁场 $B \uparrow$ 反向发射的电子开始逐渐增多）时，只能是左旋向下态 $W_L^- \downarrow$ 出现的概率比左旋向上态 $W_L^- \uparrow$ 多了；达到 0.004K 低温时，异常率最大为 20% 强（见图 3 - 2），并且它们的磁矩与外磁场变化同步。在最大差异时，左旋向下态 $W_L^- \downarrow$ 约占 55%，左旋向上态 $W_L^- \uparrow$ 约占 45%。

②如果 W^- 存在的四种态 $W^- J_L \uparrow H_L \uparrow \left(\frac{e^-}{v_e}\right)$、$W^- J_L \uparrow H_L \uparrow \left(\frac{\bar{v}_e}{e^-}\right)$、$W^- J_L \downarrow H_L \downarrow \left(\frac{e^-}{v_e}\right)$、$W^- J_L \downarrow H_L \downarrow \left(\frac{\bar{v}_e}{e^-}\right)$ 分别属于四个能级，那么外磁场对其的磁矩 $H \uparrow$ 全部是无序的。只是在 0.01K 之后，有一种低能级的 W^- 态开始与外磁场同步、有序。如 $W^- \left(\frac{\bar{v}_e}{e^-}\right)$，$J_L \uparrow$，$H_L \uparrow$，则为 20% 的差异率，已经达到了其占 25% 的极限值（详见图 3 - 2 的第三部分）。

③还有一种可能。中子置换振荡的左边式 n $\left[\text{udd} \left(\frac{v_e}{v_e}\right)\right]$，在味变振荡时，n $\left[\text{udd} \left(\frac{v_e}{v_e}\right)\right] \leftrightarrow$ n $\left[\text{uud} \left(\frac{e^-}{v_e}\right)\right]$，在外磁场作用下，其 W^- 态选择了 $W^- \left(\frac{\bar{v}_e}{e^-}\right)$，$J_L \uparrow$，$H_L \uparrow$ 和 $W^- \left(\frac{e^-}{v_e}\right)$，$J_R \uparrow$，$H_R \downarrow \equiv W^- J_L \downarrow H_L \downarrow \left(\frac{e^-}{v_e}\right)$ 多些。

由于夸克禁闭、亚夸克禁闭，这些预测只能是一种选择性解释而已，不可能确定是哪一种态引起的结果。

（4）由于 0.01K 以下的低温远远小于减压抽气条件液氦达到的极限温度 0.8K[①]，所以钴 - 60 原子及绝热系统，处于熵减状态。此时的核子不产生热辐射，而是接受外界系统磁场力做功，静止质量增加的过程。对于钴 - 60 原子核的质子、中子来说，这个外界系统做功就是外磁场力做

---

① 欧阳森. 白洞喷发与轻元素循环. 广州：暨南大学出版社，2011.

功，诱骗绝热系统进入压缩系统状态。对于中子来说，外磁场力只对中子的右边式 n $\left[uud\left(\dfrac{e^-}{v_e}\right)\right]$ 做功，而且是对 W^- 做功，变为 W^- 角动能，对于外界来说就是静止质量。左边式由于电荷中性，自旋电流为零，没有自旋磁矩存在，所以外磁场力对其做功也为零。这样的中子应该处于熵增状态，其产生的热辐射对绝热系统有影响，或许，这就是绝热系统温度升高的原因之一。这就需要测量中子磁矩的频率，也就是其味变振荡频率。

微波背景辐射的冷斑温度值 $70\mu K$，是压缩系统（中心堆积区）的重子物质产生的温度，其表明熵减状态的重子物质一样温度无法达到零开尔文，这是数个膨胀系统斥力势能做功的结果，而这些斥力势能是可以根据斥力定律计算出结果的[1][2]。

而外磁场强度、变换频率是多少？对应着什么样的温度值？是否可通过可调的磁场强度和频率进行实验，获取相关数据？是否可以达到 $70\mu K$ 的冷斑温度值？此时电子发射差异数据是多少？等等。

所以说吴健雄的实验有进一步发掘的空间，而我们则不应该滞留在一个不存在的定律中孤芳自赏。

①　欧阳森. 建立宇宙密码字典. 广州：暨南大学出版社，2013.
②　欧阳森. 物理学研究中的陷阱：论现代物理学的错误所在. 广州：暨南大学出版社，2015.

4 粒子的能量分为三个部分

引力质量与惯性质量不相等已经被中子衰变的束法—瓶法数据定量地验证了（详见 2.2.2 部分）。根据徐宽定律，粒子的质量分为静止质量、惯性质量和引力质量。其静止质量 m_0 是独立的，惯性质量 m_i 包括静止质量部分，表示为：$m_i = m_0 e^{\frac{v^2}{2c^2}}$；引力质量 m_g 包括静止质量、惯性质量部分，表示为：$m_g = m_i e^{\frac{v^2}{2c^2}} = m_0 e^{\frac{v^2}{c^2}}$。[①]

根据徐宽定律，粒子的能量分为：静止质能 $m_0 c^2$、动能、自旋角动能。是否存在平均动能（也称为横向动能、与热能相关的动能等等），这是物理学界经常描述的物理，也正是笔者取舍不下的原因。看了电子束冷却质子束的数据[②]，平均动能只是表面现象，粒子仅存在前三者能量的描述（静止质能、动能、自旋角动能）。以下是对该推断的分析结果。

质子的自旋角动能最大值为 $3.16 \times 10^{25} eV$（详见第 2.2 节），这是根据质子内部光速 $c_p^1 = 3.853 \times 10^{-9} m/s$ [③] 和自旋角动能公式得出的结论。

电子的自旋角动能最大值是多少呢？假设各粒子的质量密度是一样

① 徐宽. 物理学的新发展——对爱因斯坦相对论的改正. 天津：天津科技翻译出版社，2005.

② 陈佳洱. 加速器物理基础. 北京：北京大学出版社，2012；陈佳洱. 加速器物理基础（初版）. 北京：原子能出版社，1993.

③ 欧阳森. 宇宙结构及力的根源. 香港：中国作家出版社，2010.

的，以质子的引力起力点 $0.6fm$ 为质子半径，则电子半径 r_e 与其关系式为 $\rho_p = \rho_e$，表示质子质量密度与电子质量密度相等，引入质量、半径、球体积数据得出：

$$\frac{938.27\,\mathrm{MeV}}{\frac{4}{3}\pi r_p^3} = \frac{0.511\,\mathrm{MeV}}{\frac{4}{3}\pi r_e^3}，\quad 简化后为 \frac{938.27\,\mathrm{MeV}}{(0.6\times10^{-15})^3} = \frac{0.511\,\mathrm{MeV}}{r_e^3}，$$

得出：$r_e = 0.049fm$

以质子内部光速自旋时每秒的周数：

$$\frac{c_p^1}{2\pi r_e} = \frac{3.853\times10^{-9}}{2\pi\cdot 0.049\times10^{-15}} = 1.251\,48\times10^7 \quad（周/秒）$$

由于各粒子质量密度一致，所以质子内部光速也就是各粒子的内部光速。则电子自旋角动能的最大值：

$$E_{K-max} = \frac{1}{2}m_0 r^2\omega^2 = \frac{E_0}{2(c_p^1)^2} = \frac{0.511\times10^6\,\mathrm{eV}}{2\times(3.853\times10^{-9})^2} = 1.721\,047\,6\times$$

$$10^{22}\,\mathrm{eV}$$

现代物理学体系只是用真空光速描述粒子的自旋角动能，计算值极小，所以只能用粒子角动量作为量子数来描述粒子的行为，这样的研究方法与真实的物理相距甚远。

根据公式 $E_{K-max} = \frac{1}{2}m_0 r^2\omega^2 = \frac{E_0}{2(c_p^1)^2}$（详见第 2.2 节），可以得出这样的结论：粒子自旋角动能最大值 E_{K-max} 与静止质量成正比，与质子光速平方成反比，与粒子半径无关。

对公式 $E_{K-max} = \frac{1}{2}m_0 r^2\omega^2 = \frac{m_0}{2(c_p^1)^2}$ 引入条件的解释：

（1）ω 的单位是弧度/秒，乘以 2π 等于周/秒，以质子光速 c_p^1 为极值自旋的质子、电子，其半径各为 r_p、r_e，则有 $\omega = \frac{2\pi c_p^1}{2\pi r_p}$，或者 $\omega = \frac{2\pi c_p^1}{2\pi r_e}$。

（2）静止质量 $m_0 = \dfrac{E_0}{c^2}$，式中 E_0 为静止质能。质子为 $938.27\text{MeV}/c^2$、电子为 $0.511\text{MeV}/c^2$，这是从粒子的外部、真空处看粒子的能量，其静止质量应取的值。

从粒子内部看静止质量，质子的 $m_0 = \dfrac{E_0}{(c_p^1)^2} = \dfrac{938.27\text{MeV}}{(c_p^1)^2}$，电子的 $m_0 = \dfrac{E_0}{(c_p^1)^2} = \dfrac{0.511\text{MeV}}{(c_p^1)^2}$。

该值是自旋角动能最大值的两倍，表明粒子的速度为零，也就是动能为零时，粒子自旋角动能可以将其动能储存起来。例如质子—质子对撞时，刚好两个质心在一条直线上，动能相抵消，则两个质子速度为零，成为慢光速高能量粒子。两个质子的动能以各自的自旋角动能储存，然后以粒子对能的方式衰变损失能量；或者直接以粒子对能的方式衰变，两者都有可能发生。

这表明从粒子内部看没有静止质量，这些质能是以自旋角动能的方式储存了起来。从粒子外部看这就是质量，而有静止质量的粒子，其自旋频率存在一个固定值。这也验证了味变振荡存在于所有粒子从高能到低能的不同能级中，也进一步验证了质量定律：质量是引力约束的能量，斥力提供的空间，或者是三大力势能之和①。

[注：经典力学的动能公式、角动能公式，其物理单位：焦耳（J）对应 $\text{kg} \cdot (\text{m/s})^2$。现以质量 $m_0 = \dfrac{E_0}{(c_p^1)^2}$ 或者 $m = \dfrac{E}{c^2}$ 的单位为 $\dfrac{\text{eV}}{(\text{m/s})^2}$，代入公式后单位相约能量就是电子伏（eV）。]

（3）式中半径 r 是从粒子外部测量得到的（质子引力起力点 0.6fm），在 0.6fm 空间半径，时间与尺度是无法确认的，这就是量子力学中的测不准原则。从粒子内部看，其可以等价于质子内部的时间，表示为 $r = t_p$，而质子内部时间与尺度的关系为 $t_p = \dfrac{r_p}{c_p^1}$，则有 $r = t_p = \dfrac{r_p}{c_p^1}$。将上述条件代入自旋角动能公式得出：

---

① 欧阳森. 宇宙结构及力的根源. 香港：中国作家出版社，2010.

$$E_K = \frac{1}{2}m_0 r^2 \omega^2 = \frac{1}{2} \times \frac{E_0}{(c_p^1)^2} \times \left(\frac{r_p}{c_p^1}\right)^2 \times \left(\frac{2\pi c_p^1}{2\pi r_p}\right)^2 = \frac{E_0}{2(c_p^1)^2}$$

（注：式中 $\frac{2\pi c_p^1}{2\pi r_p} = \omega$）

（4）式中 1/2 因子，这是经典力学得出的物理定律，在低速时是正确的，所以也是必须遵守的。那么，近光速时如何呢？动能式中质量为引力质量时，则有 $\frac{1}{2}m_g c^2$，而另一半则是自旋角动能储存的能量，也可表示为 $\frac{1}{2}m_g c^2$。这是一个估算，是否精确呢？而徐宽定律中的引力质量 m_g 与惯性质量 m_i 的关系式为 $m_g = m_i e^{\frac{v^2}{2c^2}}$，速度近光速时，有 $m_g = 1.648\,72 m_i$，或者 $0.606\,53 m_g = m_i$，等式乘以光速平方，$0.606\,53 m_g c^2 = m_i c^2$。惯性质能包括静止质能和动能。牛顿理论的动能公式 $\frac{1}{2}m_g c^2$ 与徐宽关系式相近。反观相对论的质量速度关系式 $m = \frac{m_0}{\sqrt{1 - \left(\frac{v}{c}\right)^2}}$，式中质量描述的是惯性质量 m_i，由于爱因斯坦认为 $m_g \equiv m_i$，等效原理存在。所以研究者们无法解释中子衰变的瓶法—束法数据，也正是这个数据定量地否定了等效原理的存在（详见 2.2.2 部分）。新的数据[①]还在试图验证等效原理的存在与否！笔者只能这样说，实验系统的速度太小了，无法发现引力质量与惯性质量的差异，在速度为 $0.1c$ 时，它们才有约 1% 的差异。

……据介绍，团队成员用铷－85 和铷－87 两种原子干涉仪构建了一个微观世界的"比萨斜塔实验"：用原子喷泉和受激拉曼跃迁技术，实现两个同步自由落体的原子干涉仪，并由此测量两种原子重力加速度是否有差异。

……在积分 3 200 秒后，双原子干涉仪差分测量统计不确定度为 0.8×10^{-8}。系统误差评定表明，在 10^{-8} 精度下弱等效原理依然成立。

伽利略所做的"比萨斜塔实验"验证的弱等效原理，也被称为自由落

① 鲁伟，罗芳. 原子"比萨斜塔"实验精度创新纪录. 科学网，http://news.sciencenet.cn/htmlnews/ 2015/7/322984. shtm.

体普适性原理，它是爱因斯坦广义相对论建立的基础。300 多年来，科学家利用宏观物体作为检验质量的实验，检验的精度从 10^{-1} 提高到 10^{-8}，弱等效原理依然成立。

詹明生介绍说，诸如大统一理论、暴胀模型、弦理论、圈量子引力理论等，几乎所有试图将引力与标准模型统一起来的新理论都要求等效原理破缺。……①

对于 1 TeV 能量的质子、电子应该如何描述呢？其引力质量为 $m_g = 1\,\text{TeV}/c^2$。

根据徐宽定律 $m = m e^{\frac{v^2}{2c^2}}$，当 $v \to c$ 时，则有粒子惯性质能部分为 $0.606\,53\,m_g c^2 = m_i c^2 = 0.606\,53\,\text{TeV}$，由于其静止质能 $m_0 c^2$ 小三个数量级以上，可以忽略，故可视为粒子的动能，则粒子自旋角动能为 $(1 - 0.606\,53)\,m_g c^2 = 0.393\,47\,\text{TeV}$。

可见牛顿理论的动能公式、自旋角动能公式描述得并不差，在光速时也一样适用。其实粒子的能量是由三个独立部分（静止质能、动能、自旋角动能）组成的，并且是各自独立地表述。

此时的质子、电子每秒自旋几周才能到达这样的角动能呢？

既然已经计算出它们自旋角动能的最大值，反向就可以测算出 1 TeV 能量粒子对应的每秒自旋周数。

质子以粒子内部光速自旋时，每秒的最大周数：

$$\frac{c_p^1}{2\pi r_p} = \frac{3.853 \times 10^{-9}\,\text{m/s}}{2\pi \times 6 \times 10^{-16}\,\text{m}} = 1.022\,04 \times 10^6 \quad (\text{周/秒})$$

1 TeV 能量的质子，其自旋角动能部分为 0.393 47 TeV，设其每秒自旋周数为 x，则有：$\dfrac{3.16 \times 10^{25}\,\text{eV}}{(1.022\,04 \times 10^6)^2} = \dfrac{0.393\,47 \times 10^{12}\,\text{eV}}{x^2}$ （正比关系）

解得：$x = 0.114\,046\,028$ （周/秒） $= 0.716\,572\,327$ （弧度/秒）

将该值 $\omega = 0.716\,572\,327$ （弧度/秒）代入粒子自旋角动能关系式验证，得出：

---

① 鲁伟，罗芳. 原子"比萨斜塔"实验精度创新纪录. 科学网，http://news.sciencenet.cn/htmlnews/2015/7/322984.shtm.

$$E_K = \frac{1}{2}m_0 r^2 \omega^2 = \frac{1}{2} \times \frac{E_0}{(c_p^1)^2} \times \left(\frac{r_p}{c_p^1}\right)^2 \times (0.716\,57)^2$$

$$= \frac{1}{2} \times \frac{938.27 \times 10^6}{(3.853 \times 10^{-9})^2} \times \frac{(6 \times 10^{-16})^2}{(3.853 \times 10^{-9})^2} \times (0.716\,57)^2$$

$$= 0.393\,478\,9\,\text{TeV}$$

验算结果在误差范围内吻合，表明经典力学的角动能公式在引入质子内部光速后，可以精确地计算粒子的角动能。

对于质子静止质能 938.27MeV（由于速度为静止，所以静止质能应该视为自旋角动能所为），得出 5.569×10^{-3}（周/秒）= 0.035（弧度/秒）。该值与质子味变振荡是否关联呢？

电子以粒子内部光速自旋时，每秒的最大周数：

$$\frac{c_p^1}{2\pi r_e} = \frac{3.853 \times 10^{-9}\,\text{m/s}}{2\pi \times 4.9 \times 10^{-17}\,\text{m}} = 1.533\,060 \times 10^7\ （周/秒）$$

1TeV 能量的电子，其自旋角动能部分为 0.393 47TeV，设其每秒自旋周数为 x，则有：

$$\frac{1.721\,047\,6 \times 10^{22}\,\text{eV}}{(1.533\,060 \times 10^7)^2} = \frac{0.393\,47 \times 10^{12}\,\text{eV}}{x^2}$$

解得：$x = 73.302\,455\,65$（周/秒）= 460.57（弧度/秒）。

对于电子静止质能 0.511MeV（由于速度远远小于光速，所以静止质能应该视为自旋角动能所为），得出 0.083 535 901（周/秒）= 0.524 9（弧度/秒）。可见电子自旋比质子大了 15 倍。

明确粒子的能量是由三个独立的部分组成后，对于"慢光速高能量粒子"的存在也就不足为奇了。这是笔者发现的又一个新的物理定律，称其为"粒子能量独立定律"。粒子能量由三个独立部分组成，分别是静止质能、动能、自旋角动能。这是在徐宽定律的基础上的又一个新的发现。徐宽定律关系式乘光速平方得出引力质能、惯性质能。惯性质能包括静止质能和动能，引力质能包括静止质能、动能、自旋角动能。但是，如果不引入质子内部光速、质子、电子半径和经典力学的自旋角动能公式的话，还无法确定引力质量是由粒子的自旋角动能引起的，可能还会步入平均动能的歧途。此外，该定律将经典力学的动能定律、动量定律、自旋角动能定律、自旋角动量定律完美地联系起来。

反观相对论的动能关系式 $E = mc^2$、动量关系式 $P = mc$，虽然可以解释粒子碰撞、对撞的能量分布现象。但是爱因斯坦认为经典力学定律在粒子中不适用，而是相对论的动能式、动量式正确。所以经典物理定律一直无法引入到粒子物理学的研究中来，研究者们一直认为相对论是正确的。为什么会这样呢？

在高能碰撞、对撞中，静止质能 $m_0 c^2$ 比粒子总能量小两个以上数量级，可以忽略不计，则粒子动能可用牛顿动能定律表述为 $\frac{1}{2} m_g c^2$（由于速度趋于光速），粒子的自旋角动能约等于其动能，即 $\frac{1}{2} m_g c^2$，则两者之和为 $E = m_g c^2$。对比相对论的动能关系式，其质量也是引力质量。所以两者对于粒子碰撞、对撞现象的解释是等价的。从此，相对论掩盖了一个事实真相——粒子动能与粒子自旋角动能虽然可以等价描述，但实为独立的两个能量部分，并各自表述。

该定律还可以解决数个节点性问题，这些问题对于现代物理学来说就是茫然之处。这也是笔者早就瞄上的断点，等的就是这个新的发现，不然如何涉足其中呢？

4.1　中子束的能量

通过氚氘反应 T（d，n），He^4 所产生的 14MeV 单能中子，是理想的活化分析中子源，中子产额达到 10^{12} n/s 量级的中子发生器被称为强流中子发生器。[①]

中子束的能量是 14MeV。根据粒子能量独立定律，中子的静止质能为 939.57 MeV，14MeV 的能量是其动能、自旋角动能之和。根据徐宽定律，

---

① 陈佳洱. 加速器物理基础. 北京：北京大学出版社，2012；陈佳洱. 加速器物理基础（初版）. 北京：原子能出版社，1993.

则有 $m_g c^2 = m_0 c^2 e^{\frac{v^2}{c^2}}$，代入已知数据得出 （939.57 + 14） $= 939.57 e^{\frac{v^2}{c^2}}$ （MeV），

解得：$v = 0.121\ 616\ 248c$

代入徐宽定律惯性质能关系式：

$$m_i c^2 = m_0 c^2 e^{\frac{v^2}{2c^2}} = 939.57 e^{\frac{0.121\ 616\ 248^2}{2}} = 946.54 \ （MeV）$$

$946.54\text{MeV} - 939.57\text{MeV} = 6.97\text{MeV}$，表明 14MeV 的单能中子，一半为动能，另一半为自旋角动能。

代入牛顿动能公式，令式中的质量为引力质量 $m_g = 953.57\text{MeV}$，得出：

$$\frac{1}{2} m_g v^2 = \frac{1}{2} \times \frac{953.57\text{MeV}}{c^2} \times （0.121\ 616\ 248c）^2 = 7.052\text{MeV}$$，表明中

子能量 14MeV 的一半是其动能，另一半是其角动能。这与徐宽定律的结果吻合。所以牛顿动能公式、角动能公式中的质量是引力质量，其在低光速范围内一样适用。

反观相对论的质速关系式：

$$mc^2 = \frac{m_0 c^2}{\sqrt{1 - \frac{v^2}{c^2}}} = \frac{939.57}{\sqrt{1 - （0.121\ 616\ 248）^2}} = 946.596\text{MeV}$$

$946.596 - 939.57 = 7.026 \ （MeV）$，从结果看，质速关系式只是描述了惯性质能（动能）和静止质能部分，并不包括自旋角动能。这也正是研究者们对中子衰变的瓶法—束法数据无解而困惑的原因所在。

如果以质速关系式计算 14MeV 单能中子的速度，得出：

$$\sqrt{1 - \frac{v^2}{c^2}} = \frac{m_0 c^2}{mc^2} = \frac{939.57}{953.57}$$，解得：$v = 0.170\ 727\ 235c$

做个实验，测定 14MeV 中子的速度值，便可验证。

实验：将中子束流改为脉冲束，便可以测量中子的速度值。顺便在中子束流旁边放置单级强磁场，有自旋磁矩的中子 n $\left[uud \left(\frac{e^-}{v_e} \right) \right]$ 或许可

以被吸引而偏转，而无磁矩或者磁矩极弱的中子 n ［udd（$\frac{v_e}{v_e}$）］则沿原有轨道行进。测定中子磁矩的波动频率，也就是验证中子置换味变振荡的存在。

4.2 电子束冷却现象背后的物理机制

"冷却"这一概念是从粒子的横向动能可以用温度来度量这一意义借用过来的。我们知道，在电子储存环中的同步辐射导致电子在储存环中的自由振荡振幅衰减，即电子在环中占有的横向空间的面积逐渐减少。……但由于质子、重离子储存环同步辐射极小，这迫使人们探索新的办法来减少质子储存环中质子束团的发射度，使质子"冷却"，以便实现多次注入。①

"电子冷却"是指，在质子或反质子储存环中的直线段上注入与质子速度相等的电子束，如果电子束的能量单一，其轨道又与质子轨道平行，即电子的横向速度分量很小，而环中的质子束团的发射度较大，即横向运动动能较大，那么从温度概念来说，在以平均速度运动的坐标系中，质子的温度较高，电子的温度较低，于是它们之间将通过库仑力散射等因素进行能量交换，最后达到一个平衡态，即电子变热，质子变冷。也就是说质子的横向动量变小，发射度变小，此即"电子冷却"的物理过程。②

根据粒子能量独立定律，电子、质子在储存环中的横向动量、横向动能的变化只是一种表面现象。为什么这么说呢？有一个数据表明，正负电子都在同一 3km 长的直线加速器中进行加速，能量达到 50GeV。此时并不存在同步辐射，而能量又那么高，应该是"温度"极高、发散极大、横向动量颇大。而为什么其束流尺寸仅仅 3.0μm 呢？所以说横向动量、横向动能的变化只是一种表象。

超高能直线对撞机 1989 年 SLC 的性能参数，电子数、正电子数均为

① 陈佳洱. 加速器物理基础. 北京：北京大学出版社，2012；陈佳洱. 加速器物理基础（初版）. 北京：原子能出版社，1993.
② 陈佳洱. 加速器物理基础. 北京：北京大学出版社，2012；陈佳洱. 加速器物理基础（初版）. 北京：原子能出版社，1993.

2.0×10^{10}，束流尺寸 $\sigma_x = \sigma_y = 3.0\mu m$，束流能量达到 50GeV。[1]

根据电子是引力粒子[2]，它们之间存在电子云效应[3]，加上新发现的引力质量的一部分以粒子自旋角动能的方式储存。电子在储存环中的横向动量逐渐减少现象，是电子的引力质量，也就是自旋角动能逐渐趋向一致的过程。因为只有引力质量趋向一致时，在相同的库仑力加速中，其横向动能才会逐渐减少，而不一致的角动能则以同步辐射的方式损失掉。这一过程是库仑力、自旋磁矩产生的磁场力、同步辐射、电子云效应内禀性共同作用的结果，迫使电子的自旋角动能趋向一致。而直线加速器中的电子束，则没有同步辐射，是余下的相互作用力产生的结果，是电子各自交换自旋角动能趋向一致的结果。

实验：测量电子储存环中束流尺寸、长度的前后变化。条件：维持足够长时间测量束流尺寸的最小极值，不加注新的电子束。目的：检验电子云效应在不同能量的电子束中产生的变化；对比电子库伯对中的电子云效应，静态约束在晶格中的尺寸约为 1 埃，能量约几个电子伏；用以发现新的物理规律。

质子是引力—斥力粒子，熵增定律的本质原因是，在膨胀小宇宙系统中，所有带有斥力亚夸克的粒子都必须对系统斥力膨胀做功，则其损失能量（质能），是熵增内能减少的过程，所以重子物质产生热辐射损失质量、光子以红移的方式损失能量。这只是密钥归零的部分描述。[4]

质子在储存环中横向动量逐渐增加，并不是由温度增加引起的，而是质子热辐射损失的光子，其能量不一致引起的引力质量或者角动能的不一致，也就是说这些光子的能谱是一个黑体辐射能谱，引起质子的引力质量不一致，在相同库仑力加速下，必然是横向动能逐渐增加。另外，质子辐射光子时，光子对质子有一个动量反冲过程，也会使得质子横向动能增加而使得束流发散。此外，质子并没有电子云效应存在，或者极弱。

实验：测量质子储存环中的辐射能谱，改变质子能量，找出辐射能谱的变化规律，可作为天文观测的参考依据。

---

① 陈佳洱. 加速器物理基础. 北京：北京大学出版社，2012；陈佳洱. 加速器物理基础（初版）. 北京：原子能出版社，1993.
② 欧阳森. 宇宙结构及力的根源. 香港：中国作家出版社，2010.
③ 欧阳森. 白洞喷发与轻元素循环. 广州：暨南大学出版社，2011.
④ 欧阳森. 宇宙结构及力的根源. 香港：中国作家出版社，2010.

"电子冷却"实验 NAP－M 数据"质子的能量最高为 150MeV，电子的能量为 100keV，电子流为 1A，电子束的角分散为 2×10^{-3} rad"。[1] 其典型的实验结果如表 4－1 所示。

表 4－1　质子冷却的典型实验参数和结果[2]

质子能量（MeV）	$35 \sim 80$
电子能量（keV）	$19 \sim 43.6$
电子束直径（mm）	10
电子束流强（A）	$0.1 \sim 0.25$
质子束流强（μA）	$20 \sim 200$
质子束平衡尺寸（mm）	0.8
冷却时间（在电子流为 0.1A 时）（s）	5
冷却范围的束流寿命（s）	5 000
没有冷却的束流寿命（s）	900
质子束分散角（rad）	$\leqslant 4 \times 10^{-5}$
质子束动量分散（$\Delta P/P$）	1×10^{-5}

数据结果表明，电子束是低能量大流强，质子束是高能量小流强，能量相差 3 个数量级，流强相差 3～4 个数量级。在电子—质子的混合束流中，它们之间通过库仑力、自旋磁矩、电子云效应等的相互作用，交换了各自的自旋角动能，迫使质子的引力质量（也就是自旋角动能）趋向一致。经过 5 秒钟时间，质子已经转了 N 圈，使得质子的自旋角动能逐渐趋向一致，而质子则以损失不一致的角动能在电子云效应的作用下，使得引力质量趋向一致，则在相同库仑力加速中，其束流指标（寿命、分散角、动量分散）都得到一个数量级的提高。电子束流则因为获得质子的不一致角动能而发散。

① 陈佳洱. 加速器物理基础. 北京：北京大学出版社，2012；陈佳洱. 加速器物理基础（初版）. 北京：原子能出版社，1993.
② 陈佳洱. 加速器物理基础. 北京：北京大学出版社，2012；陈佳洱. 加速器物理基础（初版）. 北京：原子能出版社，1993.

强直线电子束集团加速器

"强相对论电子束（IREB）的集团加速是 1960 年苏联的普鲁图首先报告的，……用这样的装置产生的 IREB 注入工作气体（如氢）中，其气压为 13Pa 左右。这时 IREB 会导致气体电离并捕获部分离子一起运动，使离子被加速，其离子的能量远高于注入的电子束的能量。"这就是这类加速器的基本工作原理。下面仅就其中的 IFA、ARA 以及真空漂移管加速器等作一概述。

1. 前沿电离加速器 IFA

IFA 加速器的基本物理过程是把强相对论电子束（IREB）注入中性气体中，在束团的前部形成一个很陡的势阱，这个势阱引起中性气体电离并捕获离子。当 IREB 移动时，这个势阱同样移动，这样 IREB 提供了一个加速场使离子得到加速。IREB 的整个空间电荷场很高（如电子束能量 $\varepsilon_e = 1\text{MeV}$，电子束流 $I_e = 30\text{kA}$，电子束半径 $r = 1\text{cm}$，则加速场 $E_z \approx 100\text{MV/m}$），而势阱的速度是从零开始的，因此离子可以从静止状态开始被加速。这个加速原理已被一些实验所证实。如美国康奈尔大学米勒（R. B. Miller）等人用 2MeV，20kA 的 IREB 实验，在 100cm 范围内，使氚离子加速到 6.6MeV。更高能量的实验方案也已提出。表 4-2 是 IFA 加速器可能的设计参数表。

表 4-2　IFA 加速器设计参数表[①]

	IREB	质子参数
能量	3MeV	1GeV
束流	30kA	10kA[*]
束流半径	1cm	0.5cm
束流脉冲	40ns	0.04ns
束流功率	0.09TW	10TW
加速区长度	——	10m

　＊笔者更正为 10A，转化率约为 1/9，否则能量不守恒，数据不一致。

---

　　① 陈佳洱. 加速器物理基础. 北京：北京大学出版社，2012；陈佳洱. 加速器物理基础（初版）. 北京：原子能出版社，1993.

2．自共振加速器 ARA

与 IFA 不同，ARA 加速器是将 IREB 注入有很强的纵向磁场 B_z 的真空管中，并且用高频激励器在非中性化的 IREB 中激起慢的回旋波。从这种模式的回旋波的色散关系中得到相速度 v_p 为 $v_p = [\omega_0 / (\omega_0 + \omega_{ce})] v_z$，这里 ω_0 是激励波的频率，$\omega_{ce} = eB_z (\gamma m_0 c)^{-1}$ 是电子在 B_z 场中的回旋频率，v_z 是电子束流的速度。这里被激励起的回旋波是一个纵向空间电荷波。它是一种所谓负能量形式的波，也就是说它是从 IREB 束流能量的损失建立起的波，其场强沿轴逐渐增长。载在这个慢空间上的离子将被加速，在加速段，B_z 逐渐变小，由上式可知二波的相速逐渐增加，因此离子被加速到高能。[①]

表 4 - 3　ARA 可行性试验加速器参数表[②]

IREB 参数		加速段参数	
能量	$\varepsilon_e = 3\,\text{MeV}$	质子能量	$\varepsilon_p = 30\,\text{MeV}$
束流	$I_e = 30\,\text{kA}$	质子束流	$I_p = 30\,\text{A}$
束径	$r_b = 3\,\text{cm}$	加速段长度	$l = 400\,\text{cm}$
束流脉冲功率	$p_e = 9 \times 10^{10}\,\text{W}$	初始磁感应强度	$B_{in} = 2.4\,\text{T}$
压缩段参数		末端磁感应强度	$B_{out} = 0.2\,\text{T}$
初始磁感应强度	$B_{in} = 0.24\,\text{T}$	初始束径	$r_{in} = 1\,\text{cm}$
长度	$l = 100\,\text{cm}$	末端束径	$r_{out} = 3.5\,\text{cm}$
末端电子束半径	$r_{out} = 1\,\text{cm}$	激励波频率	$f_0 = 240\,\text{MHz}$
末端磁感应强度	$B_{out} = 2.4\,\text{T}$		

3．真空漂移管加速器

这个加速器利用阳极、阴极间放电产生强相对论性电子束，在阳极附近用喷阀喷入气体，在电子束前端使气体电离形成等离子体。这个等离子体既是离子源，又是集团加速的载体。实验结果表明，每个核子的最大能

---

①　陈佳洱．加速器物理基础．北京：北京大学出版社，2012；陈佳洱．加速器物理基础（初版）．北京：原子能出版社，1993．

②　陈佳洱．加速器物理基础．北京：北京大学出版社，2012；陈佳洱．加速器物理基础（初版）．北京：原子能出版社，1993．

量为 5MeV，而且与质量无关，用不同的气体进行实验发现，在离子束团中包含的总电荷与气体种类无关，并近似相同（$\approx 10^{12} e$）。从 Xe 离子中发现最大能量的 Xe（10^7 离子/cm^2）为 600 ~ 900MeV。[①]

笔者原文引述，一是为了对实验数据进行进一步分析；二是为了对研究者们的理论观点有进一步了解，以发现其错误所在；三是为了读者不至于在查阅资料时断了思绪。

IFA 的研究者认为，是强相对论电子束产生的加速电场，对质子、离子进行了加速作用，而使其获得能量的。对于 $E_z = 100MV/m$ 加速电场来说，只需 100 个能量为 $\varepsilon_e = 1MeV$ 的电子成团，在其束流峰前，对于质子、离子来说就是一个 $E_z = 100MV/m$ 的电场。但是不要忘了，这个电场是负电荷产生的，对于质子、离子来说是库仑吸引力。所以无论质子、离子在峰前还是峰后，其速度都不可能大于电子束流的速度。那么，用相对论的质速关系式如何解释质子、离子获得的高能量呢？这才是研究者们的无奈之处。

根据粒子能量独立定律，其实真实的物理过程十分简单，就是电子束流与质子、离子通过库仑力、电子云效应等的相互作用，质子、离子与电子束同行，也就是获得了相同速度，并且通过交换获得了电子束的部分角动能，则质子、粒子的能量大于电子束的能量。之前的计算结果是电子自旋的角速度比质子的大 15 倍，如果混合，两者的角速度有趋向一致的可能，则质子、离子获得电子的角动能，这是一个趋势。

IFA 使得氘离子获得 6.6MeV 的能量[②]，但是没有给出流强的数据。从其设计参数（表 4 - 4）可知，研究者们希望获得 1/9 的电子束流能量的转换率。而 ARA 试验数据表明，电子束流能量转换率仅为 1%，$\dfrac{\varepsilon_p I_p}{\varepsilon_e I_e} = \dfrac{30MeV \cdot 30A}{3MeV \cdot 30kA} = \dfrac{1}{100}$。而质子束流在经过 400cm 加速段时，初始束径从 1cm 发散到末端束径的 3.5cm。这表明质子虽然是引力—斥力粒子，但没有引力自约束现象，而是库仑排斥力以及热辐射光子的反冲占主导。

---

① 陈佳洱. 加速器物理基础. 北京：北京大学出版社，2012；陈佳洱. 加速器物理基础（初版）. 北京：原子能出版社，1993.

② 陈佳洱. 加速器物理基础. 北京：北京大学出版社，2012；陈佳洱. 加速器物理基础（初版）. 北京：原子能出版社，1993.

而真空飘移管加速器的数据表明，电子束流的能量转换率更低，远远小于该值 $\dfrac{900\,\text{MeV}}{10^{12}\,\text{e}} = 9 \times 10^{-5}$，因为没有计入电子束的能量。

所以笔者在想，IFA 设计的 1/9 电子束流能量转换率是否过于乐观？想获得高能量质子束还有一个方法，正负电子对属于粒子对能，质子俘获 N 个正负电子对，其能量转换率远远高于获得的电子束角动能。可问题是，如何让质子束同时获得电子束和正电子束的能量呢？

PBWA 是用激光来激励等离子体波的集团加速器。[①]

除用电子束激励等离子体外，还可以采用激光进行激励。美国加利福尼亚大学曾提出用激光束激励等离子体尾场的方案，这种加速器被称为等离子体激光尾场加速器。……[②]

等离子体差拍波加速器 PBWA、等离子体尾场加速器 PWFA[③]（见表 4 - 5），其用激光束代替电子束流，一样可以产生高能量的电子、质子、离子等等。研究者还用加速电场的观点来解释粒子获得的能量。可知，现代物理学对光子的解释——光子是电荷中性粒子，即使承认光子的亚夸克结构式，光子凝聚态存在分数电荷[④]，但是光子成对出现，电荷还是中性的，那么，哪来的加速电场呢？回旋加速器、电子储存环中的电子都产生同步辐射。在特定条件下，电子俘获 N 个光子对获得高能量的逆过程，为什么就不存在呢？

根据能量守恒定律，先分析一下激光束加速粒子束时的能量分配问题，然后再看看粒子是如何俘获光子对的。

① 陈佳洱. 加速器物理基础. 北京：北京大学出版社，2012；陈佳洱. 加速器物理基础（初版）. 北京：原子能出版社，1993.

② 陈佳洱. 加速器物理基础. 北京：北京大学出版社，2012；陈佳洱. 加速器物理基础（初版）. 北京：原子能出版社，1993.

③ 陈佳洱. 加速器物理基础. 北京：北京大学出版社，2012；陈佳洱. 加速器物理基础（初版）. 北京：原子能出版社，1993.

④ 欧阳森. 建立宇宙密码字典. 广州：暨南大学出版社，2013.

表 4 – 4　一台 16GeV PBWA 的参数表[①]

激光波长	$0.25\mu m$
等离子体密度	$10^{17}cm^{-3}$
E_z	$3GeV/m$
加速器长度	$5.4m$
能量增益	$16.2GeV$
等离子体波长	$100\mu m$
激光等离子体耦合系数	10%
激光脉冲宽度（方波）	$15ps$
等离子体波建场时间	$15ps$
激光能量	$200J$
等离子体波直径	$500\mu m$
等离子体体积	$1cm^3$
等离子体能量	$16.65J$

表 4 – 5　激光尾场加速器设计参数[②]

激光器功率	10TW	1PW
脉冲长度	$0.25ps$	$1ps$
V_{osc}/c	2	11
等离子体密度	$6\times10^{16}cm^{-3}$	$4\times10^{16}cm^{-3}$
加速场梯度	$15GeV/m$	$20\sim80GeV/m$

$0.25\mu m$ 波长的激光光子能量 $E_{0.25\mu m}=4.959\,82eV$，$200J$ 能量脉冲的光子数：$\dfrac{200}{1.602\times10^{-19}\times4.959\,82}=2.517\,1\times10^{20}$。离子能量增益 $16.2GeV$，一个 $16.2GeV$ 能量的离子吸收 n 个光子对 $\dfrac{16.2\times10^9eV}{2\times4.959\,82eV}=1.633\times10^9$，即使 $200J$ 的脉冲能量全部被离子吸收，也只能使 $1.541\,3\times10^{11}$ 个离子达到 $16.2GeV$ 的能量。这比设计的离子数小 6 个数量级，所以

---

　　①　陈佳洱. 加速器物理基础. 北京：北京大学出版社，2012；陈佳洱. 加速器物理基础（初版）. 北京：原子能出版社，1993.
　　②　陈佳洱. 加速器物理基础. 北京：北京大学出版社，2012；陈佳洱. 加速器物理基础（初版）. 北京：原子能出版社，1993.

并不是全部离子都能达到该增益值。而研究者们用等价电场的观点来加速离子，能量是不守恒的，还有就是相对论的质速关系式是错的。

离子吸收 n 个光子对的过程，不论是用 PBWA 还是用 PWFA，都只是在创造一个离子吸收 n 个光子对的条件，强激光脉冲射入一个直径为 $100\mu m$ 的毛细管中，就会在管壁产生一个群速度慢于 c 的光子对群，这便于离子吸收 n 个光子对。这个群速度究竟有多慢，实验数据为 $9\,000km/s$，而且不是强激光条件产生的[①]。图 4-1 至图 4-3[②] 表明，激光脉冲尾部确实存在一个电子、离子团。

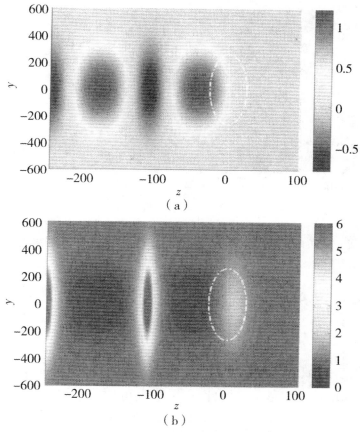

图 4-1 标势和电子密度的二维分布[③]

注：点划线代表激光脉冲的位置，尾随的是电子波包。

---

① 朱汉斌，方玮. 华南农大设计出新型慢速光孤子全光二极管. 科学网，http://news. sciencenet. cn/htmlnews/2015/6/320935. shtm.

② 张杰，盛政明等. 强场激光物理研究前沿. 上海：上海交通大学出版社，2014.

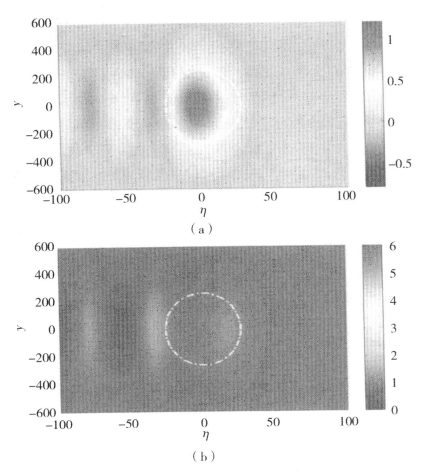

图 4 - 2 标势（a）和电子密度（b）的二维分布（等离子体密度为 $Zn_i = 2 \times 10^{-2}$）[1]

　　这是离子吸收慢群速光子对的过程，离子仅仅是增加其自旋角动能，速度并不需要达到近光速，甚至慢光速就可以获得 16.2GeV 的能量，甚至更高。

　　"由于带边色散效应，这个光脉冲具有非常慢的群速度，仅有光速3%（约为 9 000 公里/秒），因此该器件也可以用作光子缓存。"[2]

　　① 张杰，盛政明等. 强场激光物理研究前沿. 上海：上海交通大学出版社，2014.
　　② 朱汉斌，方玮. 华南农大设计出新型慢速光孤子全光二极管. 科学网，http://news. sciencenet. cn/htmlnews/2015/6/320935. shtm.

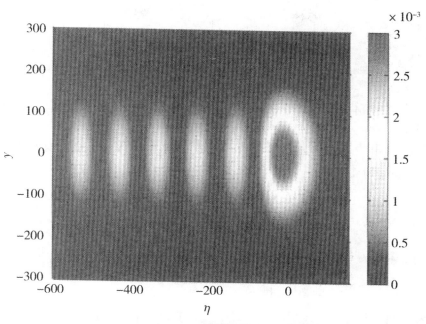

图 4 - 3　空泡中离子能量密度的二维分布[1]

从图 4 - 3 中可以看出，"被尾波场加速的离子大都集中在第一个空泡中，形成一个高能量密度的离子团。背景等离子体密度越高，空泡尺度越小，单一空泡的高能粒子总数和总能量会更高，但是离子的最大能量会有所下降"。[2]

可见通道中的等离子体已经获得能量，形成一连串的离子团空泡，为随后而来的激光脉冲提供了光谱展宽所需要的能量，也为产生软 X 射线提供了能量。

4.3　交变电场中的电子、离子

说到这个话题，会联想到 He - Ne 激光器中的等离子体、高压输送线路中的电子如何运动？而这些已经在现实生活中得到了广泛应用，并形成了稳固的理论体系。但笔者还是想知道，这些电子、离子是如何运动的。

现以 500kV 的超高压输电线路，50Hz 交变电场/电流，线路电阻 160

---

① 张杰，盛政明等. 强场激光物理研究前沿. 上海：上海交通大学出版社，2014.
② 张杰，盛政明等. 强场激光物理研究前沿. 上海：上海交通大学出版社，2014.

欧姆，线路长 600km 计算。线路电流 $I = \dfrac{P}{V} = \dfrac{1.1 \times 10^6 \text{W}}{500 \text{kV}} = 2.2 \text{A}$，线路热

损失 $Q = I^2 R$，输送功率 $P = 1\ 100 \text{kW}$，线路热损失率 $\eta = \dfrac{Q}{P} = \dfrac{I^2 R}{P} =$

$\dfrac{2.2^2 \times 160}{1.1 \times 10^6} = 7.04 \times 10^{-4}$。

"现举例如下：从河南平顶山到湖北武昌的高压输电线路长 600km，其导线的电阻为 160Ω，我们输送电能的功率为 1 100kW。"[1]

如果以相对论质速关系式计算，自由电子只有动能。在电子向线路 A 端运动 1/100 秒后，又向 B 端（A 端反方向）运动 1/100 秒，库仑力对电子做功为 $500 \text{kV} \cdot \text{e} \cdot \dfrac{1}{100} = 5 \text{keV}$，电子反方向运动时，动能为 -5keV，在一个周期内，两动能相互抵消。

如果电子以光速、近光速运动，通过载荷的电子做了有用功，而在输电线中的电子则动能抵消，那么，这些电子有多少呢？

难道系统没有对电子做功？还是全部成了线路热损耗？如果系统对电子做功，则抵消的动能全部转化为热能，则输电热损耗率应是 100%，而不是计算值或者是现实的热损失率 $\eta = \dfrac{IR}{V}$。这两种解释都是没有道理的，所以输电工程师仍在运用欧姆定律，而非相对论。

根据粒子能量独立定律计算，自由电子有动能，也有自旋角动能。在电子向 A 端加速运动 1/100 秒后，获得动能 5keV，在电子向 B 端运动时，之前的 5keV 动能转换为角动能储存起来，之后的 5keV 能量也转换为角动能储存起来，成为引力质量。也就是说，周期电场加速的只是电子的角动能，而不是动能。当电子能量达到 500keV 时，交变电场的库仑力对其角动能的加速达到平衡状态。电子依然以其自由电子的速度运动，达到负载端释放电子的能量，电流 $I = \dfrac{V}{R} = ne$ 个电子电荷/秒，功率 $P = n \cdot 500 \text{keV} = IV$，这与欧姆定律是相通的。式中的电阻 R 是自由电子在常态中，每一个电子与导体的引力效应的综合体现。

事实上，在闪电中，我们有时候可以看到闪电"慢慢"下来的现象。这个速度不是光速，也不是 $0.14c$ 的低光速速度（500keV 能量电子的速

① 输电线的热损失问题. http：//res. tongyi. com/resources/old_ article/student/2769. html.

http：//www. auyeungsum. com

度，以徐宽定律计算的结果），而是比这个速度还慢许多的速度。因为云底的高度约为 4~5km，人眼对每秒 24 帧画面可以看到是连续的。那么，在小于 1/24 秒后的一个值中，人眼将无法分辨出是动态连续的，还是即刻的，估计这个速度为数百公里/秒。许多闪电的录像也表明了这一观点，以此可以进行多次估算。

实验：对闪电进行实拍录像，分辨率为千分之一秒，应该可以发现不同速度的闪电通道。这是慢速度高能量的电子、离子击穿闪电通道的现象。

输电线路 2.2A 电流有多少个电子？$n = \dfrac{2.2A}{1.602 \times 10^{-19}} = 1.373 \times 10^{19}$ 个电子。

（注：1 安 = 1 库仑电荷/秒，$1A = 1C/s$；$1C = 6.25 \times 10^{18}$ 电子电荷，$\dfrac{1}{C} = \dfrac{1}{6.25 \times 10^{18}} = 1.602 \times 10^{-19}$。）

线路热损失能量：

$Q = P\eta = 1\,100kW \times 7.04 \times 10^{-4} = 0.774\,4kW = 774.4J \cdot s = 4.834\,0 \times 10^{21}eV \cdot s$

平均到每秒每个电子的热损失能量：$\dfrac{4.834\,0 \times 10^{21}eV \cdot s}{1.373 \times 10^{19} 个 \cdot s} = 352.07eV$

以牛顿动能定律 $E = \dfrac{1}{2}m_g v^2$ 计算：$352.07eV = \dfrac{1}{2} \times \dfrac{(0.511 \times 10^6 + 5 \times 10^5)}{c^2}v^2$

解得：$\dfrac{v}{c} = 0.026\,39$，约 $7\,911.5km/s$，这是电子能量一半为动能，另一半为角动能的情形。如果大部分为角动能储存，则速度会慢许多。

平均每米线距离，电子的横向速度 $\dfrac{0.026\,39c}{600km} = 13.185\,8m/s$，每厘米线距为 $0.132\,0m/s$。这说明什么呢？

在现实的高压输电线路中，以减小导线直径、增加股数来降低热损失率，多采用 4 股（多股）。这是否就是限制电子的横向速度来降低热损失率呢？如果是这样，在导线中套上永磁铁套管，套管的磁场强度两头弱，中间强，以此约束电子的横向动能转换为纵向动能或者角动能，热损失率也会降低。

根据趋肤效应，假设高压输电线路的铝线中，只有表层的铝原子提供自由电子，而且是每一个原子提供一个自由电子。Al 原子半径 1.431 埃，1mol Al 原子 27 克，阿伏伽德罗常数 $N = 6.022\,045 \times 10^{23} \text{mol}^{-1}$[①]。

当导体中有交流电或者交变电磁场时，导体内部的电流分布不均匀，电流集中在导体的'皮肤'部分，也就是说电流集中在导体外表的薄层，越靠近导体表面，电流密度越大，导线内部实际上电流较小。结果导体的电阻增加，使它的损耗功率也增加。这一现象称为趋肤效应。[②]

用 1mol 的 Al（27 克）铺一层原子厚度的话，有多少平方米的面积？

$$\frac{\pi r^2 N}{\eta n} = \frac{\pi \cdot (1.431 \times 10^{-10})^2 \times 6.022 \times 10^{23}}{\eta n} = \frac{38\,740.92}{\eta n} \,(\text{m}^2)，式$$

中，η 为孔隙率（如晶格等等），n 表示有几层原子对自由电子数产生贡献。

1 安倍电流 = 1 库仑电荷/秒，相当于每秒通过 $6.242 \times 10^{18}\text{e}$ 个电子，一个阿伏伽德罗常数的电子相当于 96 472.44C 的库仑电量。

则有 $\frac{38\,740.92\text{m}^2/\text{mol}}{96\,472.44\text{C}/\text{mol}} = 0.401\,575\text{m}^2/\text{C}$，表示 0.4 平方米表面积的

Al 可以有 1 库仑电荷的自由电子存在，当然还需要考虑 $\frac{1}{\eta n}$ 的系数。

1 米长、直径为 2mm 的铝导线的表面积是多少平方米？

当不考虑 $\frac{1}{\eta n}$ 的系数对自由电子的贡献时，$2\pi r l = 2\pi \cdot 0.001 \times 1 = 6.283\,2 \times 10^{-3}\text{m}^2$。

60 股 1 米长、直径为 2mm 的铝导线的表面积是 0.376 99 平方米，与 0.4 平方米 1 库仑电量相近。如果这些自由电子仅仅是在高电压作用下流过的话，电流的速度会很慢。因为 500kV 高压电 2.2A 的电流，在 1/100 秒时流向 A 端的电流为 0.022A，相当于电子数 $1.373\,3 \times 10^{17}$，相当于 Al 表面积 $8.835 \times 10^{-3}\text{m}^2$ 全部的自由电子在高电压下流过，但这与事实不相符。那会是什么样的速度呢？

电容器可视为一个能量储存系统，用一个可以储存数库仑电荷的平行板电容器做实验：3V 直流电压注入 1 库仑电荷，也就是 $6.242 \times 10^{18}\text{e}$ 个

---

① 李振寰. 元素性质数据手册. 石家庄：河北人民出版社，1985.
② 百度百科.

电子；12V 直流电压也注入 1 库仑电荷。撤去外部电源后，测量电容的电压，前者是 3V，则储存了 3J 的能量；后者是 12V，则储存了 12J 的能量。问：这个平行板电容器只是储存了 1 库仑电荷的电子，在化学结构、物理结构都没有发生变化的情况下，这个电压是如何产生的呢？也就是说这个能量是如何储存的呢？

根据新发现的物理定律，这个能量是以电子的自旋角动能形式储存的，而电子的速度并不需要增加。3V 直流电压注入的 1 库仑电荷电子（6.242×10^{18}e），其每一个电子的能量均为 3eV，后者是 12eV，则储存的能量、电压问题也就得到合理的解释。如果用 0.5V、0.33V 的直流电压注入 1 库仑电荷到电容器中，是否可以确认电子的能量分别是 1/2、1/3 电子伏呢？

这与分数电压的霍尔效应有怎样的联系呢？外加强磁场垂直电流方向，产生的霍尔电压垂直电流和外磁场方向。这个外磁场对电流中的电子做功，使得电子获得能量，如 neV 的能量，n 可以是整数，也可以是分数。电子在外磁场（也是霍尔电压）方向上的排列产生的霍尔电压是电子获得外磁场能量的结果。

现在回到高压输电系统，在 600km 的输电线路中没有负荷时，对于供能系统来说，它就是一个电容器。现在切断电源，测量电容器的电压，储存的能量是多少？对比供能系统的功率和供能时间。改变后两者，可以得到一系列数据，这些数据会告诉我们新的物理。

在高频电场中，电能的输入亦是如此，如 He - Ne 激光器的气体放电泵浦。首先增益物质系统就是一个宏观的熵减系统，因为其吸收外界能量，而且不是一次性释放出来，所以这个增益系统可以视为一个能量储存系统。如外界交变电场的输入能量为 1kV，$I = 3.5$mA，则增益系统的等离子体中的每一个电子、离子可以获得的最大能量为 1keV。

在谐振腔中，在信号光 638.8nm 的激励下，电子（或者也包括离子）产生受激辐射。对于 638.8nm 的光子，能量为 $E_{638.8nm} = 1.941\,069\,806$eV，一对这样的光子能量为 3.882 139 612eV。对于一个 1keV 能量的电子来说，其可以一次性受激辐射 322 对这样的光子对。对于不同的电子，其可以产生 1 至 257 对光子对。据此，He - Ne 激光束中的光强是不均匀的。

是否可以做一个实验来验证一下呢？因为激光原理描述的物质增益系统是粒子数反转、电子—原子能级、谐振腔，这样每个原子能级一次只能产生一对光子，则激光束的光强是均匀的。但是，激光散斑的存在，研究者们认为是物体散射光产生的干涉结果。那么，为什么不将物体表面做成镜面？没有了散射，是否还可以看到亮斑呢？

4.4　宇宙射线中的奇异事件

"半人半马"事件[1]和慢速粒子事件[2]，研究者们对其无解，认为是奇异事件，这是因为其所信奉的相对论的质速关系式，根本就不是物理定律。

一直没有能得出合理解释的事件的著名例子是 1977 年巴西—日本合作组在巴西高山顶上做的实验，在所得乳胶照片上出现成百径迹但无 π^0 及 e 的暴丛现象（即著名的"半人半马"事件，由乳胶室探测器底部簇丛形状得名），经溯源到仪器之上五十米处（即大气顶下每平方厘米五百克处）发生，被认为从原始能量 1 000TeV 产生的质量为 200GeV 的"火球"。深入大气层如此之远的这个火球的来源不可能是普通原子核，次生粒子的平均横向动量高出正常几倍。1979 年布乔肯及麦克乐兰则提出这个火球是来自密度比核物质高几百倍的夸克球。这种密度特大物质很可能在巨崩的早期形成。[3]

但有几个偏离分布的事例被找到。其中有一个难以用本底或噪声来解释：它的速度为 0.4c，显著性约为 6σ。它究竟是奇异事例还是本底，或是由探测器本身的故障造成？这一问题仍在研究之中。[4]

根据粒子能量独立定律，对于著名的"半人半马"事件的解释为：在仪器之上 50 米处，有一个略大于 400GeV 的高能粒子，如质子。其碰撞另一个质子或者原子核，将大部分动能（200GeV 能量）传递给了后者，后者由于只有动能没有角动能，与其他粒子碰撞时，不会产生大质量，甚至有质量的粒子，可认为是纯粹的弹性碰撞，或者其穿透性强，已经越过了探测器范围，所以实验探测不到粒子。而原初质子则保留了自身的自旋角动能部分

①　卢鹤绂. 高能粒子物理学漫谈. 上海：上海科学技术出版社，1979.
②　中国科学院高能物理研究所. 粒子天体物理，http：//www.ihep.cas.cn/zdsys/lzttlab/lztt... /W020130206618491943685. doc.
③　卢鹤绂. 高能粒子物理学漫谈. 上海：上海科学技术出版社，1979.
④　中国科学院高能物理研究所. 粒子天体物理，http：//www.ihep.cas.cn/zdsys/lzttlab/lztt... /W020130206618491943685. doc.

（200GeV）和少量的动能部分（约为 200GeV/n）。当这个原初慢速质子下行 50 米后与第三个质子或者原子核碰撞时，释放了全部的能量［角动能（200GeV）和动能（200GeV/n）］，则我们就会看到"次生粒子的平均横向动量高出正常几倍"的实验数据。这是因为自旋角动能释放时，是以大散射角度，产生大质量粒子对能的结果。由于其动能小，所以"无 π^0 及 e 的暴丛现象"，因为这些粒子是以小角度散射的。

整个过程类似于台球的一种击打方式，中高杆击打白球，白球撞击一颗彩球后，自身动能大部分传递给了这颗彩球，白球慢速自旋前行，碰撞另一颗彩球后，损失了自旋角动能和余下的动能后，停了下来。

设原初质子的总能量为 400GeV，自旋角动能为 200GeV，第一次碰撞后保留了 $1/n$ 的 200GeV 动能部分，n 在 3 到 9 之间。根据牛顿动能定律得出：$\frac{1}{2}m_g v^2 = \frac{200\text{GeV}}{n}$，由于此时的原初质子能量为：

$$m_g c^2 = 200\text{GeV} + \frac{200\text{GeV}}{n} \approx 200\text{GeV}，简化后得出：$$

$$n = 3 \text{ 时，} v^2 = \frac{2}{3}，v = 0.816\ 5c；\quad n = 9 \text{ 时，} v^2 = \frac{2}{9}，v = 0.471\ 4c$$

而羊八井数据是"它的速度为 $0.4c$，显著性约为 6σ"。[1] 根据显著性约为 6σ 可以判定是一个奇异事件，根据上式可以得出粒子总能量是其动能的 12.5 倍。

4.5 四夸克、五夸克粒子的亚夸克结构式

实验发现的四夸克粒子 Zc（3900），那是中间玻色子的共振态[2]，最近实验又发现了五夸克粒子[3]，那是重子的高能共振态。

以中子为例，其亚夸克结构式：n $\left[\text{udd}\left(\frac{v_e}{v_e} \right) \right] \leftrightarrow$ n $\left[\text{uud}\left(\frac{e^-}{v_e} \right) \right]$，

① 中国科学院高能物理研究所. 粒子天体物理, http：//www.ihep.cas.cn/zdsys/lzttlab/lztt... / W02013020661849194 3685. doc.

② 欧阳森. 建立宇宙密码字典. 广州：暨南大学出版社，2013.

③ 彭科峰. 五夸克：揭秘世界本质再近一步. 科学网，http：//news.sciencenet.cn/htmlnews/2015/7/ 323209. shtm.

是由三个夸克和两个轻子组成。也可以认为是五夸克组成的粒子，这样其释放一个介子，不就成了七夸克粒子吗？

其实研究者们在断定四夸克、五夸克粒子时，是以粒子的衰变产物（粒子）为依据的。据此，是否可以认为对撞机中的质子是由 N 个夸克组成的粒子呢？

其实，这是粒子高能共振态储存的动能、角动能释放（转换）为粒子对能的过程，而粒子对能是由正反轻子对、正反重子对、光子对、介子、中间玻色子组成的。只要能量守恒、电荷守恒、重子数守恒、轻子数守恒、夸克禁闭、亚夸克禁闭，这样的粒子反应就存在，以此还可以预测未知的物理存在。

4.6　涡轮发动机转子共振现象的解决方案

飞机在做转弯等各种机动时，发动机转子有时会发生共振现象，容易引发事故。这是由于飞机在转弯时，转子质心受到离心力的持续作用，转子作为一个独立的运动物体，其动能也会持续性地作用并累积在转子质心上，成为横向动能。转弯时，发动机推力减少，转子的角动能也会作用在质心上逐渐成为横向动能。当达到转子的承受极限时，共振必然发生，角动能会迅速地转换为横向动能从而加速共振振幅。

要避免转子共振现象的发生，改变转子的引力质量便可，也就是改变转子的转速从而改变其角动能。这样横向动能无法累积，共振就不会发生。因为横向动能并不是粒子、物体必然存在的能量储存方式，而是在动能、角动能之间转换过程中，特定条件下的一种表面现象。如消耗转子的引力质量，也就是消耗转子的角动能，就可以使得转子的横向动能转换为角动能被消耗掉。又如，增加转子的引力质量，也就是增加转速，就可以使得其横向动能转换为角动能被储存起来。

这是根据新发现的物理定律得出的结论，至于如何达到这个目标，那是设计师们考虑的问题。

转子的能量：$E = m_0 c^2 + \frac{1}{2} m_g v^2 + \frac{1}{2} m_g r^2 \omega^2$，式中 $m_g = m_0 \mathrm{e}^{\frac{v^2}{c^2}}$，由于速度 v 远远小于 c，所以可以简化为 $E = m_0 \left(c^2 + \frac{1}{2} v^2 + \frac{1}{2} r^2 \omega^2 \right)$，式中第一项

是静止质能，对于转子来说无法改变，第二项和第三项是转子动能和自旋角动能，可以有条件地改变。事实上飞机在直线飞行时，并不存在转子的横向动能问题（除非转子质心不对中），只是在转弯时离心力作用在转子质心上产生了横向动能。那么，其能量的来源只能是由其动能、角动能转换来的，这样其逆过程也就必然存在。

举一个实例，越野摩托车手在凌空时，如果后轮过低，就会在着地时摔倒。车手会采用一个技巧："利用旋转的后轮所积蓄的角动能，来改变车子的倾斜角度，通过半空中刹车，后轮的动量得以转移到整个车身，牵引着摩托车朝下方转动，一旦角度调整合适，他就加油提高后轮的转速，向相反方向产生作用力，从而使摩托车平稳前行。"[①]

这个实例表明，角动能与横向动能之间是可以相互转换的，而车手们已经成功地运用了这个物理定律。

4.7　钟慢效应和尺长的物理机制

运动的钟比静止的慢，称为钟慢效应。人们都认为是验证相对论的三大实验之一。以铯原子钟为例，人们定义一秒钟的时间是：特定波长 $\lambda_{静}$ 的光子（光波），其频率 $v_{静}$ 也是定值，定义 N 个 Hz（该光子的频率）为 1 秒（$N = v_{静}$），表示为 1 秒 $= N \cdot \dfrac{1}{v_{静}}$。运动的钟其铯原子核比静止的多了一个引力质量 $m_g = m_0 \mathrm{e}^{\frac{v^2}{c^2}}$，对于在各能级跃迁的电子来说就是一个引力增量，这样各能级的能量就微弱减少，表示为：$\Delta E = E_{静} - E_{动} = \hbar v_{静} - \hbar v_{动}$，式中 $E_{静} > E_{动}$、$v_{静} > v_{动}$，则 $\dfrac{1}{v_{静}} < \dfrac{1}{v_{动}}$、$\lambda_{静} < \lambda_{动}$。由于铯原子钟是计数 N 个 Hz 为一秒的（特定光子频率的 Hz 数），则 1 秒 $= N\dfrac{1}{v_{静}} < N\dfrac{1}{v_{动}}$，所以运动的钟比静止的慢。如果以 N' 个此波长定义 1 米，表示为：1 米 $= N'\lambda_{静} < N'\lambda_{动}$，所以运动的米尺长了。

另外，由于真空光速为常数 $c = 2.997\,924 \times 10^8 \mathrm{m/s}$，我们还可以定义 1 秒钟的时间为：光在真空走过的距离 $2.997\,924 \times 10^8 \mathrm{m}$ 为 1 秒时间，

---

① 惊奇下一秒（2）［CCTV – 10《真相》特别节目（159）］

1 秒 $= \dfrac{2.997\ 9 \times 10^8\ \text{米}}{c}$。定义 1 米的尺度为：光子用 $t_m = \dfrac{1}{c}$ 时间（单位：米 = 秒/米）走过的距离为 1 米。由于运动的钟慢了，所以其 1 秒走过的距离是 $c + \Delta c$，则尺度 $\dfrac{1}{c + \Delta c} < t_m = \dfrac{1}{c}$。这就是相对论中运动物体钟慢尺缩效应的本质性原因。

这并非验证了相对论的类光测地线，而是验证了运动物体存在一个引力质量的增加过程。

笔者在之前对钟慢效应的解释[1]是错的，对布莫让星云的解释[2]也不完整，这是由于之前还没有发现新的物理定律，也是探索者必然面临的选择，错了只能重来。所以，因不知而违反物理定律就会走许多弯路，明知是物理定律而不会用并否定它，就会步入歧途。

这个星云的温度只有零下 272 摄氏度，只比绝对零度高 1 度。即使来自大爆炸的背景光温度也超过布莫让星云，前者的温度为零下 270 摄氏度。布莫让星云是已知发现的唯一一个温度低于背景辐射的天体。布莫让星云的外形酷似一个蝴蝶领结，由速度达到每小时 31 万英里（约合每小时 50 万公里）的强风所致。[3]

布莫让星云的温度只有 1 开尔文，速度达到 138.89km/s。根据粒子能量独立定律，该星云中的原子核有比其他背景星云大得多的引力质量，引力增加会对原子核的热辐射能级产生能量减少的作用，这样辐射的微波光子能量也就减小，我们就会看到 1 开尔文温度的布莫让星云。这并不是说该星云中的原子核对膨胀小宇宙系统的斥力做功小了，而是它可以通过增加辐射微波光子的流强来补充质量损失率，甚至超过其他背景星云的贡献。

星光经过太阳边缘时，由于太阳引力场的作用，星光有一个 1.75″ 的偏转现象。早就有人用牛顿动能定律计算出这一结果，而爱因斯坦认为光子质量为零，该结论被否定了。其认为用引力场方程算出的结果才是正

---

[1]　欧阳森. 建立宇宙密码字典. 广州：暨南大学出版社，2013.

[2]　欧阳森. 建立宇宙密码字典. 广州：暨南大学出版社，2013.

[3]　孝文. 宇宙最冷之地布莫让星云：仅比绝对零度高 1 度. 中国天文科普网，http：//www. astron. ac. cn/bencandy - 2 - 7937 - 1. htm.

确的。

光子是引力—斥力粒子，它有一个不为零的质量，根据 $E_\gamma = \hbar\upsilon$、$E_\gamma = m_\gamma c^2$，则有 $\eta_\gamma = \dfrac{m_\gamma}{E_\gamma} = \dfrac{1}{c^2} = 1.112\ 7 \times 10^{-17}$[①]，或许真空光速为常数正是由于光子有一个固定的质能比，所以用牛顿动能定律算出的结果才是正确的。

4.8 飞秒激光成丝现象与光子的味变振荡

目前飞秒激光的峰值功率可以轻松超过空气中的自聚焦阈值的许多倍（$\approx 1.8\text{GW}$），在空气中传播时会呈现出很强的非线性自聚焦效应，自聚焦后的光强会导致空气发生场致电离（例如多光子电离、隧道电离），形成具有一定横向密度的等离子体。当激光的自聚焦效应和等离子体的散焦效应达到动态平衡时便会形成稳定的自引导传输，这种传输机制也被称作"成丝"，成丝的飞秒激光会在空气中产生狭长的等离子体细丝，也叫"光丝"（通常研究人员还把长距离的光丝称作电离通道）。[②]

超连续辐射——超连续谱的产生是超短脉冲激光在透明光学介质中传输时出现的一种普遍现象。实验发现，当飞秒激光在空气中传输时，也会出现很强的光谱展宽。图 4-4 是 3TW 的飞秒激光在空气中传输 10m 远后的光谱，图 4-5 是 TW 级飞秒激光脉冲紧聚焦在空气中的连续光谱，从图中可以看出光谱向短波展宽要多一些。[③]

通常飞秒激光经长焦距透镜聚焦在大气中形成的光丝的光强在 $10^{13} \sim 10^{14}\text{W/cm}^2$ 之间，直径在 $100\mu\text{m}$ 左右，相对于整个光斑尺寸来说非常小，因此光丝所包含的能量也只占总能量的一小部分，大约为 10%。其余大部分能量则分布在光丝周围的低强度背景中，被称为能量背景。……2003 年法国 Courvoisier 等人在实验上研究了直径为 $150\mu\text{m}$ 的光丝与直径为 $95\mu\text{m}$ 的小液滴的碰撞。实验发现虽然光丝的大部分能量被小液滴挡住，但光丝很快又重新恢复并且几乎不受影响地继续传输。这说明低强度背景能量作为能量库可以补充光丝所需能量，保证光丝的稳定传输。[④]

---

① 欧阳森. 宇宙结构及力的根源. 香港：中国作家出版社，2010.
② 张杰，盛政明等. 强场激光物理研究前沿. 上海：上海交通大学出版社，2014.
③ 张杰，盛政明等. 强场激光物理研究前沿. 上海：上海交通大学出版社，2014.
④ 张杰，盛政明等. 强场激光物理研究前沿. 上海：上海交通大学出版社，2014.

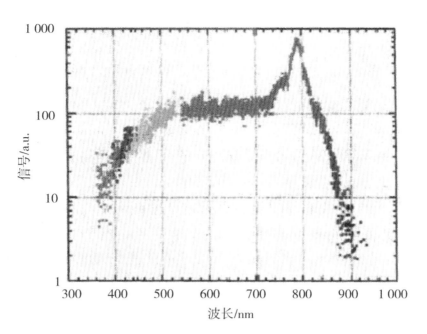

图 4 - 4　中心波长 800nm、峰值功率 3TW 的飞秒激光传输 10m 远后的光谱[1]

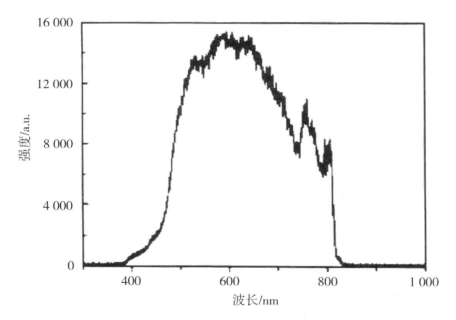

图 4 - 5　激光脉冲紧聚焦在空气中产生的超连续光谱[2]

---

①　张杰，盛政明等. 强场激光物理研究前沿. 上海：上海交通大学出版社，2014.
②　张杰，盛政明等. 强场激光物理研究前沿. 上海：上海交通大学出版社，2014.

首先800nm飞秒激光脉冲在产生时，一定是一条线性光谱，而非图4-4、4-5那样的展宽光谱。几个波长值的能量 $E_{900nm} = 1.377\,73\,eV$、$E_{800nm} = 1.549\,9\,eV$、$E_{600nm} = 2.066\,59\,eV$、$E_{400nm} = 3.099\,888\,eV$。

图4-4、4-5的飞秒激光脉冲光谱展宽数据表明，是飞秒激光脉冲的大部分光子获得能量，360~800nm波长之间的光子数约80%，波长在800~900nm的光子损失了能量，占20%弱（注：用图4-4数格估算得出）。那么，获得的能量从哪里来？损失的能量去了哪里呢？

由于自聚焦后的光强导致空气发生电离，形成具有一定横向密度的等离子体。同时自聚焦后的光强也会导致光子成对，便于电子、离子俘获。这样等离子体通道上就有了能量增益的泵浦系统，而供能系统就是飞秒激光脉冲。

在激光电离通道中，光子、电子、离子混合，它们之间存在库仑力、自旋磁场力（磁矩）、电子云效应等的相互作用，通过这些相互作用，粒子之间交换角动能和俘获光子对能。800~900nm波长的展宽光谱是800nm激光脉冲损失角动能产生的光谱，光子数小于20%，能量小于15%（注：用图4-4数格估算乘以波长值能量得出）。而400~800nm的光谱是800nm波长光子获得通道中电子、离子、光子的角动能产生的光谱展宽现象，其光子数大于80%，能量大于85%。

那么，多出的能量来自哪里呢？只能是通道中的电子、离子俘获了激光脉冲的光子对，而且储存了至少一半以上的脉冲能量，图4-3表明激光尾场存在一连串的等离子体空泡，而多个脉冲则在电离通道中产生一连串的空泡，其储存的能量对于光子来说就是一个能量增益系统。800nm光子获得电子、离子的角动能后就会产生400~800nm的超连续光谱。

而图4-5的数据表明，大于800nm波长能量的光子数极少，占的能量也极少，而400~800nm的光谱几乎占了光子数和能量的全部。这表明800nm波长的激光脉冲光子是获得了等离子体通道的能量才产生这样的超连续光谱的。

图4-6为侧面荧光成像，在180~220cm之间荧光强度随传输距离的变化。味变振荡现象存在吗？

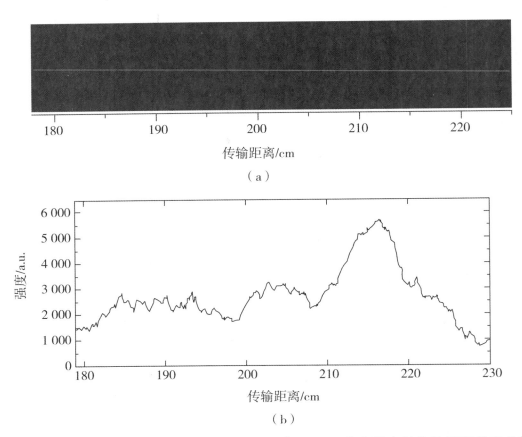

图 4 – 6 （a）CCD 拍摄到的典型的光丝图像；（b）荧光强度随传输距离的变化①

飞秒激光成丝是在空气中，自聚焦成丝或者在长聚焦透镜焦点附近成丝，光丝能量约为总能量的 10%，直径为 $100\mu m$，余下的 90% 为能量背景，作为维持光丝稳定传输的基础。为什么飞秒激光脉冲可以形成光丝呢？

光子是一个引力—斥力粒子，其亚夸克结构式为 $(q_1 g \bar{g})^{+\frac{2}{3}} \leftrightarrow (\bar{q}_1 g \bar{g})^{-\frac{2}{3}}$。其对应一组不对称质量：$q_1 \leftrightarrow q_4 \leftrightarrow q_6$，0.038 2eV、7.982eV、134.23eV；$\bar{q}_1 \leftrightarrow \bar{q}_4 \leftrightarrow \bar{q}_6$，0.027 11eV、5.900 7eV、94.277eV。

根据中微子味变振荡波长值经验公式，已经解决了宇宙线的 μ 子多重度、质子的膝区、裸区等问题（详见第 2.5 节）。反之，这些数据也验证了该公式是一个物理定律。光子也有一个奇异的味变振荡，对于 800nm 波长的光子来说，其能量为 1.549 9eV，电荷—质量味变振荡表示为：$(0.038\ 6eV)^{+\frac{2}{3}} \leftrightarrow (0.027\ 11eV)^{-\frac{2}{3}}$，其味变振荡波长值 $\lambda = \dfrac{E}{(\Delta m)^2} =$

---

① 张杰，盛政明等. 强场激光物理研究前沿. 上海：上海交通大学出版社，2014.

$$\frac{1.549\ 9\text{eV}}{(0.038\ 6\text{eV})^2 - (0.027\ 11\text{eV})^2} = 2\ 139.894\ 9\text{m}。$$

光子在高光强时可以自约束形成光丝，这是由于光子是引力—斥力粒子，可以引力自约束；又由于光子对是 $(q_1 g \overline{g})^{+\frac{2}{3}}$、$(\overline{q}_1 g \overline{g})^{-\frac{2}{3}}$，也存在库仑吸引力。但其没有电子云效应的外禀性，也就是没有库仑排斥力，所以光丝就需要能量背景的存在，来维持光丝的稳定传输。

200fs 的激光脉冲，宽度仅为 59.958μm，最多可以看到的是横向光丝，为什么聚焦后看到的是纵向光丝呢？这是光子电荷质量味变振荡产生的结果。

仅用光子的亚夸克结构式、能量守恒、电荷守恒定律，就可以解释 OPA 的物理过程。在信号光 ω_s 光子的诱导下，泵辅光 ω_p 光子对衰变成为信号光 ω_s 光子对和闲置光 ω_i 光子对，表示为：$2\gamma\ (\omega_p 800\text{nm}) \rightarrow 2\gamma\ (\omega_s 1.44\mu\text{m}) + 2\gamma\ (\omega_i 1.80\mu\text{m})$。将各波长光子的能量 $E_{800\text{nm}} = 1.549\ 9\text{eV}$、$E_{1.44\mu\text{m}} = 0.861\ 1\text{eV}$、$E_{1.80\mu\text{m}} = 0.688\ 9\text{eV}$ 代入等式，数值吻合。根据徐宽定律和粒子能量独立定律进一步分析，泵浦光的动能部分衰变为信号光，占 1.5499eV 的 55.56%（0.861 1eV），而其角动能部分衰变为闲置光，占 1.5499eV 的 44.45%（0.688 9eV）。

而研究者们认为是物质吸收了泵浦光的一个光子，受激辐射产生信号光的一个光子和闲置光的一个光子的过程，这样违反电荷守恒定律。因为光子亚夸克结构式为 $(q_1 g \overline{g})^{+\frac{2}{3}}$、$(\overline{q}_1 g \overline{g})^{-\frac{2}{3}}$，选择哪一个电荷都不守恒，所以只能是一对才行。

OPA 过程的原理非常简单，一束高能量、高频率的激光（泵浦光 ω_p）和一束低能量、低频率的激光（信号光 ω_s）一同进入非线性晶体时，低频率的激光有可能会被放大，同时产生第三束激光（闲置光 ω_i）。OPA 过程也可以通过简单的能级模型描述，物质吸收激光频率为 ω_p 光子，并受激辐射两个频率分别为 ω_s 和 ω_i 的光子。[1]

上海光机所李闯等人通过三级 OPA 过程，最终将钛宝石激光系统产生的 800nm 激光转换为中心波长 1.75μm、载波包络相位稳定的周期量级激光脉冲。

该 OPA 系统中最终产生波长为 1.44μm 的信号光和 1.8μm 的闲置光。根据 OPA 过程可知，闲置光的载波包络相位是稳定的，因此该系统中产生的闲置光被继续送到空心毛细管中进行光谱展宽压缩，最终获得中心波

---

[1] 张杰，盛政明等. 强场激光物理研究前沿. 上海：上海交通大学出版社，2014.

长为 1.75μm、脉冲宽度只有 1.5 个光周期的超短脉冲。该激光脉冲与氖气相互作用，在很小的脉冲能量下就产生了数百电子伏特光子能量的高次谐波，到达了碳的吸收边（288eV）。[1]

闲置光被送到毛细管中进行光谱展宽压缩，产生中心波长 1.75μm、能量 $E_{1.75\mu m} = 0.708\,5\,eV$、脉冲宽度 1.5 个光周期的超短脉冲。在这样狭小的空间里，该脉冲中的光子已经成对、成团，与氖气作用时，其电子可以一次性吸收数十对到数百对这样的光子对，然后一次性辐射出去，成为看到的软 X 射线（能量在数十到数百电子伏特），这些光子彼此交换角动能后就可以看到实验数据中出现的连续能谱曲线（见图 4－7）。

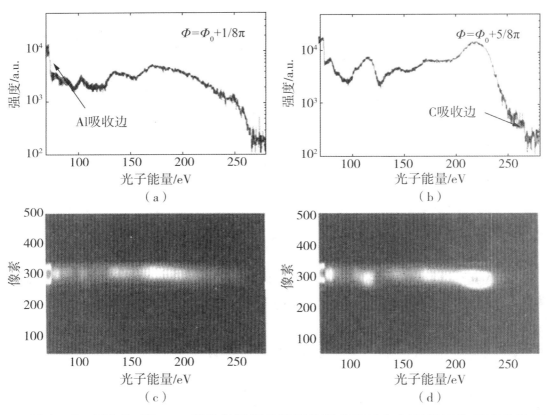

图 4－7   12fs/1.75μm，载波包络相位稳定的激光脉冲与氖气相互作用产生的高次谐波，可以看到碳的吸收边[2]

① 张杰，盛政明等. 强场激光物理研究前沿. 上海：上海交通大学出版社，2014.
② 张杰，盛政明等. 强场激光物理研究前沿. 上海：上海交通大学出版社，2014.

5 光子、中微子的结构与能量储存

光子的亚夸克结构式：$(q_1 g \bar{g})^{+\frac{2}{3}} \leftrightarrow (\bar{q}_1 g \bar{g})^{-\frac{2}{3}}$，其对应着一组不对称味变振荡通道和两组不对称质量。由于光子的亚夸克结构式与夸克的相同，无法分辨，所以实验中发现的 12 个正反"夸克"是光子的凝聚态。这是根据夸克禁闭、亚夸克禁闭和光子、夸克的亚夸克结构式得出的结论[①]。

夸克的结构式：$(q_i bg)^{+\frac{2}{3}}$、$(\bar{q}_i bg)^{-\frac{2}{3}}$，$i = 1$，4，6；$(q_j bg)^{+\frac{1}{3}}$、$(\bar{q}_j bg)^{-\frac{1}{3}}$，$j = 2$，3，5。由于斥力亚夸克有两种 b、$\bar{g}$，引力亚夸克也有两种 g、$\bar{b}$，所以光子与夸克的亚夸克结构式相同。基于夸克禁闭、亚夸克禁闭定律，实验发现的只能是光子的凝聚态。

光子有一个不为零的质量，质能比为：

$\eta_\gamma = \dfrac{m_\gamma}{E_\gamma} = \dfrac{m_\gamma}{\hbar v} = \dfrac{1}{c^2} = 1.112\ 668\ 3 \times 10^{-17}$[②]，这是依据 $E = mc^2$、$E = \hbar v$

这两个物理定律得出的结论。

---

① 欧阳森. 建立宇宙密码字典. 广州：暨南大学出版社，2013.
② 欧阳森. 宇宙结构及力的根源. 香港：中国作家出版社，2010.

5.1　光子半径、角动能与能量

既然光子有一个不为零的质量，根据或者假设粒子的质量密度是一致的，表示为 $\rho_i = \rho_j$，式中 i、j 表示不相同的粒子。

则有 $\rho_p = \rho_\gamma$，得出：$\dfrac{m_p}{V_p} = \dfrac{m_\gamma}{V_\gamma}$，简化为 $\dfrac{m_p}{r_p^3} = \dfrac{m_\gamma}{r_\gamma^3}$，或者 $\dfrac{E_p}{r_p^3} = \dfrac{E_\gamma}{r_\gamma^3}$。以 800nm 波长的光子能量 $E_{800nm} = 1.549\,9eV$ 计算，代入已知数据得出：

$$\frac{938.27 \times 10^6}{(6 \times 10^{-16})^3 c^2} = \frac{1.549\,9}{r_\gamma^3 c^2}$$

解得 800nm 波长的光子半径为：$r_{800nm} = 7.092\,672\,1 \times 10^{-19}$ 米

根据角动能定律公式 $E_K = \dfrac{1}{2} m_\gamma r^2 \omega^2$、粒子能量独立定律和牛顿动能定律公式或者徐宽定律关系式，光子角动能应为光子能量的一半，表示为 $E_K = \dfrac{1}{2} E_\gamma = \dfrac{1.549\,9eV}{2} = 0.774\,95eV$，或者 $m_g c^2 = m_i c^2 e^{\frac{v^2}{2c^2}}$，当 $v \to c$ 时，有 $0.606\,53 m_g c^2 = m_i c^2$，光子角动能为 $0.393\,47 E_\gamma = 0.609\,84eV$。两值有约 20% 强的差异，由于动能与角动能之间是可以相互转换的，所以仅取后者进行计算，看看可以预测到什么样的结果。

得出：$\omega^2 = \dfrac{2E_K}{m_\gamma r_\gamma^2} = \dfrac{2 \times 0.609\,84}{1.112\,668\,3 \times 10^{-17} \times 1.549\,9 \times (7.092\,672\,1 \times 10^{-19})^2}$

解得：$\omega = 3.749\,543\,2 \times 10^{26}$ 弧度/秒 $= 5.967\,583\,4 \times 10^{25}$ 周/秒

（注：如果单位是 kg·m·s·J 的话，则 eV 应该化为 J，由于能量、质量都需乘以转换系数，$1eV = 1.602 \times 10^{-19}J$，相约后还是上述等式，所以计算过程合理。）

$$\frac{c}{\omega} = \frac{2.997\,9 \times 10^8 \text{ 米}}{5.967\,583\,4 \times 10^{25} \text{ 周/秒}} = 5.023\,641\,4 \times 10^{-18} \text{ 米·秒/周}$$

除以 2π 为 $7.995\,373\,7 \times 10^{-19}$（米·秒/弧度），这比光子半径小了 12.73%。如果以 $0.774\,95eV$ 计算，得出：$\omega = 4.226\,756\,7 \times 10^{26}$ 弧度/秒

= 6. 727 092 3 × 10^{25} 周/秒。

$$\frac{c}{\omega} = \frac{2.997\ 9 \times 10^8\ \text{米}}{6.727\ 092\ 3 \times 10^{25}\ \text{周/秒}} = 4.456\ 457\ 3 \times 10^{-18}\ \text{米·秒/周}$$

除以 2π 为 7. 092 672 1 × 10^{-19} （米·秒/弧度），这与光子半径 $r_{800\text{nm}}$ = 7. 092 672 1 × 10^{-19} 米相等。

这表明牛顿动能定律公式、角动能定律公式，不但在宏观物理中适用，在光速、近光速、粒子物理的条件下同样适用。同时也验证了不同粒子之间的静止质量密度是相等的（$\rho_i = \rho_j$）这个预测，也是新发现的物理定律。这样普朗克常数通过光子能量公式 $E_\gamma = \hbar v$、质能公式 $E = mc^2$ 与牛顿经典力学的物理定律和新发现的物理定律之间也就建立了定量联系。光速、角速度、光子半径 $\frac{c}{2\pi\omega} = r_\gamma$ 也建立了定量联系。而建立这些联系的节点，就是徐宽定律——引力质量与惯性质量不相等 $m_g \neq m_i$。（注：当 $\frac{E_K}{E_\gamma} = \frac{1}{2}$ 满足经典力学条件时，则 $\omega^2 = \frac{1}{\eta_\gamma r_\gamma^2} = \frac{c^2}{r_\gamma^2}$，$\omega = \frac{c}{r_\gamma}$。单位弧度/秒。）

或许有人认为这是计算值的巧合，那么以 1. 44μm、1. 80μm 波长值计算，看看结果如何。

以 1. 44μm 和 1. 80μm 的波长计算光子能量，分别为 $E_{1.44\mu m}$ = 0. 861 1eV、$E_{1.80\mu m}$ = 0. 688 9eV，代入数据 $\frac{m_p}{r_p^3} = \frac{m_\gamma}{r_\gamma^3}$ 得出：

$$\frac{938.27 \times 10^6}{(6 \times 10^{-16})^3 c^2} = \frac{0.861\ 1}{r_\gamma^3 c^2}$$

解得 1. 44μm 波长的光子半径为：$r_{1.44\mu m}$ = 5. 830 778 1 × 10^{-19} 米

$$\frac{938.27 \times 10^6}{(6 \times 10^{-16})^3 c^2} = \frac{0.688\ 9}{r_\gamma^3 c^2}$$

解得 1. 80μm 波长的光子半径为：$r_{1.80\mu m}$ = 5. 412 867 3 × 10^{-19} 米

$$E_{K1.44\mu m} = \frac{1}{2} E_{\gamma 1.44\mu m} = \frac{0.861\ 1\text{eV}}{2} = 0.430\ 55\text{eV}$$

代入得出：$\omega^2_{1.44\mu m} = \dfrac{2E_{K1.44\mu m}}{m_{\gamma 1.44\mu m} r^2_\gamma}$

$$= \dfrac{2 \times 0.430\,55}{1.112\,668\,3 \times 10^{-17} \times 0.861\,1 \times (5.830\,778\,1 \times 10^{-19})^2}$$

解得：$\omega_{1.44\mu m} = 5.141\,509\,3 \times 10^{26}$ 弧度/秒 $= 8.182\,966\,2 \times 10^{25}$ 周/秒

$$\dfrac{c}{\omega_{1.44\mu m}} = \dfrac{2.997\,9 \times 10^8 \text{ 米}}{8.182\,966\,2 \times 10^{25} \text{ 周/秒}} = 3.663\,585\,9 \times 10^{-18} \text{ 米·秒/周}$$

除以 2π 为 $5.830\,778 \times 10^{-19}$（米·秒/弧度）的计算值与光子半径在极小误差内相等，$r_{1.44\mu m} = 5.830\,778\,1 \times 10^{-19}$ 米。

$$E_{K1.80\mu m} = \dfrac{1}{2} E_{\gamma 1.80\mu m} = \dfrac{0.688\,9\,eV}{2} = 0.344\,45\,eV$$

代入得出：$\omega^2_{1.80\mu m} = \dfrac{2E_{K1.80\mu m}}{m_{\gamma 1.80\mu m} r^2_\gamma}$

$$= \dfrac{2 \times 0.344\,45}{1.112\,668\,3 \times 10^{-17} \times 0.688\,9 \times (5.412\,867\,3 \times 10^{-19})^2}$$

解得：$\omega_{1.80\mu m} = 5.538\,469\,4 \times 10^{26}$ 弧度/秒 $= 8.814\,747\,8 \times 10^{25}$ 周/秒

$$\dfrac{c}{\omega_{1.80\mu m}} = \dfrac{2.997\,9 \times 10^8 \text{ 米}}{8.814\,747\,8 \times 10^{25} \text{ 周/秒}} = 3.401\,004\,8 \times 10^{-18} \text{ 米·秒/周}$$

除以 2π 为 $5.412\,867\,2 \times 10^{-19}$（米·秒/弧度），与光子 $r_{1.80\mu m} = 5.412\,867\,3 \times 10^{-19}$ 米相等。

三个计算结果定量地验证了关系式 $\dfrac{c}{2\pi\omega} = r_\gamma$ 是存在的物理定律，并与之前的结论吻合。同时发现光子能量降低时其角速度提高，这与光子可以绕过半波长物体是否有关联呢？角速度越大，光子的波动性越强；角速度越小，光波的粒子性越强。如伽马射线的穿透性极强，而其角速度比上述计算值小许多。有兴趣的读者可以计算一下。

或许有人会问，连一个实验数据都没有，怎么会是定量验证呢？

请不要忘了，公认的物理定律都获得了众多的实验数据、观测数据的验证，新发现的物理定律也有一个以上的实验数据的验证，而这些物理定律之间建立了定量联系，则逻辑链上的假设也就是物理定律。这比一个实

验数据、观测数据的验证更为精确和肯定得多，这正是密钥归零的魅力所在。密钥归零就是建立物理定律之间的必然联系，而上述发现则是密钥归零的延伸。

800nm 波长值的光子频率：$v = \dfrac{c}{\lambda} = \dfrac{2.997\,9 \times 10^{8}}{800 \times 10^{-9}} = 3.747\,375 \times 10^{14}$（Hz/s）

800nm 波长的光子每赫兹自旋周数：

$$\frac{6.727\,092\,3 \times 10^{25} \text{周/秒}}{3.747\,375 \times 10^{14} \text{赫兹/秒}} = 1.795\,147\,8 \times 10^{11} \text{（周/赫兹）}$$

根据新发现的物理定律 $\dfrac{c}{2\pi\omega} = r_{\gamma}$，似乎光子是以其半径在滚动中前行，储存的角动能为光子能量的一半，而余下的另一半则以动能前行。

由于光波是正弦电磁波，电场、磁场、速度三矢量相互垂直，所以光子的自旋角动量矢量方向与磁场平行，与电场、速度矢量垂直。

如果光子自旋速度是均匀的话，则光波应该是矩形波，而不是正弦波，所以光子的自旋是不均匀的。

以右旋向上光子为例，在光子 $(q_1 g \overline{g})^{+\frac{2}{3}}$ 正半弦时，根据右手螺旋定则，自旋磁场矢量与角动量矢量平行，与光速矢量垂直，与电场矢量垂直，表示为 $J_R \uparrow /\!/ H_R \uparrow \perp c \perp E_R \uparrow$。而正半弦光子自旋速度从零到最大值再到零，总的自旋周数为：$\dfrac{1.795\,147\,8 \times 10^{11} \text{周/赫兹}}{2}$。自旋速度为零时，电荷—质量味变振荡，光子置换电荷 $(\overline{q}_1 g \overline{g})^{-\frac{2}{3}}$，在负半弦波中，光子还是右旋 J_R，则磁场矢量、电场矢量180°变换方向，表示为：$J_R \uparrow /\!/ H_R \downarrow \perp c \perp E_R \downarrow$。磁场、电场强度从零到最大值（负值绝对值）再到零，这是自旋速度变化所致。而此时的光子是以真空光速 c 运动。

微波、无线电波的示波器图片数据表明，正弦波与负弦波的长度是不对称的[①]，这是正弦波光子 $(q_1 g \overline{g})^{+\frac{2}{3}}$ 的味变振荡质量 0.038 6eV 与负弦波光子 $(\overline{q}_1 g \overline{g})^{-\frac{2}{3}}$ 的味变振荡质量 0.027 11eV 不相同所致，这一类光子

---

① 黄志洵. 超光速研究的理论与实验. 北京：科学出版社，2005.

属于不对称光子①。

实验数据表明光子存在凝聚态，实验发现的 12 个正反"夸克"就是光子的 12 个凝聚态，因为重子数守恒、夸克禁闭，这是一对关联性的物理定律②。

这样凝聚态光子能否认为是自旋角动量矢量与光速矢量平行的光子呢？可表示为 $J/\!/H/\!/c \perp E$。此时的光子动能为零，能量全部以自旋角动能的方式储存起来，由于光子是引力—斥力粒子，也是电荷粒子，所以光子在引力、库仑吸引力的作用下凝聚成团。

实验数据表明光子的群速度小于或者远远小于光速的现象③④，能否认为是光子的自旋角动量矢量与光速矢量形成了夹角，表示为 $J/\!/H \angle c \perp E$，角度在 0°到 90°之间，群速度与相速度同方向，取正值；角度在 90°到 180°之间的为群速度与相速度方向相反，取负值。

实验数据表明，逆多普勒效应就是指波的群速度和相速度方向是反平行的⑤。

有兴趣的读者，是否可以建立起它们之间定量的联系呢？

5.2　无质量的外尔费米子究竟是什么粒子？

最近，中科院物理所方忠团队率先从理论上预测，并在实验中发现了"外尔电子"的存在现象。就在对外公布的同时，外国同行们也宣布了他们的实验数据⑥，可谓是热闹、激烈的实验竞赛。

最近由中国科学院物理研究所方忠研究员等率领的科研团队又取得重大突破，首次发现了具有"手性"的电子态——Weyl 费米子。⑦

---

① 欧阳森. 建立宇宙密码字典. 广州：暨南大学出版社，2013.
② 欧阳森. 建立宇宙密码字典. 广州：暨南大学出版社，2013.
③ 朱汉斌，方玮. 华南农大设计出新型慢速光孤子全光二极管. 科学网，http：//news. sciencenet. cn/htmlnews/2015/6/320935. shtm.
④ 黄志洵. 超光速研究的理论与实验. 北京：科学出版社，2005.
⑤ 张冶文等. 逆多普勒效应的微波实验研究. 科学网，http：//paper. sciencenet. cn/htmlpaper/20156272249556736766. shtm.
⑥ 刘霞. 科学家在实验室首次造出无质量外尔费米子. 科学网，http：//news. sciencenet. cn/htmlnews/2015/7/323110. shtm.
⑦ "手性"电子的发现：中科院物理研究所科学家首次发现 Weyl（外尔）费米子. 中科院物理所，http：//www. iop. cas. cn/xwzx/kydt/201507/t20150720_ 4395729. html.

中科院物理研究所方忠、戴希研究组多年来长期从事该项研究，并与多个实验组合作，在最近取得了突破性进展，从理论预言到实验观测，首次发现了拓扑半金属态。[①]

中科院物理所方忠、戴希、翁红明及合作者于 2012 年和 2013 年先后从理论上预言 Na_3Bi 和 Cd_3As_2 是狄拉克半金属，其费米面由四度简并的狄拉克点构成，是无质量的狄拉克费米子。2014 年，他们跟实验组合作，分别在 Na_3Bi 和 Cd_3As_2 中观测到了三维狄拉克锥，证实了理论预言，被称为首次发现"三维石墨烯"。（见 2014 年《科研动态》第 2 期）随后，众多的实验和理论工作迅速开展，已经形成了当前凝聚态领域的一个研究热点。[②]

根据亚夸克禁闭定律，这个外尔费米子或者称外尔电子不可能存在新的亚夸克结构式。因为该定律表明粒子的亚夸克结构式是对粒子的终极描述，而粒子的亚夸克结构式的种类刚好被已发现的粒子填满（这些粒子是重子、轻子 12 个、光子 12 个、介子、中间玻色子，还有禁闭的 12 个正反夸克），所以宇宙及物质世界已经不存在新的粒子种类的亚夸克结构式。

那么，外尔费米子究竟是什么粒子呢？

实验数据表明，同步辐射光束照射 TaAs 产生了外尔电子现象（详见图 5 - 1、5 - 2），而光束的能量"软 X 射线 100～2 000eV，硬 X 射线 3.5keV 至几十 keV"。[③]

据此，可以断定是晶格中的电子俘获了光束中的光子对，然后产生的实验现象。

为什么这么说呢？因为研究者都认为，在晶格中的电子，如果获得光子对的能量，其一定会发射出去离开晶格的。这是根据相对论质速关系式得出的结论。只可惜这不是一个物理定律。

另外，整个物理学界都不承认有凝聚态光子存在，而实验数据恰恰表明，今所发现的 12 个正反夸克恰恰是 12 个正反光子的凝聚态。粒子物理学界认为这是夸克—胶子凝聚态，一是违反了夸克禁闭这个物理定律；二是胶子根本就不存在；三是光子、重子、介子、中间玻色子等是引力—斥

---

① 拓扑半金属研究取得重要突破. 中科院物理所，http：//www.iop.cas.cn/xwzx/kydt/201401/t20140127_4030009.html.

② 理论预言的拓扑 Weyl 半金属：TaAs 家族. 中科院物理所，http：//www.iop.cas.cn/xwzx/kydt/201504/t20150407_4332900.html.

③ 陈明等. 上海光源光束真空系统. 中国真空网，http：//www.chinesevacuum.com.

力粒子，它们自有引力相互作用存在，根本不需要胶子这一前提性假设。

根据新发现的粒子能量独立定律，在晶格中的电子获得光子对的能量后，以自旋角动能的形式储存了能量，电子一样可以正常地保持在晶格中。人们简称这样的电子为共振态电子，其可以俘获 n 个光子对的能量，依旧滞留在晶格中。其实在红宝石激光器中，晶格的电子亦是如此，不然哪来的系统增益呢？

在晶格中的共振态电子，可以释放能量——一个光子对。如红宝石激光器发射的受激光子，是电子辐射了光子对，电子滞留在晶格中。如果这对光子纠缠在一起，实验就会看到一个有自旋角动量和磁矩、无质量的粒子。其实光子是有不为零的质量的，只是极小，无法探测到罢了，即使以味变振荡质量 0.038 6eV 或者 0.027 11eV 实验也未必探测得到。

反之，如果是晶格约束了光子对，电子被发射出来，就会在晶格中看到无质量、有自旋角动量和自旋磁矩的外尔费米子（Weyl Fermions）。如图 5－1 上的实验数据，费米弧（Fermi arcs）实为光子对两种纠缠态中的磁力线、电力线，可表示为：

右旋光子 $(q_1 g \bar{g})^{+\frac{2}{3}} J_R \uparrow$，$H_R \uparrow \leftrightarrow (\bar{q}_1 g \bar{g})^{-\frac{2}{3}} J_R \uparrow$，$H_R \downarrow \equiv \gamma (\bar{q}_1 g \bar{g})^{-\frac{2}{3}}$，$J_L \downarrow H_L \downarrow$

左旋光子 $(q_1 g \bar{g})^{+\frac{2}{3}} J_L \uparrow$，$H_L \downarrow \leftrightarrow (\bar{q}_1 g \bar{g})^{-\frac{2}{3}} J_L \uparrow$，$H_L \uparrow \equiv \gamma (\bar{q}_1 g \bar{g})^{-\frac{2}{3}}$，$J_R \downarrow H_R \uparrow$

则有光子对纠缠的两种状态：

$$\frac{\gamma (q_1 g \bar{g})^{+\frac{2}{3}},\ J_R \uparrow H_R \uparrow}{\gamma (\bar{q}_1 g \bar{g})^{-\frac{2}{3}},\ J_L \downarrow H_L \downarrow},\quad \frac{\gamma (q_1 g \bar{g})^{+\frac{2}{3}},\ J_R \downarrow H_R \downarrow}{\gamma (\bar{q}_1 g \bar{g})^{-\frac{2}{3}},\ J_L \uparrow H_L \uparrow}$$

这两种纠缠态光子对在做电荷—质量味变振荡时，则有：

$$\frac{\gamma (q_1 g \bar{g})^{+\frac{2}{3}},\ J_R \uparrow H_R \uparrow}{\gamma (\bar{q}_1 g \bar{g})^{-\frac{2}{3}},\ J_L \downarrow H_L \downarrow} \leftrightarrow \frac{\gamma (\bar{q}_1 g \bar{g})^{-\frac{2}{3}},\ J_L \downarrow H_L \downarrow}{\gamma (q_1 g \bar{g})^{+\frac{2}{3}},\ J_R \uparrow H_R \uparrow}$$

也就是说这两对纠缠态在光子电荷—质量味变振荡中，成了四个光子的纠缠。

两种光子对的纠缠态在晶格中并列，就会看到与实验数据（见图 5 – 1）一致的结果。而一个光子对纠缠态在空穴中，则会看到电子—空穴组成的"激子"这样的准粒子，如图 5 – 3 所示。如果实验可以探测到图 5 – 1 中的电荷为正负三分二的话，则可以进一步定量地验证是光子对纠缠态。

物理所的陈根富小组首先制备出了具有原子级平整表面的大块 TaAs 晶体，随后物理所丁洪小组利用上海光源"梦之线"的同步辐射光束照射 TaAs 晶体，使得 Weyl 费米子 80 多年后第一次展现在科学家面前。[①]

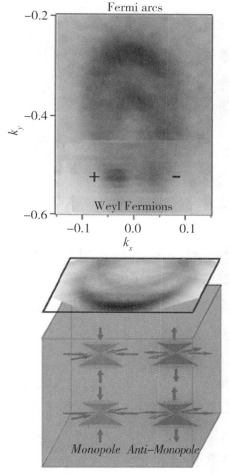

图 5 – 1　探测器的信号表明外尔费米子的存在（上图），研究者解释其在晶格中的正反磁单极子行为（下图）[②]

---

① "手性"电子的发现：中科院物理研究所科学家首次发现 Weyl（外尔）费米子. 中科院物理所，http：//www. iop. cas. cn/xwzx/kydt/201507/t20150720_ 4395729. html.

② Elusive fermion found at long last. 皇家化学协会 ChemistryWorld 新闻，http：//www. rsc. org/chemistryworld/2015/07/elusive – weyl – fermion – found – long – last.

上述两种光子对纠缠态都可以看到费米弧现象，而研究者认为是发现了正反磁单极子（Monopole、Anti – Monopole）的证据（详见图 5 – 1 中的下图）。

其实磁单极子是不存在的[1]，这是粒子自旋、三个亚夸克带有的分数电荷产生的结果。

光子对的亚夸克结构式 2γ，$\dfrac{(q_1 g \overline{g})}{(\overline{q_1} g \overline{g})}$，介子又称为重光子，其亚夸克结构式为 $\dfrac{(q_1 b g)}{(\overline{q_1} \overline{b} \overline{g})}$。由于引力亚夸克为 g、$\overline{b}$，斥力亚夸克为 b、$\overline{g}$，所以光子对纠缠与介子是无法分辨的，可以认为它们具有相同的亚夸克结构式。由于能量小于 π^0 的介子并没有被报道过，所以笔者将小于 2 个 0.511 MeV 能量的纠缠光子对称为弱介子，意为能量弱小的。这个弱介子如果存在亚夸克置换 $\dfrac{(q_1 g \overline{g})}{(\overline{q_1} g \overline{g})} \rightarrow Z^{02} \left(\dfrac{q_1 gg}{\overline{q_1} gg} \right)$ 的话，就会存在一个弱的中间玻色子，其衰变后就会产生两个正反弱中微子。这样的粒子存在吗？

不对称味变振荡通道对应的一组不对称质量：

$q_1 \leftrightarrow q_4 \leftrightarrow q_6$，0.038 6 eV、7.911 eV、134.23 eV；
$\overline{q_1} \leftrightarrow \overline{q_4} \leftrightarrow \overline{q_6}$，0.027 11 eV、5.600 7 eV、94.277 eV。

（注：由于光束的能量小于 0.511 MeV，所以第二组不对称质量不适用于此处。）

由于实验数据并没有给出光子对的能量和照射光束的能量，所以笔者只能根据上海光源的数据[2]，以 100 eV、300 eV、30 keV 取值，计算光子的电荷—质量味变振荡波长值。

最小能量最大味变振荡波长值：

$$\lambda = \frac{E_\gamma}{\Delta \left(m_{q_1 \overline{q_1}} \right)^2} = \frac{100 \text{eV}}{(0.038\ 6)^2 - (0.027\ 11)^2} = 1.324\ 5 \times 10^5 \text{ 米}$$

① 欧阳森. 宇宙结构及力的根源. 香港：中国作家出版社，2014.
② 陈明等. 上海光源光束真空系统. 中国真空网，http：//www.chinesevacuum.com.

如果以光速运动，则振荡时间 $t = \dfrac{\lambda}{c} = \dfrac{1.324\,5 \times 10^5}{2.997\,9 \times 10^8} = 4.42 \times 10^{-4}$ 秒

300eV 光子的最小味变振荡波长值和滞留时间：

$$\lambda = \frac{E_\gamma}{\Delta \ (m_{q_1 \bar{q}_1})^2} = \frac{300\text{eV}}{(134.23)^2 - (94.277)^2} = 0.032\,859 \ \text{米}$$

滞留时间 $t = \dfrac{\lambda}{c} = \dfrac{0.032\,859}{2.997\,9 \times 10^8} = 1.096\,08 \times 10^{-10}$ 秒

30keV 光子的最小味变振荡波长值和滞留时间：

$$\lambda = \frac{E_\gamma}{\Delta \ (m_{q_1 \bar{q}_1})^2} = \frac{30\text{keV}}{(134.23)^2 - (94.277)^2} = 3.286\,04 \ \text{米}$$

滞留时间 $t = \dfrac{\lambda}{c} = \dfrac{3.286\,04}{2.997\,9 \times 10^8} = 1.096\,113 \times 10^{-8}$ 秒

30keV 光子的最大味变振荡波长值和滞留时间：

$$\lambda = \frac{E_\gamma}{\Delta \ (m_{q_1 \bar{q}_1})^2} = \frac{30\text{keV}}{(0.038\,6)^2 - (0.027\,11)^2} = 3.973\,468 \times 10^7 \ \text{米}$$

滞留时间 $t = \dfrac{\lambda}{c} = \dfrac{3.973\,468 \times 10^7}{2.997\,9 \times 10^8} = 0.132\,54$ 秒

计算结果均大于 π^0 ($\frac{q_1 bg}{q_1 \overline{bg}}$) 的平均寿命 $0.828 \pm 0.057 \times 10^{-16}$ 秒[1]，只要滞留时间足够的话，弱介子应该可以产生亚夸克置换，变为弱中间玻色子。只是实验是否可以探测到呢？还是能量小于二倍 0.511MeV 阈值的中间玻色子不存在呢？

实验数据（见图 5 - 1）表明费米弧端点是正负电荷点，以此可以否定是弱中间玻色子；实验数据（见图 5 - 2）表明，0.4 到 0.6 的 k (1/Å) 值对应尺度 1.667Å 至 2.5Å，所以看到的不是弱介子。那么剩下的唯一存在只能是纠缠态光子对，或者两种光子对的纠缠态，而 5.448Å 立方的

---

① 焦善庆，蓝其开. 亚夸克理论. 重庆：重庆出版社，1996.

晶格①足以约束这样的光子对纠缠态。至于其是否演化为弱介子、弱中间玻色子，只能用实验数据来验证这个推测。

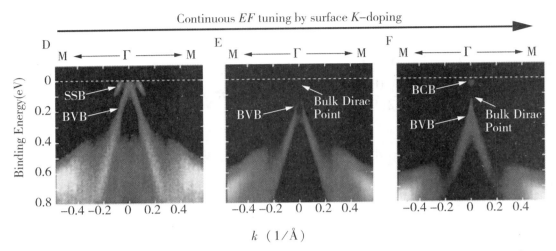

图 5-2   实验观测到的 Na_3Bi 体态 Dirac 锥（BVB）和表面 Dirac 锥（SSB）②

外尔还预测了无质量电子或者费米子有这样的特性："1929 年，德国科学家 H. Weyl 指出，无'质量'（即线性色散）电子可以分为左旋和右旋两种不同'手性'，这就是 Weyl 费米子"③；或者"两个'手性'相反的电子态重叠在一起无法分开"④。

下面这两种磁场矢量反向、左旋、右旋反向的光子对纠缠态，与外尔费米子有什么区别吗？

$$\frac{\gamma\,(q_1 g\,\bar{g})^{+\frac{2}{3}},\ J_R\downarrow H_R\downarrow}{\gamma\,(\bar{q}_1 g\,\bar{g})^{-\frac{2}{3}},\ J_L\uparrow H_L\uparrow}$$ 左旋向上为纠缠态 1，$$\frac{\gamma\,(q_1 g\,\bar{g})^{+\frac{2}{3}},\ J_R\uparrow H_R\uparrow}{\gamma\,(\bar{q}_1 g\,\bar{g})^{-\frac{2}{3}},\ J_L\downarrow H_L\downarrow}$$

左旋向下为纠缠态 2。由于电子只有左旋向上、向下两种状态，以电子左旋向上为例，其发射的光子对也是左旋向上的，所以对应光子对纠缠态 1；电子左旋向下，其发射的光子对是左旋向下的，所以对应光子对纠缠

①   拓扑半金属研究取得重要突破. 中科院物理所，http：//www. iop. cas. cn/xwzx/kydt/201401/t20140127_ 4030009. html.

②   拓扑半金属研究取得重要突破. 中科院物理所，http：//www. iop. cas. cn/xwzx/kydt/201401/t20140127_ 4030009. html.

③   "手性"电子的发现：中科院物理研究所科学家首次发现 Weyl（外尔）费米子. 中科院物理所，http：//www. iop. cas. cn/xwzx/kydt/201507/t20150720_ 4395729. html.

④   "手性"电子的发现：中科院物理研究所科学家首次发现 Weyl（外尔）费米子. 中科院物理所，http：//www. iop. cas. cn/xwzx/kydt/201507/t20150720_ 4395729. html.

态 2。这被称为等价性统一描述（详见第 3 章）。或许有人认为还有其他的状态存在，由于光子存在味变振荡现象，表示为：

$$\gamma（q_1 g \overline{g}）^{+\frac{2}{3}},\ J_R \uparrow H_R \uparrow \leftrightarrow \gamma（\overline{q}_1 g \overline{g}）^{-\frac{2}{3}},\ J_R \uparrow H_R \downarrow \equiv \gamma（\overline{q}_1 g \overline{g}）^{-\frac{2}{3}},$$
$$J_L \downarrow H_L \downarrow$$

$$\gamma（q_1 g \overline{g}）^{+\frac{2}{3}},\ J_R \downarrow H_R \downarrow \leftrightarrow \gamma（\overline{q}_1 g \overline{g}）^{-\frac{2}{3}},\ J_R \downarrow H_R \uparrow \equiv \gamma（\overline{q}_1 g \overline{g}）^{-\frac{2}{3}},$$
$$J_L \uparrow H_L \uparrow$$

所以光子对纠缠态只有状态 1 和状态 2 两种。

无论光子对处于哪一种状态，都存在味变振荡现象，并表现出 9 种滞留时间（见表 5 - 1），也会对应不同的电场、磁场强度。

表 5 - 1　30keV 光子的第一组不对称质量的味变振荡波长值对应的滞留时间值

滞留时间（s）	0.038 6eV	7.911eV	134.23eV
0.271 1eV	0.132 54s	1.60×10^{-6}s	5.55×10^{-9}s
5.600 7eV	3.19×10^{-6}s	3.21×10^{-6}s	5.56×10^{-9}s
94.277eV	1.13×10^{-8}s	1.134×10^{-8}s	1.096×10^{-8}s

如果实验数据（见图 5 - 2）是一个光子对纠缠态或者两个光子对纠缠态在不同时间点留下的图片数据，就可以祝贺中科院物理所的方忠团队，他们发现了光子对纠缠态 9 种味变振荡现象中的 3 种。如果补齐余下的 6 种，就能占领物理学中的制高点。

如果用质子介电常数 $\varepsilon_p = 6.89 \times 10^5$（$J^{-1} \cdot C^2 \cdot m^{-1}$）和质子内部磁导率 $\mu_p = 9.783 \times 10^{10}$（$J \cdot s^2 \cdot C^{-2} \cdot m^{-1}$）[①] 完成定量的描述，就可达到一个新的高度。这样又何惧与外国同行的竞赛呢？

他们的观点还是热衷于磁单极子，夸克—胶子凝聚态，P、C、T 不对称性，上帝粒子的发现，这样他们所做的实验数据必将为译电员们所用。

为什么这样说呢？

因为磁单极子、胶子、上帝粒子、宇称、时间反演都是不存在的假

---

① 欧阳森. 宇宙结构及力的根源. 香港：中国作家出版社，2010.

设，他们所做的实验数据必将存在其他的解读，而密钥归零至今已有 6 年多时间，这些数据定性乃至定量地验证了新旧物理定律之间存在着必然的联系，这是密钥归零后逻辑链的延伸。

电荷对称性 C，在不对称通道中，电荷—质量味变振荡是不对称的。在对称通道中，电荷—质量味变振荡是对称的。起码现在的实验数据表明，负电荷轻子与正电荷轻子的三个静止质量是相同的，那么它们的电荷—质量味变振荡就是对称的。而要发现其不对称性，可以做实验，从 1 GeV 到可以达到的高能级，产生的电子、正电子数是已知的，观测它们的味变振荡是否存在分布上（各自三种轻子数量）的差异。即使这样，负电荷轻子是引力粒子，正电荷轻子是斥力粒子，还是不对称的。

时间反演对称性 T，仅就这个假设而言，就已经违反了时间不可逆性这个物理定律。而逻辑就是事件在时间上的排列顺序和它们之间存在的必然的因果关系，其实这个道理十分简明。但是粒子物理学界都认为时间是可以反演的，并认为实验数据证明了这一观点。对于正反 K 介子实验数据，其实介子没有反粒子，这是两个不同亚夸克结构式的介子的衰变数据，而非正反粒子[1]。所以粒子物理学的逻辑性存在问题，这样拿什么来判断真伪呢？

时间矢量是由什么来决定的？物体 M 从 a 点运动到 b 点，距离为 L，时间为 t，速度 $v = \dfrac{L}{t}$，则有速度矢量与时间矢量方向相同。在膨胀小宇宙系统的天体、星系、星系团离开系统中心，这是系统斥力膨胀的结果，所以时间矢量是由斥力矢量决定的，由于我们无法改变斥力矢量的方向，所以时间矢量是不可逆的，这就是四维时空的无限性和时间的不可逆性的成因，它是宇宙存在的四大基石之一[2]。

光子对纠缠态就是无质量外尔费米子的存在现象，这个现象不仅存在于 TaAs、TaP、NbAs 和 NbP 等材料体系中，还存在于半导体的电子—空穴组成的"激子"这样的准粒子中。

图5－3的二维半导体材料中的能谷激子描述，与光子对纠缠态2是

① 欧阳森. 宇宙结构及力的根源. 香港：中国作家出版社，2010.
② 欧阳森. 宇宙结构及力的根源. 香港：中国作家出版社，2010.

多么一致。

$$\frac{\gamma\ (q_1 g \overline{g})^{+\frac{2}{3}},\ J_R \uparrow H_R \uparrow}{\gamma\ (\overline{q}_1 g \overline{g})^{-\frac{2}{3}},\ J_L \downarrow H_L \downarrow}$$

"当价带电子被激光激发到导带之后，电子和空穴之间的库仑吸引使得它们的相对运动处于类氢原子的束缚态，形成一种被称为'激子'的准粒子。"[①] 这个数据表明，空穴中约束着一个光子对纠缠态 1 或者纠缠态 2，由于光子味变振荡的存在，纠缠态 1 和纠缠态 2 之间在振荡中变换着，时间就是光波的频率。由于电子是引力粒子，光子是引力—斥力粒子，它们之间除了库仑力、磁场力的吸引力外，还存在电子云效应[②]。这样的电子—光子对纠缠态就像是"氢原子的束缚态"，或许也像电子库伯对一样纠缠，但其不需要超低温的条件。

有趣的是，不同能谷的带间跃迁可以被不同偏振的光子所激发，比如左旋偏振的光子只能激发 +K 能谷，而右旋偏振的只能激发 –K 能谷。该"能谷光学选择定则"使得直接用激光操控能谷赝自旋成为可能。

当价带电子被激光激发到导带之后，电子和空穴之间的库仑吸引使得它们的相对运动处于类氢原子的束缚态，形成一种被称为"激子"的准粒子。激子，以及它吸收一个额外的电子或空穴后形成的"带电激子"，一直是关于此二维半导体材料的最活跃的研究领域之一。[③]

---

① 俞弘毅等. 综述：二维半导体材料中的能谷激子. 科学网，http：//paper. sciencenet. cn/htmlpaper/20157291525258337053. shtm；Valley excitons in two – dimensional semiconductors，http：//nsr. oxfordjournals. org/content/2/1/57. full.

② 欧阳森. 白洞喷发与轻元素循环. 广州：暨南大学出版社，2011.

③ 俞弘毅等. 综述：二维半导体材料中的能谷激子. 科学网，http：//paper. sciencenet. cn/htmlpaper/20157291525258337053. shtm；Valley excitons in two – dimensional semiconductors，http：//nsr. oxfordjournals. org/content/2/1/57. full.

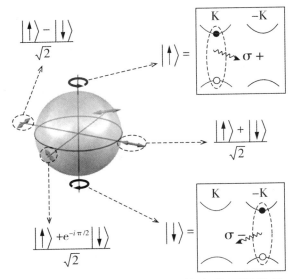

图 5 – 3　激子能谷赝自旋的光学可操控性

K 能谷的激子对应于赝自旋向上，–K 能谷的激子对应于赝自旋向下。布洛赫球的赤道则对应赝自旋朝向平面内（两个能谷的等量相干叠加），它可以和线偏振的光子耦合。图中双箭头给出了不同赤道位置对应的光子偏振方向。[1]

5.3　光子的外半径、内半径与其他

还是以 800 nm 光子波长为计算依据，根据粒子质量密度相等定律，在第 6.1 节中计算得出能量 $E_{800nm} = 1.549\ 9\text{eV}$ 的半径为 $r_{800nm} = 7.092\ 672\ 1 \times 10^{-19}\text{m}$，称其为外半径 $r_{外800nm} = 7.092\ 672\ 1 \times 10^{-19}\text{m}$。

外半径与光速、自旋的关系式为：$r_{外\gamma} = \dfrac{c}{2\pi\omega_{外}}$ （详见第 5.1 节）

内半径：

光子有一个不为零的静止质量，并随光子能量而变化。

$$m_\gamma = \eta_\gamma E_\gamma = 1.112\ 668\ 3 \times 10^{-17} \times 1.549\ 9 = 1.724\ 524\ 5 \times 10^{-17}\text{eV}$$

根据质量密度定律得出其半径为内半径，$\dfrac{938.27\text{MeV}}{r_p^3} =$

---

① 俞弘毅等. 综述：二维半导体材料中的能谷激子. 科学网，http：//paper. sciencenet. cn/htmlpaper/20157291525258337053. shtm；Valley excitons in two – dimensional semiconductors，http：//nsr. oxfordjournals. org/content/2/1/57. full.

$\dfrac{1.724\ 524\ 5 \times 10^{-17}\text{eV}}{r_{\gamma 内}^3}$，代入 $r_p = 6 \times 10^{-16}\text{m}$

解得：$r_{\gamma 内} = 1.583\ 428\ 4 \times 10^{-24}\text{m}$

以质子内部光速自旋时，光子静止质量可以约束的最大能量：

$$E_{K-\max} = \frac{m_\gamma}{2\ (c_p^1)^2} = \frac{1.112\ 668\ 3 \times 10^{-17} \times 1.549\ 9}{2 \times\ (3.853 \times 10^{-9})^2} = 0.580\ 819\ 755\ \text{eV}$$

角动能占光子能量的 37.474 659 9%，光子动能占 62.525 340 1%，与 0.618 的黄金分割数值相近。

内半径与质子内部光速、光速、自旋的极值、频率等的联系：

$$\frac{c_p^1}{2\pi r_{\gamma 内}} = \frac{3.853 \times 10^{-9}\text{米/秒}}{2\pi \cdot 1.583\ 428\ 4 \times 10^{-24}\text{米}} = 3.872\ 761\ 1 \times 10^{14}\ （周/秒）$$

800nm 光子的频率：$\upsilon = \dfrac{c}{\lambda} = \dfrac{2.997\ 9 \times 10^8}{800 \times 10^{-9}} = 3.747\ 375 \times 10^{14}$，光子频率仅比计算值小 3.24%。以此修改质子内部光速的话，之前的几个计算值就会有误差。所以作为一个议题先保留。

令 $k = 1 + \dfrac{(3.872\ 761\ 1 - 3.747\ 375)\ \times 10^{14}}{3.747\ 375 \times 10^{14}} = 1.033\ 459\ 715$

则有 $\upsilon = \dfrac{c_p^1}{2\pi r_{\gamma 内} k}$，因为 $E_\gamma = \hbar\upsilon$，所以 $\upsilon = \dfrac{c_p^1}{2\pi r_{\gamma 内} k} = \dfrac{E_\gamma}{\hbar}$

是这样的结果吗？见表 5-2 的计算结果，上述的计算值只是一个巧合，还是另有原因呢？

表 5-2　各计算值数据表

波长（λ）	400nm	774.89nm	782.38nm	800nm	825nm	1.44μm
$\upsilon = \dfrac{c}{\lambda}$ （$\times 10^{14}$Hz）	7.484 75	3.868 789 9	3.831 779 9	3.747 375	3.629 77	2.081 875
$E_\gamma = \hbar\upsilon$ （eV）	3.099 888	1.600 162 4	1.584 854 8	1.549 9	1.501 3	0.861 08
$E_K = \dfrac{m_\gamma}{2\ (c_p^1)^2}$ （eV）	1.161 672 7	0.599 655	0.593 918 9	0.580 819 8	0.562 607 1	0.322 686 8

（续上表）

波长（λ）	400nm	774.89nm	782.38nm	800nm	825nm	1.44μm
$r_{\gamma内}$（$\times 10^{-24}$m）	1.995 013 8	1.600 363 3	1.595 243 7	1.583 428 4	1.566 702	1.301 7
$\omega_2 = \dfrac{c_p^1}{2\pi r_{\gamma内}}$ [$\times 10^{14}$（周/秒）]	3.073 783 2	3.831 779 9	3.844 077 2	3.872 761 1	3.914 107 4	4.710 938 1
$\omega_1 = \sqrt{\dfrac{2E_K}{m_\gamma r_{\gamma内}^2}}$（$\times 10^{32}$）	1.300 933 4	1.621 743 8	1.626 949	1.639 089	1.656 588 3	1.993 838 9

表中 $\dfrac{m_p}{r_p^3} = \dfrac{m_\gamma}{r_{\gamma内}^3}$，$m_\gamma = \eta_\gamma E_\gamma = \dfrac{E_\gamma}{c^2}$。

光子是一个电荷—质量味变振荡粒子，既然有一个固定的味变振荡质量（0.038 6eV↔0.027 11eV），其亚夸克结构就应该有一个固定值的存在空间，则光子的静止质量半径（内半径）就是一个定值。根据表5－2的计算结果，波长782.38nm的频率 $v = 3.831\ 779\ 9 \times 10^{14}$Hz 与自旋周数 $\omega_2 = 3.844\ 077\ 2 \times 10^{14}$周/秒最为相近，故选之，定义：$r_{\gamma静} = 1.595 \times 10^{-24}$m 为光子静止质量半径。

虽然 $\omega_2 = \dfrac{c_p^1}{2\pi r_{\gamma内}}$ 可以取一个连续值，但必须同时满足 $E = \hbar v$、$v = \dfrac{c}{\lambda}$、$\dfrac{m_p}{r_p^3} = \dfrac{m_\gamma}{r_{\gamma内}^3}$、$\omega_2 = \dfrac{c_p^1}{2\pi r_{\gamma内}}$、$v = \omega_2$、$E_K = \dfrac{1}{2}m_\gamma r^2 \omega^2$，这些条件和光子亚夸克结构存在一个固定的味变振荡质量。只有在 $\omega_2 = \dfrac{c_p^1}{2\pi r_{\gamma静}}$ 为极值时，也就是静止质量半径在 $r_{\gamma静} = 1.595 \times 10^{-24}$m 附近的节点上选取，该值还可以再精确些。如令 $\omega_2 = v$，得出 $E_\gamma = 1.589\ 94$eV，$\lambda = 779.88$nm，$r_{\gamma静} = 1.596\ 95 \times 10^{24}$m。

（注：这些条件共7个，有3个是原有的物理定律，1个是新发现的物理定律，余下3个是等待确认的物理定律。而光子静止质量半径将其联系在一起，则逻辑链上的关系式和数据就是物理定律和物理常数。）

以上可表述为：光子以静止质量半径 $r_{\gamma静} = 1.595 \times 10^{-24}$m 自旋一周可以储存的角动能为1个普朗克常数，则与光子能量公式 $E = \hbar v$ 吻合。

其可以解释从无线电波到伽马射线的连续能量的光子行为。

还记得普朗克常数的导出过程吗？

马克斯·普朗克在 1900 年研究物体热辐射的规律时发现，只有假定电磁波的发射和吸收不是连续的，而是一份一份地进行的，计算的结果才能和试验结果相符。（百度百科词条）

为什么是一个一个的 $\hbar = 6.626 \times 10^{-34}$ J·s 能量包呢？这至今还是一个谜，而量子力学则是以普朗克常数为基础建立的一个理论，你认为如何呢？

光谱线可以分裂，是光子产生/探测时，与物质相互作用（电场、磁场、引力势能、斥力势能）后，产生的角动能的交换，使得谱线的光子群之间的自旋角动能产生了差异而分裂。那么这是产生光谱线时就存在的，还是之后的探测时产生的呢？

光子自旋角速度值已经不受质子内部光速的限制和约束，那么其最大值是多少呢？以光速 c 为极限的话，则有：

$$v = \omega_2 = \frac{c}{2\pi r_{\gamma静}} = \frac{2.997\ 9 \times 10^8}{2\pi \cdot 1.595 \times 10^{-24}} = 2.990\ 96 \times 10^{31}，单位周/秒，$$

或者 Hz/s。

光子最大能量值：$E = \hbar v = 6.626 \times 10^{-34} \times 2.990\ 96 \times 10^{31}$
$$= 0.019\ 818\ 1J = 1.237\ 08 \times 10^{17} eV$$

目前天文观测探测到的最大能量光子不多，如 31 GeV[①]、13.22 GeV[②]。计算值大于观测数据 7 个数量级，完全可以解释从无线电波到高能伽马射线的连续能量的光子行为，是光子以静止质量半径自旋一周储存一个普朗克常数 $\hbar$ 能量的结果。而 $h = \frac{\hbar}{2\pi} = 1.0545\ 9 \times 10^{-34}$ J·s 则是光子以静止质量半径自旋一个弧度储存的角动能。

表 5 - 2 中静止质量半径对应的 $\omega_1 = 1.626\ 949 \times 10^{32}$，除以 2π 为 $2.589\ 4 \times 10^{31}$，与光子最大能量值的频率相近，表明 ω_1 的单位是弧度/秒。

---

① 吴雪峰博士与合作者提出最新的引力能标下限 "1.3×10^{18} GeV". 紫台通讯，2009（9）（http: // www. pmo. ac. cn）.

② *Nature* 发表紫台吴雪峰博士参与研究的最新成果. 紫台通讯，2009（4）（http://www. pmo. ac. cn）.

令 $\dfrac{E_K}{E_\gamma} = \dfrac{1}{2}$，也就是满足经典力学角动能定律的条件，则有 $\omega_1 =$

$\sqrt{\dfrac{1}{\eta_\gamma r_{\gamma 静}^2}} = \sqrt{\dfrac{c^2}{r_{\gamma 静}^2}} = \dfrac{c}{r_{\gamma 静}}$，可见其关系为 $\omega_1 = 2\pi\omega_2$，是弧度/秒与周/秒之间

单位的转换关系。

以上可表述为：光子能量的一半为动能储存，另一半为角动能储存，

同时满足下列公式：

$$\begin{cases} E_\gamma = \hbar\upsilon \\ \upsilon = \dfrac{c}{\lambda} \\ \omega_2 = \upsilon \\ E_{动} = \dfrac{1}{2}m_\gamma c^2 \\ E_K = \dfrac{1}{2}m_\gamma r_{\gamma 静}^2\omega_2^2 \\ \omega_1 = 2\pi\omega_2 \end{cases}$$

则经典力学的动能、角动能公式（定律）完全可以定量地解决光子行为，并与其他的物理定律定量地联系在一起。

波长 800nm 的光子以静止质量可以约束的最大角动能：

$$E_{K-\max} = \dfrac{m_\gamma}{2}\dfrac{1}{(c_p^1)^2} = \dfrac{1.112\,668\,3 \times 10^{-17} \times 1.549\,9}{2 \times (3.853 \times 10^{-9})^2} = 0.580\,819\,755\,\mathrm{eV}$$

角动能占光子能量的 37.474 659 9%，光子动能占 62.525 340 1%，与 0.618 的黄金分割数值相近。

5.4　中微子半径、能量储存与反应截面

上节发现了光子静止质量半径（内半径）与频率、光速、质子内部光速的联系和外半径与真空光速、自旋角速度的关系式，以此可以进行对比，计算一下中微子的半径，看看可以和什么样的实验数据建立联系。

中微子以通道 1（$q_1 \leftrightarrow q_4 \leftrightarrow q_6$）进行质量味变振荡，其对应的质量为：$q_1$（0.038 6eV）$\leftrightarrow q_4$（7.911eV）$\leftrightarrow q_6$（134.23eV）；反中微子以通道 2 进行质量味变振荡 $\overline{q_1} \leftrightarrow \overline{q_4} \leftrightarrow \overline{q_6}$，其质量为：$\overline{q_1}$（0.027 11eV）$\leftrightarrow \overline{q_4}$

（5.600 7eV）↔$\bar{q}_6$（94.277eV）。

通道 1 和通道 2 称为不对称质量味变振荡通道和一组 6 个不对称质量；还有第二组不对称质量，是反向不对称（详见表 2 - 1），表示为：

q_1（0.482MeV）↔q_4（99.68MeV）↔q_6（1 679.25MeV）

$\bar{q}_1$（0.511MeV）↔$\bar{q}_4$（105.66MeV）↔$\bar{q}_6$（1 780MeV）

以味变振荡质量为正反中微子的静止质量，根据粒子质量密度定律 $\rho_p = \rho_v$，得出 $\dfrac{E_p}{r_p^3} = \dfrac{E_v}{r_v^3}$，代入数据计算结果列表 5 - 3。

表 5 - 3　中微子静止质量半径

味变振荡质量（eV）	静止质量半径 $r_{v静}$（m）
0.038 6	2.071 274 9 × 10⁻¹⁹
7.911	1.221 197 1 × 10⁻¹⁸
134.23	3.138 040 3 × 10⁻¹⁸
0.027 11	1.841 133 × 10⁻¹⁹
5.600 7	1.088 402 2 × 10⁻¹⁸
94.277	2.789 398 5 × 10⁻¹⁸
0.511M	4.899 844 4 × 10⁻¹⁷

三种反中微子的自旋角动能可以储存的最大能量值：

根据 $E_{K-\max} = \dfrac{1}{2} m_0 r^2 \omega^2 = \dfrac{E_0}{2 (c_p^1)^2}$，代入反中微子静止质能得出表 5 - 4。

表 5 - 4　反中微子六个质量对应的自旋角动能最大值

静止质能（eV）	自旋角动能最大值（eV）
0.027 11	1.826 129 1 × 10¹⁵
5.600 7	3.772 630 6 × 10¹⁷
94.277	6.350 497 3 × 10¹⁸
0.511M	1.721 047 6 × 10²²

（续上表）

静止质能（eV）	自旋角动能最大值（eV）
105.66M	$3.558\,628 \times 10^{24}$
1 780M	$5.995\,038\,6 \times 10^{25}$

以核反应堆产生的反中微子能谱，取 3.4MeV 值预测反中微子的行为。

3.4MeV 反中微子的外半径，根据 $\dfrac{E_p}{r_p^3} = \dfrac{E_v}{r_v^3}$ 得出：$r_{v外} = 9.215\,840\,7 \times 10^{-17}\text{m}$；粒子质量密度定律是用来计算粒子静止质能半径的，然后用自旋角动能最大值关系式得出其约束的最大能量。对于中微子来说，表 5 - 4 是其可以约束的最大值。光子有一个外半径刚好可以与光速、角速度达到平衡，满足关系式 $r_{外\gamma} = \dfrac{c}{2\pi\omega_{外}}$。而中微子则不需要这个外半径，因为其自旋角动能没有达到最大值，所以其可以用角动能方式储存能量。这就是正反中微子（见表 5 - 5）与光子的不同之处。

当然，光子是引力—斥力粒子，而中微子是引力粒子，反中微子是斥力粒子。这些不同之前已经反复强调过了，这正是密钥归零的结论之一。

表 5 - 5　反中微子四个质量对应的参数表

味变振荡质量 m_v（eV）	0.027 11	5.600 7	94.277	0.511M
$r_{v静}$（m）	$1.841\,133 \times 10^{-19}$	$1.088\,402\,2 \times 10^{-18}$	$2.789\,398\,5 \times 10^{-18}$	$4.899\,844\,4 \times 10^{-17}$
$f_v = \dfrac{c_p^1}{2\pi r_{v静}}$（周/秒）	$3.330\,688\,199 \times 10^9$	$5.634\,167\,181 \times 10^8$	$2.198\,409\,426 \times 10^8$	$7.863\,515\,0 \times 10^7$
$\lambda_v = \dfrac{c}{f_v}$（m）	0.090 0	0.532 092 836	1.363 667 733	3.81
$\lambda_{味} = \dfrac{E_{v3.4MeV}}{(\Delta m)^2}$（m）	—	108 393.81	383.89	$1.302\,078\,3 \times 10^{-5}$
ω（周/秒）	$6.082\,6 \times 10^{22}$	$7.158\,6 \times 10^{20}$	$6.808\,1 \times 10^{19}$	$5.264\,4 \times 10^{16}$

表中 $r_{v静}$ 由关系式 $\dfrac{E_p}{r_p^3} = \dfrac{E_v}{r_v^3}$ 得出；ω 由 $\omega = \sqrt{\dfrac{2E_K}{m_v r_v^2}}$ 得出，$E_K = \dfrac{3.4\,\mathrm{MeV}}{2}$。

1930 年包利预言中微子的存在；1934 年 H. Bethe 和 R. Peierls 经过估算得出中微子在原子核上俘获截面约为 $10^{-43}\,\mathrm{cm}^2$/核子；1956 年柯温和莱茵斯通过核反应堆发出的反中微子与质子碰撞证明了中微子存在的事实，实验探测到的中微子反应截面与 H. Bethe 和 R. Peierls 的估算基本吻合；1988 年美国的莱德曼、施瓦德和施坦伯格产生第一个实验室创造的中微子束，并发现中微子和轻子的对偶结构；2002 年美国的贾科尼、戴维斯和日本的小柴昌俊因在探测中微子（证明中微子存在振荡）方面取得的成就而获得诺贝尔物理学奖，并导致中微子天文学的诞生。[1]

实验发现的中微子与轻子的对偶结构，是带电荷的中间玻色子共振态，表示为：W^+ $\left(\dfrac{\overline{v_e}}{e^+}\right)$、$W^+$ $\left(\dfrac{\overline{v_\mu}}{\mu^+}\right)$、$W^+$ $\left(\dfrac{\overline{v_\tau}}{\tau^+}\right)$；$W^-$ $\left(\dfrac{e^-}{v_e}\right)$、$W^-$ $\left(\dfrac{\mu^-}{v_\mu}\right)$、$W^-$ $\left(\dfrac{\tau^-}{v_\tau}\right)$。中间玻色子的数量与介子一样多，并且以四个一组的形式出现。

最新的实验数据表明，已探测到 $1\sim2\times10^{15}\,\mathrm{eV}$ 的高能中微子[2][3]。

在经过一系列筛选后，从 2010 年 5 月到 2012 年 5 月，冰立方探测器研究团队发现了 28 个能量超过 30 万亿电子伏（TeV）的中微子，其中两个甚至超过 1 000TeV。这一能量要高于大多数大气层中微子的能量。研究人员估计，它们中仅有 11 个可能是由大气层中微子和普通宇宙射线伪造的背景事件。而 Botner 表示，现在收获的数字是 54 个，其中 3 个的能量高于 1 000 TeV。[4]

曾在 2013 年首次探测到两个高能中微子后，冰立方团队已经探测到

---

[1] 高崇寿. 2002 年诺贝尔物理奖介绍：中微子振荡实验. 物理与工程，2014，14（1）.

[2] M. Agostini. 深层地幔和外太空再次测到中微子. 物理评论 D，http：//paper. sciencenet. cn//htmlpaper/201582011243258337169. shtm.

[3] 张章. 科学家讲述探索中微子的故事. 科学网，http：//news. sciencenet. cn/htmlnews/2015/8/325152. shtm.

[4] 张章. 科学家讲述探索中微子的故事. 科学网，http：//news. sciencenet. cn/htmlnews/2015/8/325152. shtm.

越来越多的中微子，但最近，他们宣称探测到了能量最高的中微子，这些中微子的能量超过 2 000 万亿电子伏特，比大型强子对撞机的碰撞能量还要高 150 多倍。[①]

这与表 5 - 4 的最小计算结果相近。如果中微子的能量 $\geq 4 \times 10^{17} \mathrm{eV}$，其味变振荡质量从高向低振荡 5.600 7eV→0.027 11eV，由于质量半径小一个数量级，其自旋角速度的线速度和动能一定会产生超光速现象。因为能量守恒，5.600 7eV 的半径已经达到光速 c 的极限，多出的能量只能是超光速来储存。如动能公式 $E = \frac{1}{2} m_g v^2$ 的速度 $v > c$，角动能公式 $E = \frac{1}{2} m_g r_v^2 \omega^2$ 的自旋半径线速度 $\frac{c}{2 \pi r_v \omega} < 1$。

而正反 μ 中微子束的超光速现象，是质量从高向低振荡，角速度相比小多个数量级，由于粒子自旋速度的提高是需要时间的，在没有达到自旋角速度时，多余的能量以粒子的动能储存，则速度会存在弱的超光速现象。

中微子反应截面的另一种估算方法：

1934 年 H. Bethe 和 R. Peierls 估算的中微子反应截面约为 $10^{-43} \mathrm{cm}^2$/核子；1956 年柯温和莱茵斯通过实验证明了中微子的存在和探测到中微子反应截面与 H. Bethe 和 R. Peierls 的估算基本吻合。

笔者用另一种方法估算中微子的反应截面，会得出什么样的结果呢？

根据表中数据，假设核子只与反中微子味变振荡的 0.511MeV 质量的 $\bar{v}_e$ 进行反应，此时的反中微子截面为：

$$\begin{aligned} \sigma_1 &= 2 \pi r_v^2 = 2 \pi \cdot \ (4.899\ 844\ 4 \times 10^{-17} \mathrm{m})^2 \\ &= 1.508\ 496\ 9 \times 10^{-32} \ (\mathrm{m}^2) \end{aligned}$$

由于正反中微子都是近光速运动，假设每一个中微子的味变振荡都是循环的，则有 3.4MeV 能量的反中微子的循环有：$\lambda_{21} + \lambda_{31} + \lambda_{32} + \lambda_{41} + \lambda_{42} + \lambda_{43}$，由于 $\lambda_{21} = 108\ 939.81$ 米，$\lambda_{31} \approx \lambda_{32} = 383.89$ 米，$\lambda_{41} \approx \lambda_{42} \approx \lambda_{43}$

---

① M. Agostini. 深层地幔和外太空再次测到中微子. 物理评论 D，http：//paper. sciencenet. cn//htmlpaper/201582011243258337169. shtm.

$\approx 1.302 \times 10^{-5}$ 米，所以在六个味变振荡波长值中每秒钟循环次数：

$\dfrac{c}{\lambda_{21} + 2\lambda_{32} + 3\lambda_{41}} = 2\ 732.63$ 次。而每秒钟以 0.511MeV 质量做味变振荡的

$\overline{v}_e$ 出现的概率为 $\dfrac{3 \times 1.302 \times 10^{-5}}{c} = 1.302\ 912 \times 10^{-13}$。

　　由于味变振荡的三个波长值 λ_{41}、λ_{42}、λ_{43} 中，反中微子质量振荡可以是 4→1、4→2、4→3，也可以是 1→4、2→4、3→4，所以上值取一半。

　　则有 $\dfrac{3 \times 1.302 \times 10^{-5}}{2c} = 6.514\ 56 \times 10^{-14}$，将每秒循环次数与之相

乘为：

$\dfrac{3\lambda_{41}}{2c} \times \dfrac{c}{\lambda_{21} + 2\lambda_{32}} = \dfrac{3\lambda_{41}}{2\ (\lambda_{21} + 2\lambda_{32})}$，关系式表明与光速无关，只与味

变振荡波长值相关，结果为 $\dfrac{3\lambda_{41}}{2\ (\lambda_{21} + 2\lambda_{32})} = \dfrac{3 \times 1.302 \times 10^{-5}}{2 \times\ (108\ 939.81 + 2 \times 383.89)} =$

$1.780\ 187 \times 10^{-10}$。

　　在 $1.302\ 078\ 3 \times 10^{-5}$ 米长度可以排列几个原子核？由于原子之间距离约为原子核的距离，则原子半径的二倍为原子核之间的距离。假设其距离 l 为 2 埃（注：Cl 为 0.99 埃，Ge 为 1.225 埃，H 为 0.371 埃，C 为 0.77 埃，O 为 0.66 埃[①]），则在 $1.302\ 078\ 3 \times 10^{-5}$ 米长度一字排列的原子核为：

$$\frac{1.302\ 078\ 3 \times 10^{-5}}{2 \times 10^{-10}} = 65\ 103.9$$

　　上述三值 $\sigma_1 = 2\pi r_v^2 = 2\pi \cdot\ (4.899\ 844\ 4 \times 10^{-17}\mathrm{m})^2 = 1.508\ 496\ 9 \times 10^{-32}\ (\mathrm{m}^2)$

$$\frac{3\lambda_{41}}{2\ (\lambda_{21} + 2\lambda_{32})} = \frac{3 \times 1.302 \times 10^{-5}}{2 \times\ (108\ 939.81 + 2 \times 383.89)} = 1.780\ 187 \times 10^{-10}$$

$$\frac{\lambda_{41}}{l} = \frac{1.302\ 078\ 3 \times 10^{-5}}{2 \times 10^{-10}} = 65\ 103.9\ （核子）$$

---

① 李振寰. 元素性质数据手册. 石家庄：河北人民出版社，1985.

合并得出：$2\pi r_{\text{v}}^2 \cdot \dfrac{3\lambda_{41}}{2\left(\lambda_{21}+2\lambda_{32}\right)} \div \dfrac{\lambda_{41}}{l}$，式中 l 为原子核之间距离，简化后得出：

$$\sigma_{\text{v}} = \frac{3\pi r_{\text{v}}^2 l}{\left(\lambda_{21}+2\lambda_{32}\right)}$$

代入已知条件得出反中微子反应截面：

$$\sigma_{\text{v}} = 4.125\,048\,1\times10^{-47}\,\text{m}^2/\text{核子} = 4.125\,048\,1\times10^{-43}\,\text{cm}^2/\text{核子}$$

该值与 H. Bethe 和 R. Peierls 估算值 10^{-43} cm^2/核子在相同数量级中，也与 1956 年柯温和莱茵斯通过实验探测到的中微子反应截面吻合。这说明什么呢？

首先实验定量地或者半定量地验证了笔者的测算结果，表明用一个反中微子的行为数据预测该群的行为是正确的，而在这条逻辑链上的数据和假设则是真实的物理过程。

因为 H. Bethe 和 R. Peierls 估算值与柯温和莱茵斯的实验验证吻合，这本身就是一个节点，而笔者有数据在手，为什么不测算一下，以发现节点背后的物理过程呢？

对引用数据的解读：

（1）为什么仅用 0.511MeV 味变振荡的半径 $4.899\,844\,4\times10^{-17}$ m 数据呢？因为只有该反中微子与原子核进行反应，其他三个反中微子不参与核反应，这是一个前提性假设，所以用其半径作为一个反应截面 $2\pi r_{\text{v}}^2$。而原子核的截面远比其大，所以不用。

（2）反中微子以近光速运动，存在味变振荡波，由于其能量小于 105.66MeV，所以其只能在四个质量中振荡，产生六个味变振荡波长值，由于相近和极小（味变振荡的三个波长值 λ_{41}、λ_{42}、λ_{43}）；反中微子质量振荡可以是 4→1、4→2、4→3，也可以是 1→4、2→4、3→4，所以上值取一半。简化得出关系式 $\dfrac{3\lambda_{41}}{2c} \times \dfrac{c}{\lambda_{21}+2\lambda_{32}} = \dfrac{3\lambda_{41}}{2\left(\lambda_{21}+2\lambda_{32}\right)}$。

（3）因为只有波长值 $\lambda_{41} = 1.302\,078\,3\times10^{-5}$ 米的反中微子可以进行

核反应；设探测器原子核之间距离为 l，令 $l = 2 \times 10^{-10}$ 米；反中微子经过 $\lambda_{41} = 1.302\,078\,3 \times 10^{-5}$ 米的距离可能碰到的原子核数 $\dfrac{\lambda_{41}}{l}$。

（4）虽然探测器的尺度足够大，但还是小于 110km。 $\lambda_{21} + 2\lambda_{32} = 108\,939.81 + 2 \times 383.89 = 109\,707.59$ 米，也就是小于一个味变振荡波长值的循环，而一个循环有 3 个 λ_{41}，每个 λ_{41} 有两种可能性，所以取 3/2 的系数。

（5）无论对于截面 $2\pi r_v^2$，还是尺度 $\lambda_{41} = 1.302\,078\,3 \times 10^{-5}$ 米，探测器都是足够大的。在反中微子味变振荡充分混合后，四个质量在反中微子流强中所占比例就是一个定值，则反中微子存在这三种 λ_{41}、λ_{42}、λ_{43} 振荡的也就是一个定值，则通过探测器的可以进行核反应的反中微子也就是一个定值，那么，每一个可以进行核反应的反中微子都可能与相同数量的原子核 $\dfrac{\lambda_{41}}{l}$ 发生碰撞。

（6）将上述的概率联系在一起，得出反中微子反应截面关系式 $\sigma_v = \dfrac{3\pi r_v^2 l}{(\lambda_{21} + 2\lambda_{32})}$。

（7）考虑核反应 $\bar{v}_e + p^+ \rightarrow e^+ + n$ 的存在，可以否定 $\bar{v}_\mu$、$\bar{v}_\tau$ 参与了核反应。考虑反应截面的单位 10^{-43} cm^2/核子，则必有反中微子截面 $2\pi r_v^2$ 对应 cm^2；而核子则必有原子核数量对应的线性尺度 $\dfrac{\lambda_{41}}{l}$；同时单位还隐含着时间秒的存在，则对应着光速 c 的存在；$\dfrac{3\lambda_{41}}{2c}$ 对应的是参与核反应的反中微子存在时间；$\dfrac{c}{\lambda_{21} + 2\lambda_{32}}$ 对应着 1 秒钟味变振荡循环的次数，而满足这些条件的只有 $\sigma_v = \dfrac{3\pi r_v^2 l}{(\lambda_{21} + 2\lambda_{32})}$ 关系式。这样反应截面就与味变振荡波长值公式建立了定量的联系。

中微子反应截面：

同理可以计算出中微子的反应截面。

太阳中微子探测最早是由美国戴维斯进行的，B^8 衰变（ $B_5^8 \rightarrow Be_4^8 + e^+ + v_e$ ）产生的中微子能量 14.06MeV，它是目前我们能够探测的中微子，计算预言由 B^8 产生的中微子流为 $7.9 \pm 2.6 SNU$（$1 SNU = 10^{-36}$ 中微子吸收/秒/靶原子），美国国立布鲁海文实验室的戴维斯（R. Davis）研制了一种探测器，该探测器的一个装满液体全氯乙烯（$C_2 Cl_4$）的大槽放在矿井深处（为了屏蔽在地面上的宇宙线质子引起的核反应，以免把中微子实验淹没掉），它通过 $v_e + Cl^{36} \rightarrow Ar^{37} + e^-$ 反应，可探测到较高能量的中微子，直到近年（Bahcall，1985）所探测到的中微子的上限仍为 $2.1 \pm 0.3 SNU$，理论值是探测值的 3 倍。[①]

这就是著名的太阳中微子失踪之谜，早已得到了圆满的解决，是中微子味变振荡所致。

中微子味变振荡波长值：能量 E 取值 $14.06 MeV$，根据公式 $\lambda = \dfrac{E}{(\Delta m)^2}$ 得出：$\lambda_{21} = 2.249\ 832\ 7 \times 10^5 m$、$\lambda_{32} = 784.18 m$、$\lambda_{41} = 6.051\ 893 \times 10^{-5} m$。味变振荡质量为 $0.483 MeV$ 的中微子半径：$\dfrac{938.27 MeV}{(6 \times 10^{-16})^3} = \dfrac{0.482 MeV}{r_v^3}$。

解得：$r_v = 4.805\ 342\ 3 \times 10^{-17} m$

令 $l = 2 \times 10^{-10} m$ 代入 $\sigma_v = \dfrac{3 \pi r_v^2 l}{(\lambda_{21} + 2\lambda_{32})}$ 得出：

中微子反应截面：$\sigma_v = 1.280\ 829\ 510^{-43} cm^2 / 核子$

对比反中微子的截面，其小了几倍。或许是能量取值大了，又或许能量大的其截面是小的。（注：由于 l 是原子核之间的距离，当 $\lambda_{41} = 6.051\ 893 \times 10^{-5} m$ 内只有两个原子核时，反应截面反而大了 5 个数量级，与事实不符。所以应该对 l 进行约束，令其只能在 $10^{-10} m$ 数量级内表述。）

5.5　密钥归零后的玻尔理论和量子力学

张成刚指出了量子力学中面临的几个难题。笔者赞同其观点，因为他坚持物理研究的原则，站在破译者的角度，重新审视了量子理论的节点性

---

① 李宗伟. 天体物理. 超星数字图书馆，http://SSReader.com.

错误，也就是其难题。

哲学难题"如果量子理论找到的仅仅是微观领域的概率因果关系，那么这种概率因果关系的内在因果关系是什么？这正是量子理论的哲学难题"。[①] 物理学难题"描述自然是物理学必不可少的部分，缺少对自然描述的物理学不能够让人们认识自然，它仅仅停留在数学之上，这是量子理论最大的难题。……事实证明经典力学和量子理论在解释各自相关问题时，关于能量的结果都是完全正确的，那么关于这种'连续到离散'变化的本质原因物理学并不清楚"。[②]

这样我们应该回到原点——玻尔理论，看看其是如何产生的，可以发现什么漏洞。

线光谱系的物理机制是什么？

玻尔理论完美地解释了氢、氦等的线光谱系的实验数据，但其不涉及辐射机制本身，也就是说是电子、质子、原子核、原子都不涉及，是什么方式储存的能量（动能、角动能）也不涉及。

因为实验结果证明，每一个原子的状态，可以用一系列一定的项来表征，所以玻尔认为每一个原子只能处在一系列一定的、不连续的稳定状态之中。而这些状态为完全一定的许多能级 W_i 所表征。这些状态叫做定态。在定态中的原子不辐射能量，当原子从一个定态跃迁到另一个定态时才有辐射产生。此时根据 $W_2 - W_1 = \hbar v$ 式，就能使我们从原子的不同定态的能量，决定它所辐射出的频率，亦即决定它的光谱而不涉及辐射机制的本身。[③]

这与普朗克发现黑体辐射（光子）的能量常数十分相似，他并不需要知道光子的结构、静止质量和其半径。玻尔也是根据实验的线光谱数据和元素周期表发现了物理定律，各线系的发现者们也是如此。理论预测到一些谱线的存在，随后被实验数据所验证，而这些发现并不需要涉及原子、电子、质子、原子核的结构和以什么方式储存的能量。

普朗克常数的物理机制：

---

①　张成刚，量子笔迹. 成都：电子科技大学出版社，2014.
②　张成刚，量子笔迹. 成都：电子科技大学出版社，2014.
③　郑一善. 原子物理学. 超星数字图书馆.

光子以静止质量半径自旋一周，其角动能储存的能量为一个普朗克常数，表示为 $\hbar = 6.626 \times 10^{-34} \text{J} \cdot \text{s}$，对应光子能量公式 $E_\gamma = \hbar\upsilon$。光子以静止质量半径自旋一个弧度，其角动能储存的能量为：$\dfrac{\hbar}{2\pi} = 1.0545887 \times 10^{-34} \text{J} \cdot \text{s}$。

而这个结论是业界所未知的，也是量子理论的节点性难题。

玻尔在完成了被业界称为半经典半量子的理论后，认为经典力学的物理定律在原子、电子的能级描述中不适用，而引入相对论的动量关系式 $p = mv$，并成为量子力学的基础之一。至此与事实渐行渐远，因为相对论的动量关系式并非物理定律。

连续的还是量子的？这是量子理论面对的难题。

以电能为例，一秒钟产生的能量可以表示为 $E = P = VI$，如果电流足够小，小到一秒钟仅仅通过数个电子的话，那么你是否认为电流、电荷是不连续的量子的呢？电能也是量子的呢？是一个一个电子携带着 neV 能量的量子呢？

又以黑体辐射为例，其发射的连续光谱，你是否认为热力学的能量是连续的呢？如果以 T 温度产生的黑体辐射能量足够小，小到每秒只能产生数个光子的话，你是否又认为其是不连续的有一系列定值能量 $\hbar\upsilon$ 的光量子的呢？

如果你认为这么小能量的黑体辐射不存在，这个假设不成立。那么可以明确地告诉你，质子、中子、原子核就是这样的黑体，这是密钥归零得出的结论。只是在我们所处的环境中，不同的温度对应不相同的连续的黑体辐射光谱而已。

如果你想说的是只有一个普朗克常数能量的光子的话，这已经超出了黑体辐射的光谱描述范围，它属于每秒只有一个赫兹振荡的无线电波了。

如果你想知道只有一个普朗克常数动能的电子速度是多少的话，这才是要讨论的话题。

电子的静止质量 $m_e = 9.109534 \times 10^{-31} \text{kg}$，氢原子半径（共价键）为

0.371 埃（10^{-10}m）[①]，以经典力学动能、角动能定律公式计算：

$$6.626 \times 10^{-34} = \frac{1}{2} \times 9.109\ 534 \times 10^{-31} \cdot v^2，解得：v = 0.038\ 14\text{m/s}$$

电子公转轨道角速度：

$$\omega = \frac{v}{2\pi r} = \frac{0.038\ 14}{2\pi \cdot 0.371 \times 10^{-10}} = 1.636\ 16 \times 10^8\ （周/秒）= 1.028\ 0 \times 10^9\ （弧度/秒）$$

电子公转轨道角动能：

$$E_K = \frac{1}{2} m_e r^2 \omega^2 = \frac{1}{2} \times 9.109\ 534 \times 10^{-31} \times （0.371 \times 10^{-10}）^2 \times （1.028\ 0 \times 10^9）^2 = 6.625\ 2 \times 10^{-34}\text{J} \cdot \text{s}$$

计算结果表明氢原子中，电子绕核运动一周，其轨道动能储存一个普朗克常数的能量，电子公转的轨道角动能也储存了一个普朗克常数的能量。

氢原子的第一电离势能为 13.598eV，氦原子的第一电离势能为 24.587eV[②]。

如果氢原子的第一电离势能的一半为电子轨道动能，另一半为电子轨道角动能，计算一下看看结果如何。

$$\frac{13.598}{2} \times 1.602 \times 10^{-19} = \frac{1}{2} \times 9.109\ 534 \times 10^{-31} \cdot v^2，解得：v = 1.546\ 40 \times 10^6\text{m/s}$$

$$\omega = \frac{v}{2\pi r} = \frac{1.546\ 40 \times 10^6}{2\pi \cdot 0.371 \times 10^{-10}} = 6.633\ 89 \times 10^{15}\ （周/秒）= 4.168\ 19 \times 10^{16}\ （弧度/秒）$$

---

① 李振寰. 元素性质数据手册. 石家庄：河北人民出版社，1985.
② 李振寰. 元素性质数据手册. 石家庄：河北人民出版社，1985.

$$E_K = \frac{1}{2} m_e r^2 \omega^2$$

$$= \frac{1}{2} \times 9.109\ 534 \times 10^{-31} \times (0.371 \times 10^{-10})^2 \times (4.168\ 19 \times 10^{16})^2$$

$$= 1.089\ 20 \times 10^{-18} \text{J} = 6.799\ 02 \text{eV}$$

计算结果表明氢原子中，电子的轨道动能储存了第一电离势能的一半，电子的轨道角动能也储存了第一电离势能的一半。

但是上述的两个计算结果都是在相同的一个半径得出的，现在换一个半径值看看结果如何。

假设氢原子的半径为 0.5 埃时，电子动能约束一个普朗克常数的能量的速度还是 $v = 0.038\ 14 \text{m/s}$，则电子公转的轨道速度：

$$\omega = \frac{v}{2\pi r} = \frac{0.038\ 14}{2\pi \cdot 0.5 \times 10^{-10}} = 1.214\ 03 \times 10^8 \text{（周/秒）}$$

$$= 7.628\ 00 \times 10^8 \text{（弧度/秒）}$$

电子轨道角动能：

$$E_K = \frac{1}{2} m_e r^2 \omega^2 = \frac{1}{2} \times 9.109\ 534 \times 10^{-31} \times (0.5 \times 10^{-10})^2 \times (7.628\ 00$$

$$\times 10^8)^2 = 6.625\ 6 \times 10^{-34} \text{J} \cdot \text{s}$$

氢原子第一电离势能的动能速度 $v = 1.546\ 40 \times 10^6 \text{m/s}$

$$\omega = \frac{v}{2\pi r} = \frac{1.546\ 40 \times 10^6}{2\pi \cdot 0.5 \times 10^{-10}} = 4.922\ 34 \times 10^{15} \text{（周/秒）} = 3.092\ 80 \times$$

$$10^{16} \text{（弧度/秒）}$$

$$E_K = \frac{1}{2} m_e r^2 \omega^2 = \frac{1}{2} \times 9.109\ 534 \times 10^{-31} \times (0.5 \times 10^{-10})^2 \times (3.092\ 80$$

$$\times 10^{16})^2 = 1.089\ 21 \times 10^{-18} \text{J} = 6.799\ 04 \text{eV}$$

计算结果表明，变换了半径，电子轨道动能约束的能量与电子轨道角动能约束的能量是一样的。也就是说，用经典力学的动能、角动能定律得出的结论是：电子轨道动能约束或者储存 $n\hbar$ 的能量，电子公转的角动能也储存了相同的 $n\hbar$ 能量，以角速度弧长表示储存的能量则为 $nh = \dfrac{n\hbar}{2\pi}$。这与玻尔的第三假设十分相似，由于玻尔否定了经典力学定律，认为它们在原子中不适用，并引入相对论的动量式 $p = mv$。

虽然用相对论的动能式也可以得出这个结论，但是粒子的总能量是原来的两倍（注：由相对论动能式 $E = mv^2$，得出 $6.626 \times 10^{-34} = 9.109\ 534 \times 10^{-31} \cdot v^2$，解得：$v = 0.026\ 970 \text{m/s}$），所以玻尔唯有以假设的方式提出来。不然也就无法解释"特定轨道上运动的表达式 $r = \dfrac{n^2 e^2}{8\pi m_0 \hbar Rc}$"[1]，由此引起后来者们一片无限的遐想。

玻尔的第一假设与经典电磁理论的预测完全相反，它说明：电子在原子内，可依一定的、不发射辐射能的轨道旋转。这个假设解释了原子的稳定性。……

在电子绕核的所有力学上可能的轨道中，只有其动量矩 p 等于 $h = \dfrac{\hbar}{2\pi}$ 的整倍数的那些轨道才是稳定的，这就是玻尔的第三个假设：$p = nh$。动量矩 $p = mvr$，得出 $mvr = nh$。……玻尔第二假设决定原子所发射的辐射的频率，因而关系式 $v_{ik} = \dfrac{W_k}{\hbar} - \dfrac{W_i}{\hbar}$ 常称为频率条件。玻尔第三假设说明量子数 n 决定那些可能的、不连续的电子轨道，因而关系式 $p = nh$ 常称为量子条件。[2]

玻尔为了更深入地给出量子化条件，根据实验事实提出：电子绕核做圆周运动时其角动量 L 必须等于 $\dfrac{\hbar}{2\pi}$ 的整倍数条件。[3]

（注：由相对论动能式 $E = mv^2$，得出 $6.626 \times 10^{-34} = 9.109\ 534 \times 10^{-31} \cdot v^2$，解得：$v = 0.026\ 970 \text{m/s}$。）

电子公转角速度：

---

①　张成刚，量子笔迹. 成都：电子科技大学出版社，2014.
②　郑一善. 原子物理学. 超星数字图书馆.
③　张成刚，量子笔迹. 成都：电子科技大学出版社，2014.

$$\omega = \frac{v}{2\pi r} = \frac{0.026\ 970}{2\pi \cdot 0.371 \times 10^{-10}} = 1.156\ 97 \times 10^8\ （周/秒）= 7.269\ 49$$

$$\times 10^8\ （弧度/秒）$$

电子公转角动能：

$$E_K = m_e r^2 \omega^2 = 9.109\ 534 \times 10^{-31} \times （0.371 \times 10^{-10}）^2 \times （7.269\ 49 \times$$

$$10^8）^2 = 6.626\ 0 \times 10^{-34}\ （J \cdot s）$$

　　玻尔还面临着一个难题：1S 能级对应的 0eV 的能量（如图 5－4、5－5 所示），那么，此时电子的轨道半径和速度是多少呢？如果认为电子有一个固定的最小轨道半径的话，又面临着在相同半径的轨道上存在不同速度的电子难题。因为表达式 $r = \frac{n^2 e^2}{8\pi m_0 \hbar Rc}$，当 $n = 1$ 时为最小轨道半径。玻尔手上只有一个库仑吸引力，无法解释这个两难问题。

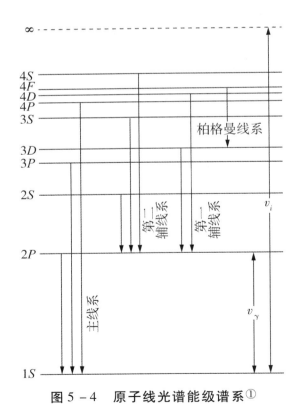

图 5－4　原子线光谱能级谱系①

---

　　① 郑一善. 原子物理学. 超星数字图书馆.

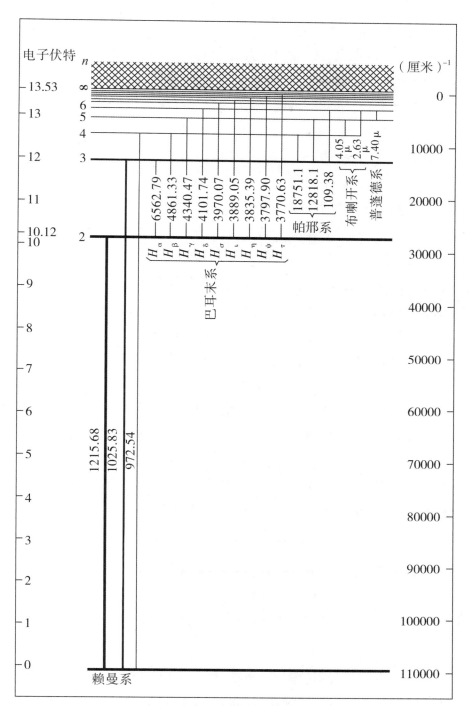

图 5-5 氢原子线光谱系①

其实要解决这个两难问题，需要一个附加的吸引力存在，或许还是弹

_____

① 郑一善. 原子物理学. 超星数字图书馆.

性变化的。那么，它在哪里呢？

氢、氦的第一电离势能各为 13.598eV、24.587eV[①]，两者之差 10.989eV 的能量，这是否就是附加的引力势能所为呢？

电子自旋的实验证明：

电子自旋的概念是 1925 年为了解释光谱线的精细结构，特别是碱金属光谱的双线结构而提出来的。光谱学家很早就发现，原子光谱具有很复杂的结构（精细结构）。例如，光学实验中常用的钠（Na）光源的 D 线，用高分辨本领的摄谱仪观察这条线分裂为两条，其波长分别为 5 890 埃和 5 896 埃，这两条谱线波长之差为 6 埃。不仅是 D 线，钠光谱的所有其他谱线，以及其他原子光谱，包括氢原子光谱在内，都存在这种现象，这就是原子光谱的精细结构。这种现象的存在，玻尔理论和前面所讨论的薛定谔方程都无法解释。……这表明一定是由始态能级或终态能级的分裂造成的，产生这种能级分裂的原因是什么？如果只考虑原子核以及其他电子对价电子的库仑力作用，则在没有外磁场的情况下，量子数 n 和 l 只能确定电子绕核运动状态的能级，而谱线双线结构所显示的能级分裂不可能是由于轨道运动状态不同引起的。因此，只能从原子中电子运动的本身去寻找原因。历史上，就是这样逐步导致认知电子具有自旋的。……

证明电子具有自旋的另一个重要实验是斯特恩—盖拉赫实验。实验是通过测量基态原子的磁矩而显示了自旋的存在。……

根据乌伦贝克—哥的斯密特所提出的电子自旋假设，我们发现，自旋磁矩和自旋角动量之比（称为自旋回转率）$\dfrac{M_s}{s} = -\dfrac{e}{\mu}$。这个比值是轨道磁矩和轨道角动量之比（称为轨道回转率）$\dfrac{M_l}{L} = -\dfrac{e}{2\mu}$ 的两倍。[②]

钠 D 线的波长为 5 890 埃、5 896 埃，对应频率为 5.089 813 2 × 10^{17} Hz、5.084 633 6 × 10^{17} Hz，频率差为 $\Delta v = 5.179\ 642 \times 10^{14}$ Hz。对比之前的电子轨道动能、角动能的计算值，公转一圈储存一个 $\hbar$ 的能量，轨道角动能也是。在相同轨道（能级）中的电子只存在两种状态，不可能相差

---

①　李振寰. 元素性质数据手册. 石家庄：河北人民出版社, 1985.

②　张林芝, 高振金, 王曙光. 量子力学. 超星数字图书馆.

14 个数量级的圈数，所以只能是电子自旋的结果。

该实验数据表明，原子线光谱的能级产生于电子的自旋角动能，而非大家认为的电子轨道动能和轨道角动能。准确地说是电子的自旋角动能比轨道角动能与轨道动能之和大 14 个数量级。而研究者们推导出的是：自旋回转率比轨道回转率大两倍的结论。如果结论是对的，那么以此可以确定自旋角动能的赤道线速度与轨道速度的比值。

这样大家都会问：电子需要自旋几周才能储存这些能量呢？电子以 0.049fm 半径和质子内部光速自旋时，其自旋角动能最大可以储存 $1.721\,05 \times 10^{22}$eV 的能量（详见第 4 章）。对 10eV 以下能量的储存或者约束，我们根本无法判断电子是自旋还是在振荡。

这样就已经解决了上述的两难问题，0eV 能级只是电子自旋角动能储存的能量为零，而不是电子的轨道速度为零。引入粒子能量独立定律，原子的能级就可以用经典理论的物理定律来描述。

电子的自旋量子数、自旋磁矩量子数都为 $\pm \dfrac{1}{2}$，所以量子理论将电子归入费米子。在相同的轨道或者能级中不可能有两个相同状态的电子存在。那么，其物理意义何在呢？

根据电子的亚夸克结构式[1]、右手螺旋定则，可以得出电子只有左旋向上和向下两种状态，表示为 $e^- J_L \uparrow B_L \uparrow$ 和 $e^- J_L \downarrow B_L \downarrow$（$J$ 为自旋角动量，B 为自旋磁矩）。例如在氦原子中的两个电子，它们处于相同的轨道或者能级中，一个电子是左旋向上状态 $e^- J_L \uparrow B_L \uparrow$，另一个只能是左旋向下状态 $e^- J_L \downarrow B_L \downarrow$。因为只有这样，两个电子的磁矩产生的磁力线才是闭合的，这就是寻找的附加吸引力之一。

那么，哪一个电子状态的能级较高呢？应该是与原子核磁矩产生闭合磁力线的那一个电子的能级较高。

10.989eV 的能量扣除磁矩产生的吸引力势能，余下的就是电子云效应内禀性[2]产生的引力势能，还是其他原因呢？

原子 X 射线的吸收光谱：

还有一个实验数据进一步验证了这一观点。原子 X 射线吸收光谱（见图 5－6），纵轴表示 X 射线吸收系数，横轴表示波长。

---

① 焦善庆，蓝其开. 亚夸克理论. 重庆：重庆出版社，1996.
② 欧阳森. 白洞喷发与轻元素循环. 广州：暨南大学出版社，2011.

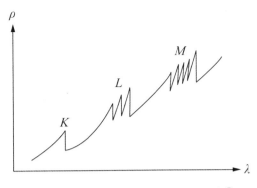

图 5 - 6　原子 X 射线吸收光谱①

　　伦琴射线的特征是它的波长很短（在 1 埃左右），因而频率 v 很大，伦琴射线的发生是由原子在能量 W 相差很大的两个状态之间的迁跃所造成的，只有重原子中的内电子才具有这样大的能量。②

　　波长为 1 埃的 X 射线的频率 $v = 2.9979 \times 10^{18}$ Hz，能量为 $E = 12\,399.554\,eV$。以经典动能定律计算价电子的速度：$E = 12\,399.554\,eV = 1.986\,409 \times 10^{-15}$ J

$$v = \sqrt{\frac{2E}{m}} = \sqrt{\frac{2 \times 1.986\,409 \times 10^{-15}}{9.109\,534 \times 10^{-31}}} = 6.603\,91 \times 10^{7} \text{（m/s）}$$

　　该值仅比光速小 4.54 倍，即使用相对论的动能关系式，计算结果也在该数量级。这样大的速度，哪来的向心力约束着这样的价电子呢？没有了约束，哪来的原子 X 射线能级呢？所以玻尔以及后来者们都认为经典力学的物理定律在粒子中不适用，并引用相对论的动量关系式。这也正是玻尔做第一假设的本质性原因。

　　已知氢原子的半径（共价键）为 0.371 埃、第一电离势能为 13.598 eV，氦原子的半径（范德华）为 1.22 埃、第一电离势能为 24.587 eV③。

　　① 郑一善. 原子物理学. 超星数字图书馆.
　　② 郑一善. 原子物理学. 超星数字图书馆.
　　③ 李振寰. 元素性质数据手册. 石家庄：河北人民出版社，1985.

在氦原子中，电子的动能与库仑力势能相等，约束着电子在轨道的运动，表示为：

$$\frac{1}{2}m_e v^2 = \frac{2e^2}{4\pi\varepsilon_0 r}, \quad \text{得出：}$$

$$v_{He} = \sqrt{\frac{e^2}{\pi\varepsilon_0 r m_e}} = \sqrt{\frac{(1.602\times10^{-19})^2}{\pi\cdot8.8542\times10^{-12}\times1.22\times10^{-10}\times9.109534\times10^{-31}}}$$
$$= 2\,881.276\text{km/s}$$

以该速度电子的轨道动能为：

$$\frac{1}{2}m_e v^2 = \frac{1}{2}\cdot9.109534\times10^{-31}\times(2.881276\times10^6)^2$$
$$= 3.7812543\times10^{-18}\text{J} = 23.6033\text{eV}$$

以该速度电子的轨道角动能为：

$$\omega = \frac{v}{2\pi r} = \frac{2.881276\times10^6}{2\pi\cdot1.22\times10^{-10}} = 3.7587648\times10^{15} \quad (\text{周/秒})$$
$$= 2.36170\times10^{16} \quad (\text{弧度/秒})$$
$$E_\omega = \frac{1}{2}m_e r^2\omega^2$$
$$= \frac{1}{2}\times9.109534\times10^{-31}\times(1.22\times10^{-10})^2\times(2.36170\times10^{16})^2$$
$$= 3.7812516\times10^{-18}\text{J} = 23.603\text{eV}$$

从计算结果来看，轨道动能储存了 23.603eV 的能量，与第一电离势能相差约 1eV 的能量，这是电子云效应所为吗？测算了一次，小了 7 个数量级（计算过程略之）。那么，剩下的只能是电子磁矩之间、电子—核子磁矩之间的磁场吸引力，留给读者计算。

轨道角动能也储存了 23.603eV 的能量，但其并没有表现为第一电离势能，而是以电子自旋角动能的方式储存了下来。或者说，外界对氦原子做了 24.587eV 的功，使得氦原子电离，带正电荷的氦离子保留了

24.587eV 的库仑力势能；而电离出来的电子还储存着轨道角动能 24.587eV 的能量，也就是实验看到的第一电离势能。或者是电离势能的一半为电子轨道动能，另一半为轨道角动能，此更为简洁。

在氢原子中，电子的动能与库仑力势能相等，约束着电子在轨道的运动，表示为：

$$\frac{1}{2}m_e v^2 = \frac{e^2}{4\pi\varepsilon_0 r}, \ 得出：$$

$$v_H = \sqrt{\frac{e^2}{2\pi\varepsilon_0 r m_e}} = \sqrt{\frac{(1.602\times10^{-19})^2}{2\pi\cdot8.8542\times10^{-12}\times0.371\times10^{-10}\times9.109534\times10^{-31}}}$$
$$= 3\,694.56 \text{km/s}$$

以该速度电子的轨道动能为：

$$\frac{1}{2}m_e v^2 = \frac{1}{2}\cdot9.109534\times10^{-31}\times(3.69456\times10^6)^2$$
$$= 6.21716\times10^{-18}\text{J} = 38.809\text{eV}$$

以该速度电子的轨道角动能为：

$$\omega = \frac{v}{2\pi r} = \frac{3.69456\times10^6}{2\pi\cdot0.371\times10^{-10}} = 1.584926\times10^{16} \ （周/秒）$$
$$= 9.958383\times10^{16} \ （弧度/秒）$$
$$E_\omega = \frac{1}{2}m_e r^2 \omega^2$$
$$= \frac{1}{2}\times9.109534\times10^{-31}\times(0.371\times10^{-10})^2\times(9.958383\times10^{16})^2$$
$$= 6.217154\times10^{-18}\text{J} = 38.809\text{eV}$$

该计算值与氢原子的第一电离势能相差数倍，可能的原因是原子半径的选取问题，或者是该轨道半径的能量不存在。

现选取氢分子的范德华半径1.2埃（自百度百科词条）来测算。

$$v_{\mathrm{H}} = \sqrt{\frac{e^2}{2\pi\varepsilon_0 r m_{\mathrm{e}}}} = \sqrt{\frac{(1.602 \times 10^{-19})^2}{2\pi \cdot 8.854\,2 \times 10^{-12} \times 1.2 \times 10^{-10} \times 9.109\,534 \times 10^{-31}}}$$

$$= 2\,054.278\,0\,\mathrm{km/s}$$

以该速度电子的轨道动能为：

$$\frac{1}{2}m_{\mathrm{e}}v^2 = \frac{1}{2} \times 9.109\,534 \times 10^{-31} \times (2.054\,278\,0 \times 10^6)^2$$

$$= 1.922\,138 \times 10^{-18}\,\mathrm{J} = 11.998\,\mathrm{eV}$$

以该速度电子的轨道角动能为：

$$\omega = \frac{v}{2\pi r} = \frac{2.054\,278 \times 10^6}{2\pi \cdot 1.2 \times 10^{-10}} = 2.724\,570\,8 \times 10^{15}\,（周/秒）$$

$$= 1.711\,898 \times 10^{16}\,（弧度/秒）$$

$$E_\omega = \frac{1}{2}m_{\mathrm{e}}r^2\omega^2$$

$$= \frac{1}{2} \times 9.109\,534 \times 10^{-31} \times (1.2 \times 10^{-10})^2 \times (1.711\,898 \times 10^{16})^2$$

$$= 1.922\,137 \times 10^{-18}\,\mathrm{J} = 11.998\,\mathrm{eV}$$

对比氢原子第一电离势能 13.598 eV，小了 1.6 eV。对氢原子的电子轨道动能、轨道角动能的解释与氦原子相同。电子的轨道动能、轨道角动能各储存一半的电离势能时，电子处于原子的最低能级状态，但是动能、速度、角动能都不为零，而是不同原子有不相同的最低能量状态值。

电子自旋角动能储存的能量产生了原子可见光的线光谱能级和 X 射线的吸收谱线能级。这些储存的自旋角动能对于电子来说就是质量增量 Δm，表示为 $m = m_{\mathrm{e}} + \Delta m$；以 13.598 eV、24.587 eV、12 399.554 eV 各值代入 Δm，转换为 kg 表示：2.424 × 10⁻³⁵ kg、4.382 6 × 10⁻³⁵ kg、2.210 2 × 10⁻³² kg，将它们代入 v_{H}、v_{He} 计算速度值，看看对轨道数值的影响如何。

$$v_{\mathrm{H}} = \sqrt{\frac{e^2}{2\pi\varepsilon_0 r m}} = \sqrt{\frac{(1.602 \times 10^{-19})^2}{2\pi \cdot 8.854\,2 \times 10^{-12} \times 0.371 \times 10^{-10} \times 9.109\,776 \times 10^{-31}}}$$

$$= 3\,694.512\,\mathrm{km/s}$$

对比 3 694.56km/s 相差极小，以该速度值和电子静止质量计算半径值：

$$r_H = \frac{e^2}{2\pi\varepsilon_0 m_e v^2}$$

$$= \frac{(1.602\times10^{-19})^2}{2\pi\cdot8.854\,2\times10^{-12}\times9.109\,534\times10^{-31}\times(3.694\,512\times10^6)^2}$$

$$= 3.710\,099\,110^{-11}\mathrm{m}$$

这个值与半径 0.371 埃相差极小，也就是说半径变化不大。

以 1.2 埃氢分子半径计算：

$$v_H = \sqrt{\frac{e^2}{2\pi\varepsilon_0 rm}} = \sqrt{\frac{(1.602\times10^{-19})^2}{2\pi\cdot8.854\,2\times10^{-12}\times1.2\times10^{-10}\times9.109\,776\times10^{-31}}}$$

$$= 2\,054.250\,7\mathrm{km/s}$$

对比 2 054.278 0km/s 相差极小，以该速度值和电子静止质量计算半径值：

$$r_H = \frac{e^2}{2\pi\varepsilon_0 m_e v^2}$$

$$= \frac{(1.602\times10^{-19})^2}{2\pi\cdot8.854\,2\times10^{-12}\times9.109\,534\times10^{-31}\times(2.054\,250\,7\times10^6)^2}$$

$$= 1.200\,03\times10^{-10}\mathrm{m}$$

这个值与半径 1.2 埃相差极小，也就是说半径变化不大。

引入 Δm 氦原子的速度值：

$$v_{He} = \sqrt{\frac{e^2}{\pi\varepsilon_0 rm_e}}$$

$$= \sqrt{\frac{(1.602\times10^{-19})^2}{\pi\cdot8.854\,2\times10^{-12}\times1.22\times10^{-10}\times9.109\,972\times10^{-31}}}$$

$$= 2\,881.207\mathrm{km/s}$$

对比 2 881.276km/s 相差极小，以该速度值和电子静止质量计算半径值：

$$r_{He} = \frac{e^2}{\pi \varepsilon_0 m_e v^2}$$

$$= \frac{(1.602 \times 10^{-19})^2}{\pi \cdot 8.854\ 2 \times 10^{-12} \times 9.109\ 534 \times 10^{-31} \times (2.881\ 207 \times 10^6)^2}$$

$$= 1.220\ 059 \times 10^{-10} \text{m}$$

这个值与半径 1.22 埃相差极小，也就是说半径变化不大。

X 射线的吸收光谱线能量较大，同时仅在电子内壳产生，故以氦原子描述。该电子质量 $m = 9.330\ 554 \times 10^{-31} \text{kg}$，其速度：

$$v_{He} = \sqrt{\frac{e^2}{\pi \varepsilon_0 r m_e}} = \sqrt{\frac{(1.602 \times 10^{-19})^2}{\pi \cdot 8.854\ 2 \times 10^{-12} \times 1.22 \times 10^{-10} \times 9.330\ 554 \times 10^{-31}}}$$

$$= 2\ 846.946 \text{km/s}$$

对比 2 881.276km/s，相差 $\Delta v = 34.33 \text{km/s}$，以该速度值和电子静止质量计算轨道半径值：

$$r_{He} = \frac{e^2}{\pi \varepsilon_0 m_e v^2}$$

$$= \frac{(1.602 \times 10^{-19})^2}{\pi \cdot 8.854\ 2 \times 10^{-12} \times 9.109\ 534 \times 10^{-31} \times (2.846\ 946 \times 10^6)^2}$$

$$= 1.249\ 6 \times 10^{-10} \text{m}$$

这个值比半径 1.22 埃大了 0.029 6 埃。

通过计算表明，原子能级以电子自旋角动能储存的最大能量为 12 399.554eV，对轨道半径数值影响不大，仅为 2.43% 的差异。可以说我们根本无法探测到这些差异的存在。而这些差异是笔者特意用电子静止质量取代引力质量产生的，就是想看看差异有多大。

而真实的物理过程是电子在一个固定的轨道半径内运动，由于只有一个库仑吸引力作为向心力存在，所以电子以变速（减速）增加质量（自旋角动能）的方式保持在一个固定半径的轨道中不变。这就是原子能级产生于电子自旋角动能的原因。

通过上述分析发现了玻尔假设的物理含义：首先，电子绕核运动严格遵守库仑力定律和经典力学的动能、角动能定律。计算结果表明，电子轨道动能与轨道角动能恒等。这揭示了动能、角动能公式 1/2 系数的缘由：小到一个电子，大到一个物体，其引力质量部分（$\Delta m = m_g - m_0$）的一半是动能储存的能量，另一半是角动能储存的能量。其次，式中的 1/2 系数在特定条件下并非适用，应该根据实验数据做出判断。如原子的 X 光吸收光谱，电子自旋储存了全部的能量为引力质量，另一半的动能表现为零或者极小；还有光子以静止质量半径自旋储存的角动能也不是 1/2 的系数；还有慢速粒子现象，等等。这是由于粒子能量独立定律表现的结果。再次，相对论的动量、动能式并非物理定律。最后，必须引入质子内部光速、电子静止质量半径才能描述电子自旋角动能储存的能量，这也正是不遵守经典力学定律 1/2 系数的原因。由于玻尔并不知道这些新发现的物理定律和物理常数，所以认为经典力学定律在原子能级的描述中不适用。

至于绕核运动的电子为什么不产生辐射？首先电子绕核的向心力是库仑吸引力，而产生同步辐射的向心力是磁场力，两者作用方向不同，不属于同一种力，不要以为电磁力是一种力就可以等价描述。要否定这个推论，必须用实验数据来说话。因为实验数据表明，用库仑力加速的电子直线加速器，其电子束并不产生辐射。

实验：产生一个电子束，用库仑力（电场力）使其做圆周运动，探测其是否产生同步辐射。

在电子绕核的所有力学上可能的轨道之中，只有其动量矩 p 等于 $h = \dfrac{\hbar}{2\pi}$ 的整倍数的那些轨道才是稳定的，$p = nh$、$mvr = nh$，式中 $\hbar = 6.626 \times 10^{-34} \mathrm{J \cdot s}$。

……电子绕核做圆周运动时其角动量 L 必须等于 $h = \dfrac{\hbar}{2\pi}$ 的整倍数条件。[1]

---

① 郑一善. 原子物理学. 超星数字图书馆.

光子以静止质量半径自旋一周储存的能量为一个 $\hbar = 6.626 \times 10^{-34}$ J·s，其自旋一个弧度储存的能量为 $h = \dfrac{\hbar}{2\pi}$。电子绕核运动一周，其轨道动能为一个 $\hbar$，轨道角动能也为一个 $\hbar$。电子绕核运动一个弧度，其轨道动能为一个 $h = \dfrac{\hbar}{2\pi}$，轨道角动能也为一个 $h = \dfrac{\hbar}{2\pi}$。在此，电子绕核运动还严格遵守着经典力学的动能、角动能定律。由于电子自旋角动能产生了引力质量的增量，表示为 Δm_g，并引起速度减少，表示为 Δv。对于玻尔第三假设的约束条件 $mvr = nh$ 的进一步表述为：$\Delta m_g \cdot \Delta vr = \Delta nh$，式中 Δn 取正整数，等同于 n，而引起主量子数变化的原因就是 Δm_g、Δv 协变产生的。

角动量、角动能必须等于 $h = \dfrac{\hbar}{2\pi}$ 的整倍数条件也是 Δm_g、Δv 协变产生的结果。如角动能 $E_K = \dfrac{1}{2}mr^2\omega^2 = \dfrac{1}{2}mr^2\left(\dfrac{v}{r}\right)^2 = \dfrac{1}{2}mv^2$ 与动能公式等价，但两者是独立的。而爱因斯坦将其合二为一，动量为 $p = mv$、动能为 $E = mv^2$。在一般条件下粒子能量严格遵守经典力学的动能、角动能公式，所以与相对论描述是一致的。但是在特定条件下，如慢速粒子现象、电子冷却效应、激光尾场加速效应、粒子尾场加速效应、原子能级的价电子等等，则不遵守经典力学定律动能、角动能公式的 1/2 系数，而是各自独立描述。

所以相对论的动量、动能关系式不是物理定律，而是一个数学关系式。从数学观点来看其导出过程一点问题也没有，但其却违反了物理研究的原则——不得用数学和逻辑推理工具凌驾于物理定律之上，凌驾于研究主体之上。

或许有读者已经发现笔者违反了经典力学的动量定义及动量守恒定律，$p = mv$、$m_1 v_1 + m_2 v_2 = m_1 v_1' + m_2 v_2'$，根据动能守恒定律 $\dfrac{1}{2}mv^2 = \dfrac{1}{2}mv_2^2 + \dfrac{1}{2}mv_1^2$，如果笔者认为动量守恒定律是约去了 1/2 系数的话，会有人说还有一个约束条件 $Ft = mv_2 + mv_1$ 不存在 1/2 系数，笔者还是认为约束条件隐含着 1/2 系数，因为 $F = ma$、$a = \dfrac{1}{2}vt^2$ 存在 1/2 系数。读者可能会认为这是用数学工具解决物理问题。因为业界对此也是纠缠不清，不然为什么认为经典力学定律在原子能级描述中不适用，还引用动量定律呢？

对于上述定律，大家都会认为质量 m 是一样的，业界也认为引力质量与惯性质量相等，这也是爱因斯坦相对论的立论基础之一。其实引力质量与惯性质量不相等，徐宽定律被笔者找到一个独立的业界无法解释的实验数据定量地验证了（详见第 2 章），在低速条件下，满足关系式 $\frac{1}{2}m_g v = m_i v$ 和 $\frac{1}{2}m_g v^2 = m_i v^2$。也就是说经典力学动能定律的质量是引力质量，动量守恒定律的质量是惯性质量，上述问题也就得到圆满的解读。

在经典力学中，宏观物体的动量确实不包含角动量，故以惯性质量 m_i 表述。但是在动能描述中则隐含了粒子自旋角动能的存在 $\Delta m_g = m_g - m_i$，所以物体动能为 $\frac{1}{2}m_g v^2 = \Delta m_i c^2 = (m_i - m_0)c^2$，余下的另一半能量就是角动能的。但是在粒子物理中，如原子能级的描述，就无法回避角动量、角动能的问题，也就无法回避引力质量与惯性质量不相等的问题。在电子绕核运动中，计算结果轨道动能与轨道角动能是相等的，也就是严格遵守经典力学动能、角动能定律和动量、角动量定律。由于笔者用的是引力质量描述，所以动量、角动量定律全部存在 1/2 系数。现在应该明晰为什么之前业界对此纠结不清的原因了吧！

在特定条件下，有 $\Delta m_g \gg \Delta m_i + m_0$，则为慢光速高能量粒子；$\Delta m_g > \Delta m_i$，原子能级中的内壳电子产生或者吸收 X 射线等等。

是玻尔发现了这些约束条件的，只是无法明确其物理过程，才作为假设引入的。电子自旋、自旋磁矩、费米子等都有了物理参照实体的粒子亚夸克结构式。这对于量子力学的发展会起到促进作用。

附

一

现代物理学是以广义相对论和标准模型两大理论组成的体系。如果说它是错的，业内许多人会指责你；如果说它是对的，十一大物理学难题又横亘在世人面前，业界又对其无可奈何。根据破译学原则，业界对十一大难题和许多观测/实验数据的无解，表明宇宙之谜还没有被破译。那么，现代物理学体系以及业内人士还仅仅滞留在电文分析员的层面上，对的只有物理定律、实验数据、观测数据。

业界对"悖论"的津津乐道，表明其缺失了判断的标准。对热力学两大定律的误解，对哈勃红移、哈勃常数的误解也就是必然的结果，更不要说对新发现的物理定律认同与否了。

本书发现了许多数据背后的真实物理过程和引发该过程的物理机制，这才是我们想要了解和知道的，才是研究的目的。如粒子平均寿命、宇宙线的缪子多重态、膝区、裸区、明星实验数据的椭圆流劈裂、中子束法—瓶法等等，看似不相干的数据，竟然统一在味变振荡波长值的描述中；而引力质量与惯性质量不相等、徐宽因子也被验证是正确的，据此发现了粒子能量分为四部分，而电子冷却效应否定了横向动能是粒子的储存方式，得出粒子能量独立定律。这可以解释数个低温物理数据和宇宙线的慢速粒子现象。所以我们应该绕过这些陷阱，在正确的地方看看自己还能走多远。

二

焦老，记得第一次拜访他的时候，也是3月份。他说过的三句话让我受益匪浅，记忆至今。

"别人都说你这里错了、那里错了。我不管你错了多少，只看你对了多少，哪怕一点也是好的。"

　　我正是秉承了这一观点，在后续的研究中只看文献中对的地方，并在其间建立联系，从而发现新的物理。

　　我发现了味变振荡贯穿于各种粒子之中，从低能到高能的全部能级。焦老在亚夸克理论中指出的粒子四条衰变通道是物理定律，在文献中指出的中微子味变振荡波长值经验公式也是物理定律，同时还定量地验证了徐宽发现的引力质量与惯性质量不相等也是物理定律。而这些都为多个实验数据组成的逻辑链所定量地验证。

　　当听完密钥归零的概述时，焦老说："只有这样才能结束物理学乱七八糟的混乱局面，才是符合逻辑的在时间意义上的解释。"这表明宇宙之谜被破解，剩下的就是建立宇宙密码字典的事了。

　　临别的时候焦老说："帮不了你很多。"我明白他的意思，唯有自己坚持完成后续的研究和验证，现在第四本书已经出版发行。

　　去年秋天，我到丽江旅游，从昆明到丽江的路上，途经楚雄（南涧县离楚雄很近）。我真想下去看看，寻觅他年轻时的足迹……

三

　　冯—焦蓝场：笔者根据质量定律和夸克渐进自由计算出，质子、中子内部有一个空间半径为 0.102 4 费米（fm）的区域，通过夸克三角形作图分析，发现该区域是一个引力—斥力反转区域；根据 $\beta^{\pm}$ 衰变数据和吴健雄的核极化钴 -60 实验数据，发现该场约束的只能是由正反轻子对组成的中间玻色子。

　　质子、中子的夸克结构式和亚夸克结构式表示为：

$$p\left[uud\left(\frac{e^-}{e^+}\right)\right] \leftrightarrow p\left[udd\left(\frac{v_e}{e^+}\right)\right]$$

$$p\left[q_1q_1q_2,\ 3d,\ 3g\left(\frac{e^-\ [q_2gg]}{e^+\ [\overline{q_2gg}]}\right)\right] \leftrightarrow p\left[q_1q_2q_2 3d,\ 3g\left(\frac{v_e\ (q_1gg)}{e^+\ (\overline{q_1gg})}\right)\right]$$

$$n\left[udd\left(\frac{v_e}{\overline{v_e}}\right)\right] \leftrightarrow n\left[uud\left(\frac{e^-}{\overline{v_e}}\right)\right]$$

$$n\left[q_1q_2q_2,\ 3d,\ 3g\left(\frac{v_e\ [q_1gg]}{\overline{v_e}\ [\overline{q_1gg}]}\right)\right] \leftrightarrow n\left[q_1q_1q_2 3d,\ 3g\left(\frac{e^-\ (q_2gg)}{\overline{v_e}\ (\overline{q_1gg})}\right)\right]$$

中间玻色子表示为：

$$W^+\left(\frac{v_e}{e^+}\right)、W^-\left(\frac{e^-}{\overline{v}_e}\right)、Z^{01}\left(\frac{e^-}{e^+}\right)、Z^{02}\left(\frac{v_e}{\overline{v}_e}\right)$$

其亚夸克结构式表示为：

$$W^+\left[\frac{v_e\,(q_1gg)}{e^+\,(\overline{q}_2\overline{g}\overline{g})}\right]、W^-\left[\frac{e^-\,(q_2gg)}{\overline{v}_e\,(\overline{q}_1\overline{g}\overline{g})}\right]、Z^{01}\left[\frac{e^-\,(q_2gg)}{e^+\,(\overline{q}_2\overline{g}\overline{g})}\right]、$$

$$Z^{02}\left[\frac{v_e\,(q_1gg)}{\overline{v}_e\,(\overline{q}_1\overline{g}\overline{g})}\right]$$

　　笔者为了感谢冯天岳先生发现的斥力定律及后星系宇宙模型和焦善庆、蓝其开的《亚夸克理论》，将上述区域命名为冯—焦蓝场。[1]

　　而验证上述推测结果的是深非弹性散射实验数据和费恩曼部分子模型[2]。

　　1969 年在斯坦福大学，人们用 170 亿电子伏的高能电子轰击质子，观测到它的深非弹性散射，即入射电子能量经受很大损失的散射，其截面异常大，这也是出乎预料的。这件事使费恩曼认识到有许多点状粒子（其半径应小于 0.05×10^{-13} 厘米），自由活动于核子内部，这些组成核子的点状粒子，他起名为"部分子"。[3]

　　根据质子亚夸克结构式，有 15 个带分数电荷的亚夸克在半径 0.6fm 的空间内（引力起力点）。这样实验就会看到"许多点状粒子"或者"夸克海"的存在。15 个半径小于 0.05fm 的亚夸克球体积之和约 0.008 立方费米，质子球体积约 0.905 立方费米；6 个亚夸克的球体积之和约 0.003 立方费米，冯—焦蓝场球体积为 0.004 5 立方费米。对计算结果进行比较后，均相符。

　　质量定律：质量是引力约束的能量斥力提供的空间，或者是引力势能、斥力势能、库仑力势能之和。[4]（注：由于磁场力比库仑力小 11 个数

①　欧阳森. 宇宙结构及力的根源. 香港：中国作家出版社，2010.
②　卢鹤绂. 高能粒子物理学漫谈. 上海：上海科学技术出版社，1979.
③　卢鹤绂. 高能粒子物理学漫谈. 上海：上海科学技术出版社，1979.
④　欧阳森. 宇宙结构及力的根源. 香港：中国作家出版社，2010.

量级，库仑力比强力小 118.28 倍，所以在此磁场力势能可以忽略。）

开始这仅仅是笔者作的一个前提性假设。根据前者和电荷轻子质量，假设各粒子的质量密度是相等的，作粒子的三力三体图，可以一次性计算出中微子质量（0.038 6eV、7.982eV、134.23eV）[1]。根据大亚湾反中微子实验数据，修正反中微子质量为 0.027 11eV、5.600 7eV、94.277eV，计算结果均落入多个中微子实验数据中（详见列举的实验数据[2][3]）。

这样，十一大物理学难题之一——中微子有质量吗，被笔者定量地破解了！

根据后者得出冯—焦蓝场和其约束的四个一组的中间玻色子，也被实验数据验证了。所以，质量的前提性假设已经被许多实验数据验证为物理定律。

质量味变振荡通道：亚夸克理论指出，粒子衰变存在四个通道，表示为：$q_2 \leftrightarrow q_3 \leftrightarrow q_5$、$\bar{q}_2 \leftrightarrow \bar{q}_3 \leftrightarrow \bar{q}_5$、$q_1 \leftrightarrow q_4 \leftrightarrow q_6$、$\bar{q}_1 \leftrightarrow \bar{q}_4 \leftrightarrow \bar{q}_6$，根据正负电荷轻子质量（0.511MeV、105.66MeV、177 7MeV）和其对应的亚夸克结构式，前两个通道的质量是一致的，称其为对称通道。而后两个通道是不对称通道，$q_1 \leftrightarrow q_4 \leftrightarrow q_6$ 通道对应 0.038 6eV、7.982eV、134.23eV 质量，$\bar{q}_1 \leftrightarrow \bar{q}_4 \leftrightarrow \bar{q}_6$ 对应 0.027 11eV、5.600 7eV、94.277eV 质量。而许多实验数据，形成了逻辑链乃至立体结构，都在验证着它们的存在[4][5]。

王淦昌效应：中子可以衰变为质子、电子、反中微子，$n \rightarrow p^+ + e^- + \bar{v}_e$；也可以衰变为质子和一个带负电荷的中间玻色子，然后再衰变为电子和反中微子。笔者将这一发现命名为"王淦昌效应"[6]，表示为：$n \rightarrow p^+ + W^-$，$W^- \rightarrow e^- + \bar{v}_e$。

而验证这个物理过程的实验数据有：一个是核反应堆有 3% 的反电子中微子提前发生了味变振荡；另一个是正反缪子中微子束也有一些提前发生了味变振荡。据此，研究者认为是发现了"第四种中微子"。

而笔者根据中微子亚夸克结构式确认第四种中微子不存在。那么，唯一合理的解释，就是反中微子存在一组与电荷轻子相同的质量。如 4.5%

① 欧阳森. 宇宙结构及力的根源. 香港：中国作家出版社，2010.
② 欧阳森. 宇宙结构及力的根源. 香港：中国作家出版社，2010.
③ 欧阳森. 建立宇宙密码字典. 广州：暨南大学出版社，2013.
④ 欧阳森. 建立宇宙密码字典. 广州：暨南大学出版社，2013.
⑤ 欧阳森. 物理学研究中的陷阱：论现代物理学的错误所在. 广州：暨南大学出版社，2015.
⑥ 欧阳森. 白洞喷发与轻元素循环. 广州：暨南大学出版社，2011.

的 $\overline{v_e}$ 质量为 0.511MeV，其味变振荡向另外三个质量（0.038 6eV、7.982eV、134.23eV）均分的话，根据中微子味变振荡波长值经验公式计算得知，其在没有离开燃料棒时就已经产生了味变振荡，看到的就是3%反电子中微子提前发生了振荡。而其产生的过程就是中子的冯—焦蓝场踢出带负电荷的中间玻色子 W^-（$\frac{e^-}{v_e}$），其质量大于 2×0.511MeV，衰变后电子、反电子中微子均分了这个质量，则 $\overline{v_e}$ 有了一个与电荷轻子相同的质量 0.511MeV，同理正反缪子中微子束的一些 $\overline{v_\mu}$ 有一个 105.66MeV 的质量，在产生后不久也同样发生了振荡①。该效应预示着不对称通道存在第二组质量，而明星实验数据的椭圆劈流现象，半定量乃至定量地验证了不对称通道存在第二组质量，而且是反向不对称的②。

有人这样质疑笔者："为什么就你对？凭什么你就是对的？"

要回答这个质疑，首先必须明确，任何推测都要得到实验数据和观测数据的验证；其次，这些数据必须形成逻辑链，乃至立体结构，也就是节点之间存在必然的因果关系。而笔者在密钥归零时，就已经建立起了这种关系。由于你不承认，所以我有，你没有，以此笔者发现了许多物理定律。由于你还是不承认，所以我对，你没对。

亚夸克禁闭定律： 这是笔者发现的一条新的物理定律，依据是重子数守恒、夸克禁闭，轻子数守恒、亚夸克也必须禁闭。

这是由一个极为简单的逻辑推理就可以得出的结论，但是你敢用吗？

亚夸克禁闭还有一个更深层次的物理含义：粒子的亚夸克结构式是对所有粒子的终极描述。

四

物理研究的原则：

（1）坚持正确的世界观和方法论；

（2）遵守物理定律；

（3）尊重实验数据；

（4）尊重天文观测数据；

（5）不得将数学工具和逻辑推理工具凌驾于物理定律之上，以及研

---

① 欧阳森. 白洞喷发与轻元素循环. 广州：暨南大学出版社，2011.
② 欧阳森. 物理学研究中的陷阱：论现代物理学的错误所在. 广州：暨南大学出版社，2015.

究主体之上。

（6）物理研究的目的是发现真实的物理过程和引发该过程的物理机制。

最初笔者以此作为一个研究方法，后来发现这是一个原则性问题，所以，这个原则是笔者坚持和反复强调的。

而现代物理学体系或多或少地都在违反着物理研究的原则。

例如，粒子物理学实验认为发现了 12 个正反"夸克"，其违反了原则（2）。因为重子数守恒、夸克禁闭、轻子数守恒是业界早就发现的三条物理定律，为什么要违反呢？如果不违反，业界就会承认亚夸克理论，最终确认其为光子凝聚态。

又如宇称不守恒定律，宇称都不存在，何来的守恒、不守恒定律呢？其违反了原则（5），即将逻辑推理工具凌驾于研究主体之上，引用条件限制使得宇称存在。

再如，霍金理论、M 理论等等，都违反了原则（5）。由于众多的物理难题的存在，业界又对其无解，所以许多人将希望寄托于数学工具之上，结果如何呢？

参考文献

［1］ 近代物理所利用光生过程研究 Z_c（3900）$^±$ 的产生机制. http：// www. impcas. ac. cn/xwzx/kyjz/201401/t20140106_4010775. html，2014 – 01 – 06.

［2］ 近代物理所科研人员研究了类粲偶素 X（3915） 并提出了一种新的产生机制. http：//www. impcas. ac. cn/xwzx/kyjz/201402/t20140220_4034808. html，2014 – 02 – 20.

［3］ 北京谱仪国际合作组发现四夸克物质 Z_c（3900）入选 2013 年物理学重要成果. 实验物理中心高能所，http：//www. ihep. cas. cn/xwdt/gnxw/2013/201312/t20131231_4008945. htm，2013 – 12 – 31.

［4］ 欧阳森. 宇宙结构及力的根源. 香港：中国作家出版社，2010. 欧阳森. 白洞喷发与轻元素循环. 广州：暨南大学出版社，2011. 欧阳森. 建立宇宙密码字典. 广州：暨南大学出版社，2013.

［5］ 徐骏等. 中美合作核物质 QCD 相图研究获突破. 物理评论快报，2014 – 04 – 15.

［6］ 徐骏等. ABSTRACT. http：//journals. aps. org/prl/abstract/10. 1103/PhysRevLett. 112. 012301.

［7］ 近代物理所研究 $J/\psi \rightarrow \eta K^{*0} K^{*0} bar$ 衰变过程预言一个 h_1 粒子的存在

性. 近代物理所, http：//www. impcas. ac. cn/xwzx/kyjz/201404/t20140411 _ 4088960. html, 2014 - 04 - 11.

［8］ 近代物理所研究暗物质中间交换粒子——U - boson 取得新进展. http：// www. impcas. ac. cn/xwzx/kyjz/201403/t20140310_4048631. html, 2014 - 03 - 10.

［9］ 焦善庆, 蓝其开. 亚夸克理论. 重庆：重庆出版社, 1996.

［10］ 肖洁. 北京正负电子对撞实验发现新粒子. 中国科学报, 2014 - 04 - 10.

［11］ 焦善庆, 刘红, 龚自正, 王蜀娟（西南交大物理所、国家天文台）. 中微子混合、振荡参数计算及物理机制分析. 江西师范大学学报, 2004, 28（2）.

［12］ Richard Battye. 第四种惰性中微子触手可及. 科学网, http：// paper. sciencenet. cn//htmlpaper/20145413325995332166. shtm, 2014 - 05 - 01.

［13］ 中国科学院高能物理研究所. 粒子天体物理. http：//www. ihep. cas. cn/zdsys/lzttlab/lztt. . . /W020130206618491943685. doc.

［14］ 徐宽. 物理学的新发展——对爱因斯坦相对论的改正. 天津：天津科技翻译出版公司, 2005.

［15］ 闫洁. 测定结果不一令"中子之死"研究再陷困局. 中国科学报, 2014 - 05 - 22.

［16］ 范轶旸, 车久昆等. 惯性质量与引力质量相等的实验验证. 大学物理实验, 2012, 25（6）.

［17］ 引力质量与惯性质量. 百度百科, http：// baike. baidu. com/ view/1340393. htm？fr = aladd. in.

［18］ 德首次识别高能宇宙线"踝"结构. 中国天文科普网, http：// www. astron. ac. cn/bencandy - 2 - 9036 - 1. htm, 2013 - 05 - 24.

［19］ Ankle - like 特性在光的能谱元素与 KASCADE - Grande 观察到的宇宙线. 物理评论 D, 2013 - 04 - 25.

［20］ 马欣华. 利用 LHAASO 混合探测宇宙线膝区. 高能所, http：// www. docin. com/P - 504030716. html, 2010 - 04 - 19.

［21］ 曲晓波. ARGO 实验中"膝"区原初宇宙线成分分辨方法研究. 山东大学博士学位论文, 2008.

［22］ 刘玉娟. LHAASO - KM2A 混合探测宇宙线膝区物理的模拟研究. 河北师范大学硕士学位论文, 2009.

［23］ 王贻芳. Observation of Electron Anti-neutrino Disappearance at Daya Bay. 高能所，http：//dayabay. ihep. ac. cn.

［24］ B介子. 维基百科，http：// zh. wikipedia. org/wiki/B介子.

［25］ 黄志洵. 超光速研究的理论与实验. 北京：科学出版社，2005.

［26］ 宇宙微波背景辐射. 百度百科，http：// baike. baidu. com. /view/26183. htm？ fromid = 473045&type = syn&fromtitle = 微波背景辐射 &fr = aladdin.

［27］ 姜孟瑞. 电动力学电子教案——第六节电多极矩. 百度文库，http：//wenku. baidu. com/link？ url = FXVjkSJFON 7Rff3 G6lazi YLMNMPn-CykgsdbQyawUcTJ8BquPPd9zzElm1fsEel4zdQwf1VcRsaOjTRXILB92n4VEozTZ GKILKCPYhEtZiwe.

［28］ 晨风. 法科学家质疑原初引力波发现：或为分析误差. 中国天文科普网，http：//www. astron. ac. cn/bencandy－2－10855－1. htm.

［29］ 晨风. 宇宙微波背景辐射中发现引力波：暴涨论接近证实. 中国天文科普网，http：//www. astron. ac. cn/bencandy－2－9410－1. htm.

［30］ 我科学家发现电荷—宇称—时间反演对称性破缺迹象. 中国科学院网站，http：//www. cas. cn，2006－06－12.

［31］ 冯波，李明哲，夏俊青，陈学雷，张新民. 用宇宙微波背景辐射检验电荷—宇称—时间反演（CPT）对称性. 国家天文台，2006.

［32］ 科学家称发现宇宙加速膨胀的确切证据（图）. 中国天文科普网，http：//www. astron. ac. cn，2010－03－31.

［33］ 李重生等. 量子色动力学前沿问题研究取得进展. 物理评论快报，2013－03－21.

［34］ Everett. 超新星中微子实验：科学家称时间旅行有可能. 中国天文科普网，http：//www. astron. ac. cn/bencandy－2－5765－1. htm.

［35］ 计算错误还是物理革命？——"超光速中微子"引发广泛争议. 新华网（综合本社驻华盛顿记者任海军、伦敦分社记者黄堃、柏林分社记者郭洋、东京分社记者蓝建中报道），http：//society. people. com. cn/h/2011/0928/c226561－3781723598. html？ anchor = 1，2011－09－28.

［36］ 黄永明. 中微子超光速乌龙记. 南方周末，2012－04－16.

［37］ 任春晓. 诺奖得主实验称中微子不具超光速. 科学网，http：//news. sciencenet. cn/htmlnews/2012/3/261447. shtm，2012－03－19.

［38］Neutrinos not faster than light. http：//www. nature. com/news/neutrinos－not－faster－than－light－1. 10249，2012－03－19.

［39］任春晓. 中微子超光速实验两位领导者辞职. 科学网，http：//news. sciencenet. cn/htmlnews/2012/3/262040. shtm，2012－03－21.

［40］甘晓，冯丽妃，潘希. 解读2013年度诺贝尔物理学奖. 中国科学报，2013－10－09.

［41］刘霞. 最新研究称希格斯玻色子或不是最小粒子. 科技日报，2014－04－12.

［42］彬彬. 多个星系高速驶向宇宙边缘另一宇宙当真存在？. 人民网，http：//scitech. people. com. cn/GB/10397633. html，2009－11－18.

［43］Everett编译. 神秘的冷斑时空暗示宇宙学理论或重新修改. 中国天文科普网，http：//www. astron. ac. cn/bencandy－2－9403－1. htm.

［44］常丽君. 科学家造出低于绝对零度的量子气体. 科技日报，2013－01－05.

［45］司有和. 低温世界漫游. 超星数字图书馆，http：//www. ssreader. com.

［46］潘治. 世界最低温度纪录改写. 新浪新闻，http：//news. sina. com. cn，2003－09－13.

［47］孝文. 宇宙最冷之地布莫让星云：仅比绝对零度高1度. 中国天文科普网，http：//www. astron. ac. cn/bencandy－2－7937－1. htm.

［48］陈丹. 欧核中心找到希格斯玻色子直接衰变成费米子证据. 科技日报，2014－06－25.

［49］［英］Omar Hurricane. 核聚变反应释出能量比燃料吸收能量多. 自然，2014－02－19.

［50］张章. 4位科学家解读受控核聚变科学潜能. 中国科学报，2014－02－18.

［51］［英］Omar Hurricane. 科学家提出核聚变研究新目标. 自然，2014－02－17.

［52］Observation of Electron Anti-neutrino Disappearance at Daya Bay. 高能所，http：//dayabay. ihep. ac. cn，2012－03－08.

［53］Improved Measurement of Electron Anti-neutrino Disappearance at Daya Bay. 高能所，http：//dayabay. ihep. ac. cn，2012－10－23.

［54］大亚湾反应堆中微子实验简介. 高能所，http：//dayabay. ihep. ac. cn.

［55］首次公布了对中微子质量平方差的测量. 高能所, http：//
www. ihep. cas. cn/xwdt/gnxw/2013/201308/t20130822_ 3916761. html, 2013 – 08 – 22.

［56］Richard Battye. 第四种惰性中微子触手可及. 中国科学报,
2014 – 05 – 04.

［57］NOvA、T2K. 维基百科, http：//zh. wikipedia. org/.

［58］涂良成等. 万有引力常数 G 的精确测量. 中国科学：物理学
力学 天文学, 2011, 41 （6）.

［59］文武等. 利用 2009 年日全食的精细重力观测探寻 "引力异
常". 地球物理学报, 2013, 56 （3）.

［60］吕子东. 中微子的快子（结构）假说. 超星数字图书馆, http：//
SSReader. com.

［61］［苏］J. 柯瓦列夫斯基. 天体力学引论. 黄坤仪译. 北京：科
学出版社, 1984.

［62］I. 张淼, 施建国. 丁肇中公布最新研究成果显示暗物质可能存在.
科学网, http：//news. sciencenet. cn/htmlnews/2014/9/303800. shtm.

Ⅱ. Electron and Positron Fluxes in Primary Cosmic Rays Measured with
the Alpha Magnetic Spectrometer on the International Space Station. http：//
journals. aps. org/prl/abstract/10. 1103/Phys. Rev. Lett. 113. 121102.

Ⅲ. High Statistics Measurement of the Positron Fraction in Primary Cosmic
Rays of 0. 5 – 500 GeV with the Alpha Magnetic Spectrometer on the Interna-
tional Space Station. http：//journals. aps. org/prl/abstract/10. 1103/Phys-
RevLett. 113. 121101.

［63］黑洞喷射能量形成银河系中心两巨型气泡（组图）. 中国天文
科普网, http：//www. astron. ac. cn, 2010 – 11 – 16.

［64］宇宙电子在 3 000 亿~8 000 亿电子伏特能量区间发现 "超".
紫台通讯, http：//www. pmo. ac. cn.

［65］紫金山天文台宇宙高能电子观测新发现在学界引起热议. 中国
科学院网站, http：//www. cas. cn/xw/yxdt/200811/t20081125 _ 987062,
2008 – 11 – 25.

［66］Gohomeman1 译. 巨蛇座的旋涡星系 PGC 55493. 中国天文科普网,
http：//www. astron. ac. cn/bencandy – 22 – 11546 – 1. htm, 2014 – 10 – 09.

［67］陈佳洱. 加速器物理基础. 北京：北京大学出版社, 2012.

［68］陈佳洱. 加速器物理基础（初版）. 北京：原子能出版社，1993.

［69］欧阳森. 白洞喷发与轻元素循环. 广州：暨南大学出版社，2011.

［70］欧阳森. 建立宇宙密码字典. 广州：暨南大学出版社，2013.

［71］卢鹤绂. 高能粒子物理学漫谈. 上海：上海科学技术出版社，1979.

［72］盛政明等. 强场激光物理研究前沿. 上海：上海交通大学出版社，2014.

［73］朱汉斌，方玮. 华南农大设计出新型慢速光孤子全光二极管. 中国科学报，http：//news. sciencenet. cn/htmlnews/2015/6/320935. shtm.

［74］输电线的热损失问题. http：//res. tongyi. com/resources/old_article/student/2769. html.

［75］李振寰编. 元素性质数据手册. 石家庄：河北人民出版社，1985.

［76］鲁伟，罗芳. 原子"比萨斜塔"实验精度创新纪录. 中国科学报，http：//news. sciencenet. cn/htmlnews/2015/7/322984. shtm.

［77］周炳琨等编著. 激光原理（第7版）. 北京：国防工业出版社，2014.

［78］彭科峰. 五夸克：揭秘世界本质再近一步. 中国科学报，http：//news. sciencenet. cn/htmlnews/2015/7/323209. shtm.

［79］惊奇下一秒（2）［CCTV－10《真相》特别节目（159）］

［80］黄志洵. 超光速研究的理论与实验. 北京：科学出版社，2005.

［81］张冶文等. 逆多普勒效应的微波实验研究. 科学报告，http：//paper. sciencenet. cn//htmlpaper/20156272249556736766. shtm.

［82］刘霞. 科学家在实验室首次造出无质量外尔费米子. 科技日报，http：//news. sciencenet. cn/htmlnews/2015/7/323110. shtm.

［83］"手性"电子的发现：中科院物理研究所科学家首次发现Weyl（外尔）费米子. 中科院物理所，http：//www. iop. cas. cn/xwzx/kydt/201507/t20150720_ 4395729. html.

［84］陈明等. 上海光源光束真空系统. 中国真空网，http：//www. chinesevacuum. com.

［85］ Elusive fermion found at long last. 皇家化学协会 Chemistry World 新闻, http：//www. rsc. org/chemistryworld/2015/07/elusive-weyl-fermion-found-long-last.

［86］ 拓扑半金属研究取得重要突破. 中科院物理所, http：//www. iop. cas. cn/xwzx/kydt/201401/t20140127_ 4030009. html.

［87］ 理论预言的拓扑 Weyl 半金属：TaAs 家族. 中科院物理所, http://www. iop. cas. cn/xwzx/kydt/201504/t20150407_ 4332900. html.

［88］ 俞弘毅等. 综述：二维半导体材料中的能谷激子. 国家科学评论, http：//paper. sciencenet. cn/htmlpaper/20157291525258337053. shtm；Valley excitons in two – dimensional semiconductors, http：//nsr. oxford journals. org/content/2/1/57. full.

［89］ 高崇寿. 2002 年诺贝尔物理奖介绍：中微子振荡实验. 物理与工程, 2004, 14（1）.

［90］ 晶体化学概论. http：//jpkj05. sust. edu. cn/结晶矿物学. （孔隙率：$K = 0.740\,5$）

［91］ 李宗伟. 天体物理. 超星数字图书馆, http：//SSReader. com.

［92］ 吴雪峰博士与合作者提出最新的引力能标下限 "$1.3 \times 10^{18}\,GeV$". 紫台通讯, 2009（9）（http：//www. pmo. ac. cn）.

［93］ *Nature* 发表紫台吴雪峰博士参与研究的最新成果. 紫台通讯, 2009（4）（http：//www. pmo. ac. cn）.

［94］ M. Agostini. 深层地幔和外太空再次测到中微子. 物理评论 D, http：//paper. sciencenet. cn//htmlpaper/201582011243258337169. shtm.

［95］ 张章. 科学家讲述探索中微子的故事. 科学网, http：//news. sciencenet. cn/htmlnews/2015/8/325152. shtm.

［96］ S. Ulmer. 欧核中心证明质子与反质子为真正镜像. 自然, http：//paper. sciencenet. cn/htmlpaper/201582410424153637191. shtm？id = 37191；High-precision comparison of the antiproton-to-proton charge-to-mass ratio. http：//www. nature. com/nature/journal/v524/n7564/full/nature14861. html.

［97］ 郑一善. 原子物理学. 超星数字图书馆.

谨以此书献给追求真理的人。

　　物理学是一切自然科学的基础，哲学是自然科学和社会科学的世界观和方法论。而哲学有一个根本性问题至今争论不休，那就是是认知决定一切还是物质决定一切。

　　在我看来它是一个物理学问题，而非哲学问题。密钥归零这个宇宙之谜得以破解，该问题也就迎刃而解了。

——欧阳森

鸣　谢

感谢冯天岳先生、焦善庆教授、蓝其开教授、徐宽教授。